ÉTUDES HIPPIQUES DOCUMENTAIRES ET PRATIQUES

LES RACES

DE

CHEVAUX DE TRAIT

(FRANCE — BELGIQUE — ANGLETERRE)

Fontainebleau. — M. E. Bourges imp. breveté.

ETUDES HIPPIQUES DOCUMENTAIRES & PRATIQUES

LES RACES

DE

CHEVAUX DE TRAIT

(FRANCE — BELGIQUE — ANGLETERRE)

PAR

H.-V. DE LONCEY

AUTEUR D'OUVRAGES SPÉCIAUX
EX-RÉDACTEUR EN CHEF DES JOURNAUX : *Le Moniteur de l'Élevage du cheval de service.*
— *Le Journal officiel des Courses au trot.* — *La Vie sportive* (édition de 1874). —
Le Sport du Midi.
CORRESPONDANT DE PUBLICATIONS ÉTRANGÈRES
CHRONIQUEUR DE « L'ACCLIMATATION. » *Rédacteur hippique du Journal d'agriculture pratique*

Illustrations de Théophile DEYROLLE (20 planches hors texte)
Représentant les principaux types de races.

EXTRAIT DE *L'ACCLIMATATION*
Journal des Éleveurs.

⬩

1888

AUX BUREAUX DE « L'ACCLIMATATION »
JOURNAL DES ÉLEVEURS
46, RUE DU BAC, PARIS.

LES RACES DE TRAIT

EN 1886

CHAPITRE IER

Races et espèces à l'origine du monde.

> *... Nihil equini a me alienum puto.*
>
> Rien de ce qui a rapport au cheval
> ne doit nous être étranger.

Un célèbre vétérinaire anglais, M. Hogson, a dit : « L'impossibilité de soumettre à des lois fixes la science de la production et l'élève des races fait que les connaissances qu'elle comporte ne peuvent s'acquérir complètement que par la voie de l'expérience. Aussi, les meilleurs juges de la forme et de l'aptitude du cheval se trouvent-ils plutôt parmi les personnes qui ont une grande pratique du cheval que parmi les prétendus savants. »

Il eut pu ajouter : Ce qui a manqué au plus grand nombre de savants qui se sont occupés du cheval, c'est de n'avoir pas eu assez la passion de leur modèle, comme ces grands peintres que l'amour inspira. La science ne s'en fut pas plus mal portée, au contraire.

En effet, si Buffon avait joint à la magie du style et du savoir l'expérience de l'homme de cheval, ses préceptes n'eussent pas manqué de clarté, il n'eut pas émis certaines hérésies que l'expérience condamne, il n'eut pas écrit ceci, par exemple : « La nature est plus belle que l'art, et dans un être animé, la liberté des mouvements fait la belle nature. C'est pourquoi le cheval sauvage est plus beau que le cheval civilisé. »

Or, tout le monde sait aujourd'hui que dans tous les climats et sous toutes les latitudes, le cheval civilisé l'emporte sur le cheval vivant à l'état sauvage; qu'il faut au cheval la main et la fréquentation de l'homme pour développer chez lui les qualités physiques et morales dont la nature l'a doué; que le cheval sauvage est un animal dégradé, qu'il est, partout où il se trouve, grêle et chétif; que si ceux de l'Ukraine et de l'Amérique font exception, c'est qu'ils ont conservé encore quelques vestiges des races européennes qui les formèrent.

Pour Buffon, le cheval a été une conquête de l'homme; on connaît la fameuse citation passée à l'état de cliché : « *La plus noble conquête que l'homme ait jamais faite est celle de... etc.* » Eh bien, il est à peu près prouvé aujourd'hui que le chien et le cheval ont été domestiqués aux premiers jours de la création; on les retrouve, vivant sous la tente en compagnie de l'homme, aux époques préhistoriques, et les auteurs les plus anciens en font foi. L'homme n'a donc pas conquis le cheval, il n'avait pas à le conquérir, puisque son instinct natif l'a porté à se soumettre.

Nous savons que récemment la science a fait des découvertes qui semblent ouvrir à l'origine du cheval des horizons nouveaux. Nous avons même lu à ce sujet un très curieux ouvrage, publié chez Hachette, en 1878, qui a pour titre : *Les enchaînements du monde animal dans les temps géologiques*, et pour auteur M. Albert Gaudry, l'éminent professeur de paléontologie au Muséum d'histoire naturelle de Paris. On y lit ceci, entre autres curiosités scientifiques : « A voir un fier cheval se » cabrer, frapper la terre de son sabot unique et dévorer l'es

» pace, on est de prime abord choqué de l'idée d'établir un
» rapprochement entre ses membres et ceux des lourds pachy-
» dermes. Et cependant le fait est exact. Il manque encore
» plusieurs anneaux pour établir la filiation généalogique des
» solipèdes, mais du moins nous commençons à concevoir
» comment les quadrupèdes ont pu être dérivés des pachy-
» dermes. En établissant la généalogie du genre cheval d'après
» les fossiles américains, on peut intercaler une trentaine
» d'espèces, en prenant comme forme extrême l'*orohippus*
» *agilus*, de l'éocène, et l'*equus paternus*, du quaternaire. »

Ailleurs, l'auteur nous apprend que : « Les quadrupèdes se
» sont rapidement développés. Leur abondance a frappé tous
» les naturalistes; ils ont formé de grands troupeaux sur une
» partie considérable de la surface de la terre. » Seulement ici
un correctif, qui nous réconcilie avec la science, et qui nous
fait espérer qu'elle voudra bien ne pas trop insister pour nous
forcer à admettre l'affreux rhinocéros comme l'ancêtre du
cheval, la plus superbe des créatures après l'homme, de même
qu'elle n'a pas trop insisté pour inscrire en tête de notre arbre
généalogique le plus grotesque et le plus avili des animaux :
le singe.

Voici le passage auquel nous faisons allusion : « Toutefois,
» nous convenons que ces solipèdes qui formaient de grands
» troupeaux n'étaient pas *tout à fait semblables à nos chevaux*
» *actuels*, et dans le langage rigoureux, on pourrait leur refuser
» le nom de solipèdes, car leurs pattes n'étaient pas réduites
» à un seul doigt; ils avaient un petit doigt de chaque côté de
» leur doigt médian. »

A la bonne heure. Que la paléontologie en reste là et ne nous
ôte pas nos dernières illusions — si illusions il y a. Quand on
a beaucoup cru dans une femme, on n'aime pas à apprendre
certain jour qu'elle dérive en ligne directe des truands de la
cour des Miracles.

Mais trêve aux idées spéculatives, au milieu desquelles le

pied manque aux plus hardis initiateurs que salue notre admiration. Entrons maintenant sur un domaine d'accès plus riant et plus facile, celui de l'histoire, où nous nous sentons beaucoup plus à l'aise, que nous avons sondé dans ses plus intimes replis, où nous avons fait des découvertes tout au moins aussi irrécusables et aussi probantes, car elles ont pour elles l'enchaînement des faits et la logique des événements.

Jusqu'à ce jour, le cheval a été étudié surtout au point de vue scientifique, c'est-à-dire de la zoologie, anatomie, physiologie, zootechnie pure; nous, nous voulons l'envisager dans ses transformations à travers l'histoire, dans ses évolutions géographiques et dans ses usages et services utilitaires et pratiques. Pour être placé sur un plus modeste piédestal, il n'en sera pas moins instructif et peut-être plus intéressant.

A mesure que les peuples naissants descendirent du plateau de l'Asie, dans les champs déserts de l'ancien monde, ils emmenèrent avec eux le cheval, inséparable compagnon de l'homme dès les premiers âges. Les chevaux, en quittant leur patrie native, ne tardèrent pas à subir les influences du climat, de la nourriture et du sol des nouvelles contrées qu'ils habitèrent. Dans les pays chauds, ils gardèrent avec diverses modifications leurs caractères principaux, la taille plus élevée, leur tête carrée, leurs formes anguleuses, leur peau fine, le poil rare et soyeux, leurs jambes sèches et leurs sabots petits. Dans les pays du nord, ils prirent une tête plus forte et souvent arrondie; un poil plus long et un peu plus épais les défendait de la rigueur du froid; leurs jambes se chargèrent de crins rudes; leur pied s'élargit pour ne pas enfoncer trop facilement dans les marais et les chemins bourbeux; leur taille s'éleva comme celle de tous les animaux chez qui la lymphe prédomine, et leur moral perdit sa grâce et sa poésie avec le souvenir des cieux sans nuages. Des oppositions analogues se firent remarquer par rapport aux dispositions géologiques ; le cheval des montagnes, même dans les pays froids, conserva, tout en dégénérant, le cachet oriental ; tandis que, même dans les pays chauds, le cheval des marais soumis à une nourriture molle et abondante prit une forte corpulence et des formes arrondies.

Dès lors on conçoit quelle prodigieuse variété de types doit se trouver sur la surface de la terre. Il n'est pas une montagne, pas une vallée, pas une portion du rivage des mers, pas un plateau enfoncé dans les terres, qui, soumis à des influences particulières de sol, de végétation, de fécondité, de température, ne donne un cachet différent aux chevaux qui y naissent et y sont élevés : voilà les ESPÈCES.

Puis l'homme distingua parmi ces espèces celles qui pouvaient servir le plus avantageusement à ses besoins ; on réunit les individus qui avaient le plus d'analogie entre eux ; on les soumit à des soins, à une nourriture, à des climats et à des services analogues : voilà les RACES.

Les races sont donc l'expression des besoins d'une époque ; mais comme les besoins changent à chaque siècle, à chaque ère de civilisation, les races doivent se modifier sans cesse ; donc les races d'un siècle ne sont pas celles d'un autre.

CHAPITRE II

Le cheval de trait à travers l'histoire de France.

Dans les siècles antérieurs à la monarchie française, les travaux agricoles se faisaient par les bœufs. Le commerce se faisait par les petits chevaux de montagne qui servaient de bêtes de somme. D'où deux races de chevaux à cette époque : Le cheval de guerre, grand, fort et vigoureux, semblable à notre carrossier de bonne espèce, et le cheval de somme.

Le premier était élevé principalement dans les Armoriques, où il est devenu le type de la race normande actuelle, et dans la Belgique qui comprenait alors les bords du Rhin et la Franche-Comté.

Le second se trouvait principalement dans la Celtique, l'Aquitaine et sur les bords de la Méditerranée.

L'époque de la chevalerie fut l'âge d'or de la race équestre chez les nations de l'Europe. On employa d'abord les chevaux en usage pour la cavalerie gauloise ; mais les armures devenant de plus en plus pesantes, et le harnachement du cheval devenant lui-même plus compliqué et plus lourd, on perfectionna les races de chevaux de manière à leur donner la plus grande taille et la plus grande force possible, sans leur ôter la légèreté d'action, le brillant des allures et la vigueur nécessaire pour le combat.

Quelques auteurs ont prétendu que les chevaliers étaient montés sur des chevaux de trait, parce que les peintres des dix-septième et dix-huitième siècles les avaient représentés

ainsi. J'étais depuis quelque temps très perplexe à cet endroit, et têtu comme un fils de la vieille Armorique, je voulus en avoir le cœur net. Je résolus donc d'aller trouver les deux hommes en qui j'avais le plus de confiance pour éclairer ma religion équestre et pour qui j'ai gardé le culte du souvenir : Baucher, le grand Baucher, l'incomparable homme de cheval, le savant écuyer, dont je fus un des plus fervents disciples, et le baron Éphrem Houël, mon dernier et illustre maître en hippologie. C'était après la guerre, Baucher n'habitait plus la rue de Penthièvre, je ne connus qu'ensuite sa nouvelle adresse et les tristesses de ce foyer solitaire, dont je devins un des très rares hôtes aux jours de déception et d'abandon qui précédèrent sa mort. Le baron Houël était à son *Journal des haras*, je le trouvai et lui demandai une consultation sérieuse, comme il savait les donner, qui eut raison de tous mes doutes. Voici quelle fut sa réponse : « L'explication du fait que vous
» me signalez, me dit-il, se trouve dans la prééminence de
» l'École flamande à ces époques, imposant sa facture et ses
» goûts dans les paysages et la représentation des animaux.
» Cette École avait peint le cheval flamand dans tout son
» lustre, avec ses jambes couvertes de poil, sa queue épaisse
» et attachée bas, son aspect lourd et grossier, parce que
» c'étaient les chevaux qu'ils avaient sous les yeux, à peu
» près comme les nègres qui font la Vénus noire. Les autres
» peintres les imitèrent, et jusqu'au commencement du dix-
» neuvième siècle, où l'étude de l'antique et de la nature a
» rappelé l'art à la vérité, on a monté les paladins de la
» Table-Ronde, les Normands de Richard, les Français de
» Philippe-Auguste et de Louis IX sur des *chevaux de trait*
» qui *n'existaient pas alors en France*. Le cheval de guerre
» était le destrier ou le genêt, type du cheval qui plus tard
» devint le carrossier. Cependant les destriers destinés unique-
» ment aux combats, aux fêtes militaires, aux tournois, aux
» parades, aux entrées triomphales, n'étaient pas d'un usage

» commode pour les voyages ou la route, on craignait de fa-
» tiguer ces chevaux qui étaient d'un prix élevé ; puis leurs
» allures étaient trop dures pour des hommes bardés de fer
» et chargés d'armes pesantes. Les gens de guerre adoptèrent
» alors pour la route un genre de cheval moins distingué,
» mais plus robuste, plus rustique et d'une allure plus douce :
» ce fut le roussin, que l'on dressa à marcher l'amble, le tra-
» quenard et le pas relevé. Tel est, mon cher ami, termina
» le maître, le pseudo-cheval de trait qui vous a tant in-
» trigué. »

A la même époque, il y avait aussi le palefroi, monture des
nobles châtelaines, dont les chevaux limousins et navarins
furent le type le plus brillant. Enfin le cheval de somme con-
tinua à être employé pour les transports soit dans le commerce
des villes, soit dans les travaux des campagnes.

Donc au moyen âge il y eut quatre espèces de chevaux : le
destrier, le roussin, le palefroi et le sommier.

Vers le quinzième siècle, une révolution eut lieu dans les
espèces chevalines ; la poudre vint enlever aux hommes d'armes
leurs pesantes armures, qui dès lors n'étaient plus qu'un poids
inutile. Les chevaux n'eurent plus besoin d'autant de force matérielle et les corps soldés qui s'organisèrent à cette époque
commencèrent à se monter dans des contrées où l'on élevait
des races plus légères que celles employées jusqu'alors dans
les usages de la guerre.

D'un autre côté, le goût du manège et des jeux équestres
qui faisaient la passion de la jeunesse française fit rechercher
avec avidité les races de chevaux qui avaient le plus de vigueur,
de légèreté, de grâce et d'élégance. L'ancien destrier se trans-
forma graduellement longtemps encore. On employa pour le
service de la grosse cavalerie un grand nombre de chevaux
qui sont aujourd'hui nos chevaux de cuirassiers et de gen-
darmes. Puis les voitures commencèrent à s'introduire dans
les cours et chez les seigneurs opulents, et le destrier devint

le cheval de carrosse. La Normandie, la Bretagne et le Poitou se livrèrent spécialement à l'élève de la race carrossière qui peu à peu prit un immense développement à mesure que les routes vinrent sillonner la France et que l'usage des voitures se répandit de plus en plus.

Ce fut alors que fit son apparition la race importante qui devait bientôt, sous cent aspects différents, devenir la plus nombreuse et la plus utile de l'époque : la race de trait était née.

Quelque bizarre que semble la chose, rien n'est plus vrai cependant. Avant cette époque, c'est-à-dire il y a deux siècles à peine, le cheval de trait n'existait pas. Il ne pouvait y avoir de chevaux de trait dans un temps où il n'y avait pas de voiture. En vain objecterait-on les chars de guerre des anciens, les chariots et les fourgons du moyen âge et une foule de circonstances où il est question par-ci par-là du tirage des chevaux. Presque tous les travaux se faisaient par des bœufs et des mulets, et le petit nombre de chevaux qui y étaient employés ne constituaient pas une race de trait; il ne forma qu'une exception dans la grande division chevaline. Mais lorsque les routes se multiplièrent, l'usage des voitures se répandit rapidement et sous toutes les formes : voitures de maîtres, fourgons de voyage, charrettes d'agriculture et de commerce. Les chevaux commencèrent alors à être habituellement employés au tirage. Cependant tout en se multipliant, les routes étaient loin d'être belles. Elles étaient raboteuses et montueuses ; d'un autre côté les voitures étaient pesantes et peu roulantes ; l'allure du pas était la seule en usage. Au pas le cheval tire par son propre poids; il ne fut donc recherché que les chevaux les plus grands, les plus lourds, les plus massifs; la vigueur, la légèreté, la grâce furent entièrement sacrifiés au besoin impérieux de la force, de la puissance sur le collier. On comprit que les terrains bas et marécageux, une nourriture molle et délayante devaient amener ce résultat.

Aussi les contrées humides et herbeuses furent-elles promptement utilisées à l'élève du cheval de trait. Ces contrées furent principalement : la haute Normandie, la Picardie, la Flandre, le Brabant, la Franche-Comté, le littoral nord de la Bretagne, etc.

Le Boulonnais, qui comprend une partie de la Picardie et de la haute Normandie, acquit bientôt une grande réputation pour sa belle race qui devint le type des races de trait. C'est là que l'on s'occupa d'abord avec le plus grand soin de ce genre de chevaux ; on fit venir de Flandre, de Hollande et des provinces du Nord, les plus forts étalons que l'on put trouver dans ces contrées, où l'influence du climat portant au système lympathique avait déjà formé des chevaux lourds et pesants. En outre de ces conditions de force et de pesanteur, l'habitude, cette seconde nature, donna encore au cheval de trait une conformation appropriée à la destination. La charpente osseuse se modifia peu à peu dans des générations successives. Les os se raccourcirent ; la tête et l'encolure s'abaissèrent vers la terre pour servir d'équilibre à la résistance occasionnée par le poids traîné et ces parties prirent un énorme développement.

Les espèces de trait léger vinrent ensuite lorsque l'amélioration de la vicinalité et l'importance qu'a prise dans la vie habituelle l'usage des véhicules de toutes sortes et de tout emploi. Elles se formèrent d'abord par le croisement des races les plus rustiques, les plus lourdes et souvent les plus dégénérées avec le cheval barbe ou arabe ; et à cause de leur utilité et de leur débit facile, elles deviennent l'objet de soins spéciaux, et plusieurs provinces s'y adonnèrent spécialement.

Telle est, à travers les âges, l'origine véritable de nos races de trait, devenues aujourd'hui l'objet de si importantes transactions.

C'est qu'aussi l'espèce de trait est la plus facile à élever, à nourrir et à soigner ; elle est la moins maladive, la plus robuste et celle dont le commerce est le plus assuré. Ce cheval ne coûte presque rien dans les premières années et rend des services dès l'âge le plus tendre. Il n'est donc pas étonnant que l'élève des chevaux de trait soit préféré par les cultivateurs, surtout par ceux qui ont peu d'avances et craignent de se livrer aux chances d'un commerce moins certain.

CHAPITRE III

Nos richesses chevalines.

La France est le pays le plus riche en variétés de trait.

On y rencontre de nombreuses familles chevalines : les unes appartenant à une race déterminée ; les autres ne se rattachant à aucun type homogène et constant, cheval ou bidet, produit du sol ou du hasard, se transformant comme à vue d'œil de pays à pays, échappant au classement comme certaines plantes que l'on voit un beau matin pousser et se multiplier sur des terres incultes et auxquelles le naturaliste se reconnaît incapable d'assigner un nom.

Nous allons passer en revue les races avec tous les soins que comporte leur noble origine et l'ancienneté de leurs services ; quant aux enfants perdus de trait, nous ne ferons sortir du rang que ceux qui présentent quelques particularités dignes d'être signalées : il serait long et oiseux d'en opérer le dénombrement et de leur faire subir une inspection de détail.

Les races françaises de trait se divisent en races de gros trait et races de trait léger. Dans la première catégorie, nous cédons le pas à la Belgique et à l'Angleterre, comme on le verra dans le chapitre que nous consacrons aux races étrangères ; mais le trait léger est notre triomphe.

RACES DE GROS TRAIT.

Le gros trait a en Europe une origine commune. Il procède de la race connue dans l'antiquité sous la dénomination de *grand cheval armoricain;* ce cheval était de poil noir ou bai.

Quant à son histoire, elle m'a été narrée comme un conte de fée et c'est comme telle que je veux vous la dire à mon tour.

Donc, il était une fois un cheval qui paissait dans les grasses prairies, baignait ses lèvres dans les brouillards et chargeait ses flancs paisibles d'une graisse paresseuse et sans gloire. Dédaigné pendant les siècles d'ardentes chevauchées, il attendait son jour comme tant de grandeurs du monde. Ce jour arriva... L'homme fatigué de monter à cheval, façonna de lourdes charrettes auxquelles il attela de lourds chevaux dont les qualités prédominantes furent la taille et le poids. Une forte tête, des articulations inflexibles, des allures courtes et pesantes, des pieds énormes, un poil long et frisé; tels furent les avantages recherchés avidement par le commerce et produit facilement par les éleveurs. Il se trouva qu'une sorte de beauté particulière fut attachée à cette spécialité. Cette ampleur gigantesque, cette chevelure épaisse et hérissée, cette vaste poitrine, cette énergie puisée dans la force matérielle et entretenue par un travail constant, tout cet ensemble accompagné le plus souvent de harnais brillants, de clochettes sonores, de pompons éclatants, offrait un beau spectacle. On les vit dans les villes attelés aux camions des brasseurs, l'orgueil du roulage, imposants et majestueux, admirés de tous, en possession d'un prestige sans égal.

Mais un jour vint où les routes firent leur apparition, le macadam amena une transformation dans les véhicules, les chariots taillés dans les troncs d'arbres, aux roues massives et sans jantes, cahotant durement en grinçant sur des essieux de bois, s'affinèrent et devinrent plus légers; on simplifia les harnais. Ce jour-là sonna le glas du mastodonte du trait; et plus tard, quand retentit le sifflet strident de la locomotive, son agonie commença... sa vogue était passée... il disparut du sol français comme ces dieux qui n'ont plus d'autel...

Devons-nous regretter cette disparition? Oui, au point de vue plastique. Et j'avoue que pour mon compte quand je vais en Belgique, je me surprends en contemplation devant ces superbes et puissants animaux, véritables monuments gothiques de l'espèce chevaline. C'est grandiose.

Maintenant, au point de vue utilitaire et pratique, cette disparition, ou mieux cette réduction en plus petit du cheval de gros trait français n'a rien qui m'afflige. Le beau type du cheval de trait est inné dans toutes les cervelles bien organisées ; que faut-il pour qu'il se fasse apprécier? Qu'il soit fort, musculeux, bien membré, d'un bon tempérament, qu'il soit doux, franc du collier, régulier dans ses allures ; qu'importe le reste !

RACE BOULONNAISE.

C'est la plus renommée de nos races de gros trait.

Elle a une grande analogie avec la race anglaise de Clydesdale ; elle est comme elle douée d'énergie, de rusticité et de puissance musculaire. Le Boulonnais, dont la spécialité était autrefois très recherchée à cause du tirage des lourdes charrettes, du roulage des camions dans les villes et du halage des rivières, a sa raison d'être encore pour quelques besoins spéciaux. Cependant on a senti l'inutilité toujours croissante de cette masse charnue, apte seulement à la traction au pas et d'un entretien très coûteux. Maintenant il a gagné en légèreté, en belles directions et en allures, ce qu'il a perdu en volume corporel. Il a toute la taille et la corpulence qui conviennent aux services qui lui sont demandés. Et cependant la grande taille n'exclut chez lui ni une bonne conformation, ni un bon tempérament. Il n'est pas rare de voir certains de ces animaux hauts de 1^m 66, larges, courts et trapus, aux masses musculaires bien développées et cependant très énergiques, être d'une souplesse dont on ne se douterait pas. La bonté de leur tempérament provient de l'harmonie dans la structure et de leur genre d'alimentation ; car dans le Boulonnais et le pays de

Race boulonnaise.

Caux les poulains et les jeunes chevaux sont nourris au grain. On les utilise à 18 mois aux travaux de l'agriculture; à 5 ans ils n'ont plus rien à gagner ni en taille, ni en corpulence. La tête est forte, l'œil vif, l'encolure est garnie d'une crinière touffue et double rarement longue, le poitrail est musculeux et proéminent, la croupe étoffée, souvent partagée par un léger sillon, le corps est près de terre, l'épaule est large à l'appui du collier, les membres sont amples et musculeux. Le gris, gris pommelé sont les couleurs habituelles; cependant on rencontre bon nombre de rouans vineux et de bais.

Le département du Pas-de-Calais, qui produit principalement le Boulonnais, n'en élève qu'un petit nombre. Le plus généralement les pouliches sont conservées, mais les poulains sont conduits dans les arrondissements de Saint-Pol, d'Arras, de Péronne, d'Abbeville; une partie traversent la Somme et l'élevage se fait dans le Vimeux et dans le pays de Caux du côté de Montdidier et du Havre. Le département du Pas-de-Calais et celui du Nord envoient aussi des poulains aux départements de l'Oise, de l'Aisne et de Seine-et-Marne. C'est généralement vers l'âge de 6 à 8 mois que les poulains émigrent, mais ils restent dans la partie sud du département du Pas-de-Calais jusqu'à l'âge de 2 à 3 ans. Un auteur, qui s'est beaucoup occupé du cheval boulonnais, dit qu'un grand nombre se rapprochent ensuite de la Seine, vont dans le pays de Caux et même dans les environs de Dreux et de Chartres. Nous admettons d'autant cette dernière assertion que, pour nous, le type que l'on qualifie de gros Percheron, n'est autre que le Boulonnais; il n'y a pour s'en convaincre qu'à observer ses formes restées caractérisées dans sa race; en se transplantant, il a tout simplement subi un moins grand développement.

Telle est le Boulonnais, variété très précieuse qu'il importe de conserver dans sa spécialité, tout en le modifiant de temps à autre par des croisements intelligents et appropriés afin de l'empêcher de tourner à la masse inerte et sans vigueur.

RACE PICARDE.

Cette race nous est moins connue. Elle tend d'ailleurs à disparaître ou à se transformer par les seuls progrès de la culture,
secondés par l'influence des introductions du Boulonnais. Voici
toutefois ce qu'en dit M. P. Joigneaux, l'éminent écrivain
agricole :

« Le cheval picard offre tous les caractères des individus
nés et élevés dans les prairies marécageuses. Il a, sous ce
rapport, la plus grande analogie avec une race précieuse à un
point de vue particulier. Il s'agit de la race mulassière du
Poitou. C'est à un tel point que des importations d'étalons
picards ont pu être faites dans ce dernier pays. Les caractères
distinctifs de la race picarde sont relatifs surtout à la constitution. Le Picard est mou, lent dans ses allures et prédisposé
aux affections atoniques. Il a le dos plus bas que le Boulonnais, la croupe plus avalée et moins musclée, la cuisse plus
mince, le ventre plus volumineux, la tête plus forte, les membres plus gros, moins secs, plus chargés de crins, les pieds
plus larges et plus plats. Tout cela résulte de l'influence des
lieux, et l'on comprend sans peine qu'un semblable type disparaisse à mesure que les progrès si rapides de la culture et surtout de l'assainissement des prairies changent les conditions
de son élevage.

» C'est dans les prairies naturelles des environs de Compiègne, de Laon, de Vervins, que naissent les chevaux picards ;
ils sont élevés dans les arrondissements de Château-Thierry,
de Senlis, de Soissons où la culture a plus d'extension et où
ils sont employés aux travaux que celle-ci nécessite. »

RACE NORMANDE-AUGERONNE.

Nous estimions à sa grande valeur la forte race carrossière
de Normandie, depuis longtemps déjà, sans nous douter que
cette riche contrée chevaline produisait aussi une race de gros
trait également digne d'attention. Il a fallu qu'un ouvrage de
M. Magne nous mît sur la voie et nous permît d'en faire la connaissance. Nous le regrettons d'autant moins que c'est le seul
écrivain hippique qui en ait parlé. Et il en parle comme un
explorateur parle du nouveau continent découvert, comme
Christophe Colomb dut parler de l'Amérique au retour de son
premier voyage, comme Dumas a parlé de Puys; Alphonse Karr,
d'Étrétat, avec enthousiasme et conviction.

Le gros trait normand est produit plus particulièrement dans
la vallée d'Auge, mais est élevé dans les départements de la
Manche, du Calvados et de l'Eure, dans les arrondissements
de Lisieux, de Pont-l'Évêque, dans les vallées qui entourent
la plaine de Caen et dans le Bessin. Il est connu dans le commerce indifféremment sous le nom de Caennais, de Virois, ou
d'Augeron. Il est de forte taille et très solidement constitué,
plus souvent long et élancé que court et trapu, mais toujours
supporté par des membres bien plantés et très solides. Il se
distingue par l'élégance de ses formes, la finesse de sa peau
et des membres presque sans crins. La croupe est peu inclinée,
la tête droite en avant, les oreilles souvent bien plantées lui
donnent quelque ressemblance avec le Percheron; plus généralement cependant il a surtout, celui à corps trapu et très
épais, une croupe double qui masque un peu trop les hanches.
L'Augeron se distingue du Boulonnais en ce qu'il est plus
élancé, plus léger et plus souvent blanc ou gris.

Ceux qui viennent des rives de la Vire, dit encore M. Magne,
dans son ouvrage *les Virois*, sont plus petits, ils sont remarquables par leur force et leur sobriété. Elevés dans des contrées

moins fertiles, ils sont moins exigeants que ceux du Bessin et des riches vallées de Lisieux.

RACE FRANC-COMTOISE.

Celui qui a voyagé en Allemagne et qui rentre en France par la frontière suisse est tout étonné de trouver dans la production chevaline de ces diverses contrées un air de famille. Et cependant rien de plus facile à s'expliquer si l'on réfléchit que le voisinage a dû mêler les races et que beaucoup de poulains sont achetés en Suisse pour finir de s'élever dans la Franche-Comté et plus particulièrement dans le département de la Haute-Saône.

Quoi qu'il en soit de ces migrations des productions de la Suisse dans la Franche-Comté, les poulains mâles de plusieurs parties de ce dernier pays ne restent pas non plus chez les propriétaires qui les ont fait naître; les départements du Doubs et du Jura, à quelques exceptions près, commencent l'élève, tandis que la Haute-Saône achète les poulains pour les faire travailler au moyen de ses méthodes économiques. La Franche-Comté livre au commerce, à assez bas prix, des chevaux de trait, pour la plupart hongres, qu'on voit attelés aux petites voitures comtoises qui traversent la France. Cette contrée fournit aussi quelques chevaux moins lourds qui, à défaut d'animaux d'autres races, sont employés au service des voitures publiques du Sud-Est.

La race franc-comtoise se distingue par des formes moins massives que la race boulonnaise, la tête est plus pyramidale, les oreilles droites, l'encolure un peu grêle, le poitrail un peu serré pour un cheval de trait, les hanches saillantes et la croupe courte.

Ce sont, au demeurant, d'excellents chevaux, ayant du fond et de la résistance et d'un excellent service.

Race franc-comtoise.

Race poitevine.

Ou mieux race mulassière.

Aussi n'en dirons-nous ici que quelques mots, nous réservant d'en parler plus longuement dans le chapitre consacré à l'importante industrie mulassière.

La race poitevine a sa souche dans les marais des départements de la Vendée et de la Charente-Inférieure. Elle est moins répandue et moins nombreuse que la race boulonnaise, présentant des spécimens aussi volumineux que la race picarde, mais inférieurs à leurs congénères du Nord sous le rapport des formes et du tempérament. Le Poitevin a la charpente osseuse très développée et comme tel se rapproche du Flamand, il a plus de volume que le Boulonnais, mais est doué d'un tempérament lymphatique ; la croupe est plate, le flanc est plus long, les jambes sont garnies de crins, les pieds sont plats et faibles.

Les cultivateurs de la contrée ayant remarqué que les juments s'accouplaient mieux que toute autre avec le baudet — ce qui tient évidemment à leur tempéramment lymphatique — ont porté tous les soins de ce côté. Et ils s'en sont bien trouvés.

RACES DE TRAIT LÉGER

Le cheval de trait léger est devenu à notre époque d'un usage universel.

Tandis que le gros trait est resté dans sa spécialité, modifiée seulement par les exigences modernes, le trait léger a vu s'ouvrir devant lui de nouveaux horizons.

Aux champs, il a remplacé son congénère chez le cultivateur qui l'a trouvé d'un entretien moins coûteux, plus rustique, propre au labour, suffisant pour les charrois agricoles, facilités

aujourd'hui par le meilleur entretien des routes et la multiplicité des chemins vicinaux, lui offrant le précieux avantage de
pouvoir être également attelé à la carriole le dimanche et les
jours de marché, allant vite et tirant fort, cheval de charrue et
carrossier, ne faisant, même au besoin, pas trop mauvaise
figure une selle sur le dos ; en un mot, animal multiple, serviteur précieux, cheval rural par excellence.

A la ville, le cheval de trait léger s'est imposé aux messageries et aux grandes administrations d'omnibus et de tramways qui ne peuvent plus employer, avec leur nouveau matériel
transformé et plus pesant, l'ancien bidet ou le carrossier
manqué, jadis suffisants.

Le camionnage même des compagnies de chemins de fer
se remonte plus volontiers, depuis quelque temps, en chevaux
de trait léger. Le vent est partout aux économies.

L'actionnaire, ne voyant plus venir de dividende, s'est mis
à éplucher le budget, à scruter les dépenses en avoines et en
fourrages, et il a trouvé que le Flamand, le Boulonnais et le
Picard avaient un trop bel appétit. Alors il s'est récrié, il a
conseillé le Percheron, d'une moins grande capacité fourragère,
et le Breton, d'un prix encore moins élevé, sobre et travailleur,
pas exigeant, se contentant de peu, dur à la fatigue. Et le
chœur des mécontents s'est écrié à l'unisson : — Voilà, messieurs nos administrateurs, l'animal qu'il nous faut ; plus
d'hésitation ; avec lui et lui seul reviendront les beaux jours
des plantureux dividendes, souvenirs lointains d'un temps qui
n'est plus et que nous regrettons sincèrement — vous pouvez
nous en croire ; — donc nous comptons sur votre sollicitude
pour renvoyer les gros mangeurs de vos écuries. Que répondre
à cela?... Les compagnies, mises ainsi en demeure, durent
promettre d'aviser.

Nos races de trait léger sont moins nombreuses que les précédentes. Mais elles sont d'ordre supérieur, l'objet d'un commerce considérable, recherchées par l'étranger, répondant à

l'expression des besoins du pays et des exigences commerciales, présentant à la production nationale un débouché assuré et avantageux, enrichissant les contrées qui se sont livrées à leur élevage d'une façon rationnelle et suivie, comme la Beauce et le Perche, et offrant une utile compensation aux déboires de l'agriculture dans des pays moins favorisés, tels que la Bretagne, qui n'a, dans nombre de localités importantes, d'autres ressources que ses foires et le commerce de ses chevaux.

Race percheronne.

Le leader de la production chevaline française. Le point de départ et la cause première de cette étude — à laquelle certes nous ne pensions guère, lorsque l'on est venu nous dire d'un ton railleur : — Mais où prenez-vous la race percheronne? Tout le monde sait que l'ancienne race percheronne dont nous entretient votre dernière chronique de l'*Acclimatation* n'existe plus. Vous seul! ô naïf...

Naïf, soit; seul, non, aurions-nous pu répondre à notre honorable contradicteur, membre de la Société des agriculteurs de France.

C'était, avant nous, un naïf, celui qui écrivait en 1869 : « Quant à moi, j'ai voué à la race percheronne une sorte d'admi
» ration ; je lui ai consacré de nombreux articles dans la presse
» agricole et politique, et je ne cesserai jamais de défendre
» contre toutes les attaques cette gloire agricole de la France ».
Signé : Guy de Charnacé.

Mais passons.

La renommée du cheval percheron est universelle. C'est à son élevage dans la riche contrée du Perche représentant une ellipse, enclavée au centre de quatre départements, l'Orne, l'Eure-et-Loir, le Loir-et-Cher et la Sarthe, de vingt-cinq lieues de longueur environ, sur une largeur d'une vingtaine à peu près, qu'il doit son principal mérite. Le terrain est un sol

Race percheronne.

argileux, reposant presque toujours sur un sous-sol calcaire de formation secondaire; quelques parties sont siliceuses. Le pays est en général inégal et montueux, coupé en tous sens par de petites vallées, arrosées par des sources ou de faibles ruisseaux. Toutes ces vallées sont en prairies naturelles et la plupart riches et fertiles. Les centres les plus renommés pour la beauté de leur production chevaline, sont : Nogent-le-Rotrou, Condé, Regmalard, Boissy, Corbon, Mauves, Mortagne, le Pin-la-Garenne, Reveillon, etc.

Mondoubleau et Droué forment une zone assez étendue spécialement consacrée aux juments et qui, s'allongeant vers l'ouest, va se souder avec les communes excellentes de Dauzé et de Savigny, qui appartiennent également à Loir-et-Cher et de Rachaz et Saint-Calais qui font partie du département de la Sarthe.

C'est une race précieuse, surtout par son étonnante précocité, elle produit à deux ans en travail plus qu'elle n'a coûté en nourriture et en entretien. Elle est toujours exempte des tares osseuses héréditaires et nulle part on ne rencontre l'éparvin, le jardon, la forme, la fluxion périodique et autres infirmités redoutables.

Le Percheron, tel qu'il existe aujourd'hui, n'a qu'une célébrité récente. Il provient de croisements avec des étalons orientaux qui, en 1760, furent envoyés en station au Haras du Pin au service des éleveurs du Perche. Quelques années plus tard l'influence de demi-sang anglais se fit sentir dans ce pays, et il ne fallut rien moins que la présence longtemps prolongée vers 1820 de deux pur sang arabe, tous deux gris pour fixer la race. Il en est résulté le type actuel, dont voici les caractères principaux : poil généralement gris pommelé; taille de 1^m50 à 1^m60; le corps bien cerclé; le garrot épais et bien sorti; l'encolure forte et un peu rouée; la tête un peu longue; les naseaux bien ouverts et dilatés; l'œil grand et expressif; le front large; l'épaule, très oblique et fortement musclée, donne à la place du collier une grande étendue; le rein long et la croupe horizontale; les membres bien plantés; les articulations courtes et fortes; la queue bien attachée; comparativement au Breton, le Percheron est plus fin, plus allongé, plus distingué, il a moins de crins aux jambes, l'épaule est plus longue, la croupe moins oblique.

Dans le Perche et la Beauce, l'élevage du poulain se fait à l'écurie, et sous l'œil du maître qui en a davantage souci, s'en occupe, le fait travailler et le nourrit comme il convient. Le trèfle surtout et le sainfoin ensuite sont les plantes qu'affectionne le fermier percheron.

Voici, d'ailleurs, à ce sujet, quelques renseignements empruntés à la petite notice que M. Guy de Charnacé a consacrée au cheval percheron :

« L'élevage ici comme en Bretagne donne une idée parfaite des bienfaits de la division du travail. Une partie de la province élève ce que l'autre fait naître. Chaque printemps, la jument est saillie; si elle se montre stérile plusieurs années de suite, elle est vendue au commerce. Elle travaille sans cesse, avant comme après la mise bas; c'est à peine si. à ce moment, on lui accorde quelques jours de repos. Le poulain suit le plus généralement sa mère au champ, ou il reste à l'écurie, et ne la voit qu'à midi et pendant la nuit. Voilà donc la nourriture de la jument payée par le travail et son poulain établissant le bénéfice.

» Le travail est extrêmement favorable à la poulinière. On doit seulement éviter de la mettre dans les brancards de charrette, dont les contre-coups pourraient blesser le poulain dans le ventre de sa mère.

» A cinq ou six mois, le produit est sevré et vendu. Le sevrage s'opère très facilement chez ces rustiques animaux; les voyages en bandes, qui seraient mortels pour d'autres races, se font sans danger pour le poulain percheron. Arrivé chez l'éleveur, on lui donne un « barbotage » à la farine ou au son tout simplement, du foin ou du regain coupé avec de la paille d'avoine. Quelques-uns sont bien atteints de la gourme ; mais ils s'en guérissent vite. L'été venu, l'air des champs et la nourriture verte les rendent à la santé.

» Jusqu'à l'âge de quinze mois, il ne reçoit pas de grain. Nourri au foin de trèfle pendant l'hiver, il cherche, l'été, une assez pauvre nourriture dans les champs de Mauves, du Pin, de Regmalard, de Corbon, de Longuy, de Reveillon, de Courgeron, de Saint-Langis, de Villiers, etc. Pendant ce temps, on évalue sa nourriture à 100 francs en moyenne.

» A partir de cet âge, la nourriture s'améliore, car le fermier, avec toute la douceur qui est le propre de son caractère, commence le dressage du poulain. Au labour, on le met devant les bœufs ; au tombereau, on le place entre deux vieux chevaux ou on l'associe à plusieurs de ses compagnons, de façon à ce que la besogne se fasse sans fatigue pour lui. Cette seconde étape de la vie du Percheron a donc encore été productive. Grâce à une bonne nourriture et à un travail gradué et proportionné à ses forces, le jeune animal se développe si bien, qu'à trois ans, c'est déjà un cheval.

» Arrive alors le fermier beauceron qui l'achète pour en faire l'agent indispensable de ses travaux de culture. Là, point de racines : à peine quelques fourrages artificiels pour la nourriture des chevaux. Mais toujours et partout du blé ou de l'avoine, dont la plus grande partie passe dans les mangeoires de l'écurie. Aussi, qu'arrive-t-il ? C'est que le rendement des céréales baisse plutôt qu'il n'augmente et que les nombreux troupeaux de mérinos soumis au parcours sur un terrain brûlant, sans abri et sans eau, sont décimés par la sécheresse. L'eau manque, il est vrai, pour créer des prairies permanentes, mais les labours profonds, en permettant la culture des racines et des fourrages, entrent en compensation.

» Voilà donc notre Percheron, soigné et nourri, presque à l'égal d'un cheval de course ! Tout en suivant prestement le sillon, il va conquérir de nouvelles forces, le maximum de son développement, cette énergie et cette valeur qu'on ne retrouve, au même degré, chez aucune autre race.

» A cinq ans, il sera conduit à une des foires importantes de l'année. Le commerce s'en empare. Les plus parfaits de forme sont achetés comme étalons, les autres passent au service des omnibus, des postes, des roulages accélérés et de toutes les industries des grandes villes.

» Le Percheron a donc passé dans quatre mains différentes, laissant à chaque étape d'heureuses traces de son passage, un produit certain, un bénéfice assuré à l'avance. Telles sont les causes de sa supériorité sur tous les autres chevaux de trait, supériorité incontestable et incontestée, supériorité reconnue d'une extrémité à l'autre de l'Europe. »

On voit par là de quelle façon a lieu l'élevage du cheval percheron et on s'explique qu'il soit l'objet d'une si grande faveur et d'aussi importantes transactions.

Il est, toutefois, une ombre au tableau. Depuis surtout l'avènement des Américains dans le Perche, l'éleveur s'est mis à faire du *gros* à tout prix. Pour cela on a introduit dans le pays de gros étalons du Nord, notamment des chevaux picards qui ont séduit l'éleveur inexpérimenté par leur masse. On a commencé par faire non seulement du gros, du commun et du lymphatique, mais encore on s'est trouvé complètement en désaccord avec le sol du Perche et avec le type du cheval rationnel qui est le cheval de trait léger. Si cette pratique s'exerce dans la contrée de Nogent-le-Rotrou, par exemple, la faute est énorme, désastreuse même, puisqu'on ne fait que du médiocre quand on pourrait faire du très bien. Mais si cet étalon commun est employé dans les zones moins grasses de Courtalain et de Broe, c'est une erreur plus fondamentale encore, car elle entraîne fatalement la ruine de la race, en y introduisant des individus que le pays est inhabile à nourrir, sans en pouvoir faire autre chose que des chevaux manqués et communs, tout à la fois. Il faut donc écarter et chasser de partout cet étalon déplacé, puisque le moindre malheur qui puisse résulter de sa présence est d'abâtardir la race. Il faut se rappeler qu'une race ne grandit jamais avantageusement par les pères et que rien ne compense les défauts de conformation qui ne font que s'accroître avec les générations.

Heureusement une association, qui a pris pour dénomination, la *Société hippique du Perche*, dont il sera question lorsque nous parlerons des Sociétés hippiques du cheval de trait, s'est donné pour mission de procurer aux éleveurs le type percheron puisé à ses meilleures sources. Elle a créé à cet effet un *stud-book* de la race percheronne, dont il sera parlé également.

Le Perche est, on le voit, un siège important, à la fois de production et d'élevage.

Là se réunissent, avec les poulains nés dans le pays même, ceux en plus grand nombre qui y viennent de la Picardie, de la Normandie, du Berry, de la Bretagne et qui, après avoir été nourris, employés, façonnés dans les mains du fermier jusqu'à l'âge adulte, se répandent : les mâles, dans les départements voisins ; les femelles, dans presque toutes les parties de la France, dans l'Est, le Centre où elles sont appliquées à tous les genres de travaux.

On a mis en doute la valeur du Percheron comme étalon ; on a dit qu'il ne *race* pas, qu'il ne conserve que chez lui, sur son propre sol, et ne répète pas ailleurs les formes, le caractère, le cachet par lesquels il se distingue et qui tiennent à la nature même du terroir.

Tel n'est pas l'avis des Américains, dont les achats d'étalons sont depuis quelques années si nombreux que l'on commence à se demander dans le Perche si l'on pourra longtemps y subvenir sans détériorer la race — question qui mérite, en effet, que l'on s'en préoccupe.

Comme reproducteur, nous croyons que le Percheron se ressent encore assez des effets du sang dont il a été touché autrefois et que l'on retrouve chez lui toujours vivace l'élément oriental, germe des qualités qui lui sont propres, à un degré tel que le système de sélection doit lui être appliqué! Qu'il faut, en con-, séquence, conserver le type percheron aussi pur que possible et dans sa plus complète homogénéité, par un choix judicieux des reproducteurs d'élite, que la propagation dans la race (*in and in*, des Anglais), et même la consanguinité doit être le mode d'amélioration à employer; mais d'une façon judicieuse, appropriée, en accordant plus d'attention qu'on en donne généralement au choix des poulinières, oubliant que l'influence des deux procréateurs pris individuellement est au moins égale, et que, s'il y a en réalité, une prépondérance, elle est en faveur de la mère, que c'est elle surtout qui transmet les aptitudes.

La race percheronne est enviée et recherchée de tous côtés; elle représente avec le plus de succès l'élevage du cheval français sur les marchés étrangers et dans les concours internationaux; il importe donc que chacun agisse dans la mesure de sa force, afin de lui conserver sa réputation et sa prospérité.

RACE BRETONNE.

La Bretagne hippique est peu connue; il en a été peu parlé par les écrivains spéciaux qui ont paru en faire peu de cas et ne la tenir qu'en médiocre estime. C'est regrettable; aussi voulons-nous réparer cet oubli, protester contre cette indifférence en dressant sur un piedestal la statue tardive de l'Armorique équestre. A notre époque de statuomanie, il est tant de gloires se prélassant sur un socle battant neuf qui ne valent pas celle-là!

La Bretagne, reculée dans les Gaules, protégée par ses montagnes et ses forêts, se défendit plus longtemps que les autres contre les invasions des vainqueurs romains ou scan-

dinaves; elle conserva ses mœurs et ses habitudes; on y
retrouve encore aujourd'hui les vestiges des temps les plus
anciens de notre histoire. L'amour du cheval, qui fut une des
passions les plus vives des Celtes, est encore un trait caractéristique des Bretons. Le cheval joue un grand rôle dans l'histoire de Bretagne. Un duc de cette province acheta la ville de
Brest moyennant une haquenée blanche et 100 livres de rente.
Le souvenir des Grandlon, des Tristan et des Du Guesclin se
mêle à celui des coursiers du moyen âge. C'était sur des coursiers bretons que les quarante bannerets de ce pays, qui com-
battirent à Bouvines, affrontèrent la cavalerie du roi d'Angleterre, du comte de Flandre et de l'empereur d'Allemagne.

Le Breton a conservé le goût du cheval qui se lie à tous ses
besoins, à toutes ses habitudes et à toutes ses exigences. Dans
nombre de localités il est toujours à cheval; rien n'est plus
curieux que de voir au retour des foires et marchés serpenter
au flanc des collines ces rustiques cavalcades. Le harnachement du cheval consiste ordinairement en un léger bât, garni
d'une peau ou d'un coussin, serré au milieu par une sangle;
leur bride est fort dure et les étriers sont remplacés par deux
cordes doubles dans lesquelles le pied s'enfonce jusqu'au talon.
La pose a quelque chose d'oriental, le corps est droit et parfaitement d'aplomb, les genoux sont relevés à la hauteur d'arçon.
Assis ainsi sur leurs petits chevaux à l'œil de feu et au pied
de fer, avec leurs guêtres serrées à la jambe, leur large pantalon, leur gilet étroit, leur veste flottante et leurs longs cheveux
pendant sur leurs épaules, ils ressemblent assez à une cavalcade de quelque peuplade levantine. Les femmes sont assises
à droite suivant l'usage ancien qui remonte aux Romains. C'est
à cheval que l'on se rend aux assemblées, aux pardons, aux
baptêmes, aux enterrements, mais c'est surtout aux noces que
la cavalcade est de rigueur; malheur au convive qui n'a pas
un cheval à monter dans cette occasion solennelle; honneur à
qui possède un brillant surtout rapide bidet; car la fête ne serait

pas complète s'il ne faisait pas plusieurs courses en l'honneur
du jeune ménage.

Le cheval de trait ne fit que fort tard son apparition en Bretagne, comme dans tout le reste de la France d'ailleurs, ainsi
que nous l'avons dit. L'agriculture n'employait que les bœufs.

Aujourd'hui, deux divisions profondes se font remarquer
dans les races bretonnes : l'une suit le littoral des côtes depuis
Dinan jusqu'à Brest ; c'est la forte espèce de tirage, énergique
et rustique ; l'autre habite le littoral du Midi et la montagne,
c'est la vraie race celtique chantée par les trouvères et les
bardes. C'est dans les marais de la Vendée, du Poitou et de
la Saintonge que vient mourir par degré la race d'Armorique.

C'était, avant les chemins de fer, un cheval de poste excellent ; actuellement les messageries, les postes, le roulage, l'industrie enfin le recherchent à l'envi à cause de son naturel
doux, de sa robuste constitution et de sa résistance au travail.
Quand il a passé quelque temps soit dans le Perche, soit en
Normandie, soit dans le Maine ; quand il a été bien nourri à
l'avoine et aux substances toniques, il devient très vigoureux
et très bon cheval. Poulain, il est habitué de bonne heure à la
présence de l'homme, à sa fréquentation, ce qui fait qu'il est
doux, maniable et prédisposé à se livrer lui-même au travail
qui sera demandé. Aussi quand il sort des mains du producteur pour entrer dans celle de l'éleveur, il est habitué à tous les
usages de la domestication, n'a pas cette attitude craintive et
effarée des jeunes chevaux normands élevés au piquet et dans
l'isolement ; il sait rester attaché à la crèche, se laisser panser
et manier sur toutes les parties du corps ; il est accoutumé à
tous les aliments et peut être mis sans danger à l'herbage ou
à l'écurie. Sa seconde éducation se fait ordinairement dans les
pays de culture où sa destination est d'être employé comme
moteur agricole.

La race de trait particulière à la Bretagne a un type d'ensemble dont voici les lignes principales : taille variant de 1^{m}45

à 1^m58, tête carrée et forte, encolure courte et épaisse, poitrine large, épaule droite et le garrot épais, la croupe large, l'avant-bras large, les canons grêles, poils aux jambes, pieds grands et souvent plats.

Le cheval breton a beaucoup de rapport avec le Percheron, mais il est moins distingué, il est plus léger que le Boulonnais, plus vigoureux et plus énergique que le Franc-Comtois. Sa construction ne se prête pas à la vitesse ; avec son épaule droite, il a les allures courtes, trotte du genou, mais il a un fond étonnant. Le plus grand défaut de la race est la fluxion périodique, très fréquente dans les Côtes-du-Nord.

La Bretagne est une vaste pépinière qui, au point de vue des services usuels, n'a encore été exploitée que d'une manière incomplète et où l'on peut trouver, à un moment donné, les éléments nécessaires pour fournir la meilleure artillerie de toute l'Europe. Bien des progrès se sont réalisés depuis une dizaine d'années surtout ; mais il reste encore beaucoup à faire. Il s'agit, en effet, d'une race qu'il convient d'améliorer sans l'altérer, sans la déformer, à laquelle il faut imprimer plus de distinction, plus de légèreté, sans rien lui enlever de son ampleur et de sa force ; il s'agit d'une population agricole dont on doit se garder de contrarier les besoins et les usages. L'éleveur breton n'est pas, comme celui de la Normandie, de la Vendée, du Poitou, un bouvier, qui, au milieu de son bétail, entretient exclusivement sa jument en vue de la production et son produit en vue de la vente à un acheteur spécial : le luxe ou l'armée. L'éleveur breton est un laboureur, il fait travailler sa poulinière, il attelle son jeune cheval à la charrue, et, de plus, il est toujours assuré, quand vient le moment, de s'en défaire avantageusement.

Il tient donc à lui conserver la conformation, les qualités qui le rendent éminemment propre à sa double destination ; il veut bien que son cheval soit dégrossi, qu'il prenne de la tournure, de la vitesse, qu'il devienne cheval de trait léger, mais à

(Les races de trait).3

la condition que ses épaules restent appropriées au collier, afin qu'il puisse garder son utilité comme ouvrier, et comme marchandise sa valeur vénale. En un mot, il veut bien faire un cheval meilleur, mais pas un autre cheval.

Le puissant trotteur de Norfolk est son modèle. Comment le réaliser? La race bretonne fournira l'étoffe avec laquelle il peut être formé; mais quel est le sang qui la façonnera en s'y mêlant?

Là est la grande question. Le pur sang anglais n'y suffit pas, dit-on; le demi-sang normand n'y a pas toujours réussi. On s'est demandé s'il ne fallait pas à cette famille précieuse, numériquement et moralement si importante, un reproducteur spécial.

L'anglo-arabe ne serait-il pas ce reproducteur désiré?...

Cette race se subdivise en un grand nombre de variétés parmi lesquelles nous distinguerons :

Race de Léon. — Se trouve dans les environs de Saint-Pol-de-Léon, Brest et Morlaix et peut être regardée comme le type de la forte race bretonne. Le climat, la position, le sol de cette contrée conviennent merveilleusement à l'élève du cheval; aussi les habitants en font-ils un grand commerce. La nourriture y est abondante; les éleveurs zélés et aujourd'hui fort expérimentés ont commencé à entrer dans une bonne voie d'amélioration.

Dans cette race, les robes grises dominent avec ses diverses nuances; la taille atteint jusqu'à 1^{m}65 et ne descend guère au-dessous de 1^{m}55; la physionomie est expressive et la crinière double et bien fournie; le corps court et trapu; les membres sont forts; les articulations larges et solides; les paturons sont courts et très chargés de crins, les tendons un peu faibles.

L'éleveur, dans l'arrondissement de Brest, vend le plus généralement son poulain vers l'âge de 6 à 7 mois; il passe

alors dans l'arrondissement de Morlaix, où il ne séjourne guère au delà du même temps ; il est ensuite conduit dans les Côtes-du-Nord et l'Ille-et-Vilaine. Le commerce alors s'en empare et le fait pénétrer dans le Perche et la Beauce, où il est élevé jusqu'à l'âge adulte pour se repandre ensuite dans les centres industriels de la plus grande partie de la France. Les femelles sont conservées dans le pays jusqu'à 4 ans environ. Le commerce vient alors les chercher pour les besoins du Poitou où l'industrie mulassière les utilise et pour ceux des départements méridionaux qui ne produisent pas de chevaux de trait.

Race de Tréguier. — Peut se diviser en deux variétés : l'une, plus forte et plus commune que la race de Léon, existe principalement dans les environs de Lannion ; l'autre, beaucoup moins grande mais bien établie, est d'une assez bonne conformation ; elle se trouve dans les environs de Pontrieux, où il s'en fait un grand commerce. Les poulains sont vendus à 18 mois.

Les étalons de l'ancien haras de Langonnet et ceux du haras de Lamballe (comprenant actuellement 13 purs sang, dont 8 anglais, 4 anglo-arabes et 1 arabe) ont laissé dans ce pays une excellente race de juments de trait. La plupart sont fort distinguées et rappellent la jument anglaise du Yorkshire.

Voici quelle est la physionomie générale de la race de *Tréguier*.

La croupe n'est point avalée, la poitrine a plus de profondeur, les jarrets sont plus larges, les membres plus forts et aussi plus beaux que ceux de la race bretonne en général.

Les plus grands soins sont donnés à la production du cheval dans cette partie de la Bretagne. Les éleveurs ont compris qu'un cheval de race donné à de fortes juments fait tout aussi fort et plus fort que la mère et donne en outre toutes les qualités qui manquent ordinairement aux chevaux de gros trait.

Race de Tréguier.

Race du Conquet. — On rencontre dans les environs de Saint-Renan, Trebalis et du Conquet une race de juments connue dans le commerce sous le nom de race du Conquet. Cette race a les caractères extérieurs de la belle race cotentine, mais avec moins de taille, plus de longueur de corps et moins de régularité dans les extrémités ; du reste, même élégance, même douceur et même poil qui est généralement chez l'un et chez l'autre un beau bai.

Cette race forme la transition entre les gros chevaux du littoral et les doubles bidets des landes qui occupent la partie méridionale des départements bretons. La taille ne dépasse pas 1^m58. La tête est parfois un peu busquée. Ce sont en général des animaux sobres, rustiques et énergiques. C'étaient, au temps où les équipages du roulage sillonnaient les grandes routes, les chevaux de devant, prompts à saisir les avertissements du conducteur comme à se précipiter dans le collier ; ils dirigeaient l'attelage et donnaient l'exemple de la bonne volonté.

Le *cheval de Briec*, que l'on rencontre dans les environs de Quimper et de Châteauneuf, centre de l'ancienne Cornouaille, se reconnaît aux caractères suivants :

Il a de 1^m40 à 1^m50, la tête carrée, l'encolure courte, l'œil vif, beaucoup d'ensemble, l'épaule droite, le garrot plus élevé, la poitrine peu profonde mais large, très beaux membres, genoux larges et tendrons détachés. Ces chevaux sont presque toujours alezan poil de vache ; montés, ils vont l'amble.

Le *cheval de Corlay* est le cheval breton de montagne, mais amélioré par d'heureux croisements, grandi par une nourriture plus abondante. Il est d'un service plus bourgeois.

Les autres parties de la Bretagne sont moins chevalines.

Dans les départements du Morbihan et de l'Ille-et-Vilaine, les variétés locales offrent un cachet beaucoup moins caractérisé. Il y manque un système d'agriculture approprié, une plus

grande extension des prairies artificielles, une habile impulsion, un choix judicieux d'étalons types placés avec discernement pour faire la monte.

Disons aussi que l'élève des bêtes à cornes y est fort en faveur et suffit à la production par les bénéfices qu'il procure.

Dans la Loire-Inférieure, sur les rives de la Loire, s'élèvent en liberté de gros chevaux propres au trait, mais de types indéfinis et mélangés; le carrossier seul est l'objet de soins et d'attentions suivies. On en trouve de forts jolis spécimens ayant le type du Vendéen. Là aussi, comme dans tout le reste de la Bretagne, le cheval est en honneur : bourgeois et paysans aiment à monter et à conduire.

En dehors du Breton et du Percheron, il est en France d'autres familles de trait léger, mais d'un ordre secondaire. Les uns appartenant à une race qui nous est commune avec une nation voisine et qui lui est plus particulière qu'à nous, telle que la RACE ARDENNAISE, à laquelle nous réservons, au Chapitre des Races de trait étrangères, une étude approfondie.

Les autres, relevant de variétés n'ayant d'autre caractère déterminé que les conditions climatériques dans lesquelles elles se produisent.

Dans cet ordre d'idées, il nous faut signaler en première ligne, le :

CHEVAL DE MONTAGNE. — Il présente partout les mêmes caractères généraux : taille peu élevée, formes anguleuses, tête carrée, yeux vifs, des membres secs et nerveux, un sabot bien conformé et une corne dure.

Ces chevaux sont, en général, sobres, peu maladifs, légers à la course et infatigables; on les attelle à des charrettes légères et primitivement établies.

Par leur conformation et leurs qualités, ils rappellent, plus que tout autre, le cheval oriental, type primitif. Tels sont les chevaux de toutes les montagnes de l'Asie, de l'Afrique et de

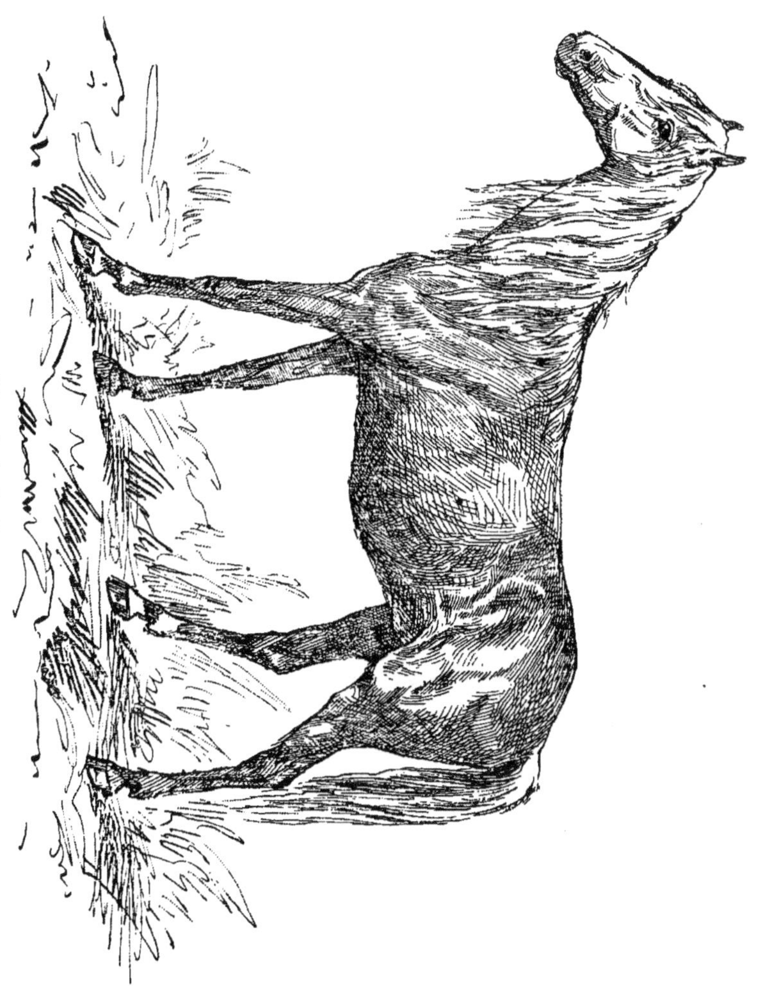

Cheval de la Camargue.

l'Europe, tels sont en France ceux des Alpes et des Pyrénées, ceux des Cévennes, ceux de la Hague, dans la Normandie. Ce cheval doit sa forme et sa constitution au sol et au climat qui le font naître. Le cheval des marais, le cheval de plaine, le cheval des montagnes aura partout un type particulier qui le fera reconnaître à l'œil exercé.

Dans le sud-est de la France, une seule race réussit à se reproduire, c'est la race dite auvergnate. Elle n'a rien de particulièrement précieux que sa rusticité; elle donne cependant des produits robustes, vigoureux, de taille moyenne, avec l'encolure courte et la tête assez grosse. On y rencontre aussi : Le *cheval de la Camargue* qui peut être classé parmi les variétés de trait, l'usage le plus commun auquel il est employé consistant dans le dépiquage des graines. Il vit à l'état demi-sauvage dans le delta que forme le Rhône à son embouchure dans la Méditerranée. Il est petit, sa taille varie de 1ᵐ 32 à 1ᵐ 34, la robe est gris blanc, il est sobre, vif et courageux.

La Meuse possède une population chevaline très mêlée où se remontent souvent le train et l'artillerie. Ce sont, en général, des animaux peu élégants, mais trapus, résistants, irréguliers de forme et de taille moyenne.

Il est en outre quelques départements qui, depuis peu, s'adonnent à la production du cheval de trait avec beaucoup de succès. Le Conseil supérieur des Haras, dans sa séance du 9 juillet 1886, signalait comme tels : la Mayenne, la Sarthe, le Cher, le Doubs, la Côte-d'Or et la Nièvre.

Telle est notre richesse chevaline dans la spécialité du trait.

CHAPITRE IV

Les races de trait étrangères.

———

EN BELGIQUE

La Belgique est le berceau des plus fortes espèces chevalines du monde. C'est la patrie du cheval de labour de grande taille, du puissant remorqueur des chemins de halage, du limonier cher aux riches exploitations du nord, aux sucreries et aux charbonnages, et l'orgueil des gros industriels des villes, ruine grandiose qui fait songer au temps où les Titans habitaient la terre, épave d'un passé que chassent les besoins nouveaux, en attestant sa grandeur comme ces immenses cathédrales gothiques du moyen âge, restées debout au milieu des bouleversements qui ont changé la face du monde.

Le cheval belge est grand, massif, ample, arrondi, ramassé et près de terre, ses formes lourdes, communes plutôt que distinguées, ses membres robustes, mais quelque peu empâtés, dénotent une grande force alliée à un tempérament calme plus ou moins lymphatique et le caractérisent comme le moteur par excellence pour le trait pesant aux allures lentes. J'ai vu sur le port, à Anvers, un seul de ces limoniers éléphantiques traînant, au pas bien entendu, un des lourds chariots des *Nations* avec une charge nette de 3,000 à 5,000 kilos.

Cette puissance dans le développement chez le cheval belge lui vient des conditions climatériques et de l'influence due à une alimentation que lui fournissent les fertiles, mais humides prairies des Flandres et du Brabant. Il sort de la même souche que notre cheval boulonnais avec lequel il a conservé beaucoup d'affinité. Dans l'histoire, en remontant au XIIe siècle, nous voyons le roi Jean introduisant dans ses États cent étalons de choix pris dans les Flandres, et jetant les fondements des chevaux de trait anglais que des efforts continus, des importations renouvelées, et des travaux plus récents, ont successivement élevés à une réelle supériorité.

Bien que les chevaux belges importés au loin aient souvent occasionné des déceptions, ils n'en sont pas moins l'objet de sérieuses transactions.

Beaucoup de marchands étrangers parcourent le pays, suivent les foires, visitent les fermes et enlèvent non seulement les grands et fort limoniers, mais encore les meilleurs reproducteurs. Ces chevaux, acquis dans les provinces du Hainaut, du Brabant, de Namur et de Liège, sont en grande partie destinés au gouvernement allemand pour la reproduction.

Depuis dix ans, un des plus anciens marchands liégeois est délégué par le gouvernement allemand pour rechercher dans les fermes du pays les étalons les plus remarquables. Pendant les premières années, il était accompagné du général des Haras. Les chevaux achetés sont presque tous des étalons de 3 à 5 ans, primés aux expertises du gouvernement et à diverses expositions, notamment à Amsterdam, Lille, Saint-Omer, etc. Les prix d'acquisition de ces étalons varient de trois à sept mille francs. Presque tous ont la robe baie; il y a quelques beaux noirs et alezans. En 1882, des importateurs américains ont acheté des étalons reproducteurs dans le Brabant en vue de l'amélioration de leurs chevaux *marron* de la République Argentine.

Les chevaux autochtones ou aborigènes de la Belgique actuelle ont été réunis en différents groupes selon les ressemblances ou les différences physiques et morales ou ethnographiques qu'ils présentent entre eux, formant trois races

La race du littoral et du bas pays : le cheval flamand ;

La race des montagnes : le cheval ardennais ;

La race intermédiaire : le brabançon-hennuyer.

Ces trois grouges d'équidés sont considérés comme issus d'un même type originel, qui se serait modifié suivant les milieux habités par les sujets qui les composent occupant assez exactement, sous le rapport de leur aire géographique, trois divisions territoriales : 1° les Flandres ; — 2° les cantons de la haute Ardenne et le Luxembourg ; — 3° les provinces de Brabant, Hainaut, Namur et Liège.

La production du cheval de trait constitue une branche importante de l'économie rurale du pays. Aussi, tout récemment, s'est-il fondé une société qui a pris le titre de *Société nationale du cheval de trait belge*, et qui s'est donné pour mission d'encourager, de développer l'élevage du cheval de labour en augmentant le mérite des produits, en multipliant les débouchés, et en s'efforçant de rendre les prix plus rémunérateurs. Son premier soin a été la création d'un stud-book ou livre généalogique, indispensable au perfectionnement des races. Ce stud-book comprend trois variétés distinctes que nous venons d'indiquer, savoir : 1° race flamande ; 2° race brabançonne de gros trait ; 3° race ardennaise de trait léger. Nous allons les passer successivement en revue.

RACE FLAMANDE.

Vous connaissez le cheval flamand.

C'est ce colosse au poil luisant, resplendissant de santé et de vigueur, que vous avez vu passer attelé aux chariots des brasseurs, superbe dans son imposante carrure, à l'allure lente et solennelle, secouant son épaisse crinière léonine que le vent soulève en éventail, mettant à nu une énorme encolure

Race flamande.

Race brabançonne.

rouée, musclée, d'un aspect saisissant, surmontée d'une tête
volumineuse et complétant cet ensemble de géant par un vaste
poitrail et une arrière – main d'une ampleur telle que seuls
les fûts de bière entassés les uns sur les autres, émergent de
la lourde voiture qu'il traîne derrière lui. Il vous a frappé au
passage ; vous vous êtes arrêté ; vous l'avez regardé et vous
l'avez admiré.

C'est là l'ancêtre avéré et authentique des plus fortes races
du monde, y compris le cheval noir anglais, ce mastodonte
dont les Londoniens sont si fiers.

La race flamande comprend plusieurs variétés parmi lesquelles la plus appréciée est celle qui est connue sous le nom
de *Bourbourienne* et qui en est comme le prototype.

C'est pourquoi nous croyons devoir en esquiser les caractères spécifiques : taille allant souvent au delà de 1ᵐ 70 ; la tête
est forte, l'encolure puissante sans rien de disgracieux, mais
courte comme celle des races vouées aux travaux lents et à
l'allure du pas ; le garrot n'est pas assez proéminent, il est
noyé, souvent affaissé ; la région du dos est plus basse que la
croupe qui est double et fortement chargée de muscles ; la
poitrine est large, puissante et suffisamment descendue ;
l'épaule est forte et l'avant-bras très musculeux ; le pied est
volumineux et très écrasé ; le sabot souvent petit ; les extrémités sont garnies de poils longs.

On a reproché longtemps à la race flamande, qui comprend
encore comme variétés : la *race du Funemback*, volumineuse
et lymphatique, et celle dite du *Franc de Bruges*, plus rustique, d'être molle, de manquer d'énergie et d'être sujette à de
nombreuses maladies. Aujourd'hui elle s'est bien modifiée avec
les progrès de l'agriculture, l'assainissement par le drainage
et une alimentation plus substantielle où l'avoine est entrée
en plus grande quantité. Sous l'influence de ces nouvelles
conditions, aidées par une sélection mieux entendue, ses
formes se sont régularisées et sa constitution s'est raffermie.

Le cheval flamand, non détourné de sa destination, est, en résumé, un bon serviteur d'un caractère doux et patient qui travaille et soutient la fatigue.

RACE BRABANÇONNE.

La race chevaline brabançonne, ou mieux la variété chevaline du Brabant, est loin d'offrir ce cachet d'uniformité qui constitue l'apanage de tous les sujets composant certaines autres races ou sous-races d'animaux domestiques.

Le cheval brabançon est grand, lourd, fort, puissant et bien musclé. Sa taille oscille entre 1^m60 et 1^m75; son poids va quelquefois jusqu'à 900 kilos. La tête est moins allongée que chez le Flamand. L'oreille est courte et droite; la physionomie manque d'expression. L'encolure est caractéristique et particulière à la race; elle est courte, très volumineuse; massive, rouée, chargée d'une graisse dense et compacte, ornée d'une crinière courte formée de crins rudes. Le garrot est peu sorti, large et gros. La croupe est double; le dos est légèrement ensellé. L'épaule est puissante. Le genou large et plat recouvert d'une peau épaisse et dure. Le canon est court, mais laisse souvent apercevoir des tares osseuses. L'ensemble est large, bien ouvert, cylindrique.

Cette race est depuis quelque temps fort en honneur parmi les éleveurs belges qui semblent vouloir lui donner la préférence sur le Flamand.

Recevant une nourriture intensive et plus abondante, le cheval brabançon s'est développé en taille, en volume, en force et en énergie musculaire, tout en ayant conservé ses caractères ostéologiques et crâniométriques primitifs.

Par son importance, la population chevaline du Brabant répond à la nature et à l'étendue des travaux agricoles qui lui incombent : elle ne compte pas moins de quarante-trois mille têtes.

(*Les races de trail*).   4

Dans un remarquable rapport présenté à la Société hippique du Brabant, M. Ad. Reul apprécie comme suit les résultats obtenus jusqu'à ce jour : « Nous ne devons pas nous figurer
» que notre cheval belge est arrivé au *summum* de la perfection.
» Loin de là ; à côté de sujets qui laissent peu à désirer sous
» le rapport de la belle conformation exigée du gros et lourd
» limonier — de ce moteur au pas lent, dont le besoin se fera
» toujours sentir, quoi que l'on en dise — combien d'animaux
» décousus, procréés par des pères entachés de défauts graves
» et parfois même de vices héréditaires. Que d'améliorations
» à réaliser. Je pose en fait que nous pouvons par une appli-
» cation rigoureuse des règles de la zootechnie pousser notre
» production chevaline vers un degré de perfection qu'elle
» n'a pas encore atteint jusqu'à ce jour. Et pour obtenir ce
» résultat, que nous manque-t-il : la bonne volonté. »

RACE ARDENNAISE.

Cette race nous est commune avec la Belgique.

Toutefois, ainsi que nous l'avons dit, elle est plus particulière à nos voisins du Nord.

Chez nous, elle a bien perdu de sa réputation d'autrefois, au temps où, sous le premier empire, elle était fort recherchée pour les attelages de l'artillerie et du train. Le cultivateur voulant lui donner du gros quand même, a eu recours aux étalons flamands et aux diverses variétés de la grosse espèce belge ; mais ces croisements inintelligents ont tellement affaibli les qualités inhérentes au cheval ardennais qu'il est devenu méconnaissable sous cette nouvelle enveloppe.

Le cheval ardennais se révèle pour la première fois sous le conquérant des Gaules. Jules César fit en effet passer dans la Gaule, nous disent les *Commentaires*, la cavalerie légère numide dont il se servit dans la guerre contre les Nerviens ou Belges. Après la défaite, la cavalerie numide passa ses quar-

tiers d'hiver dans les Ardennes. Les Romains ayant pu dans
plusieurs combats et pendant leur séjour dans cette contrée

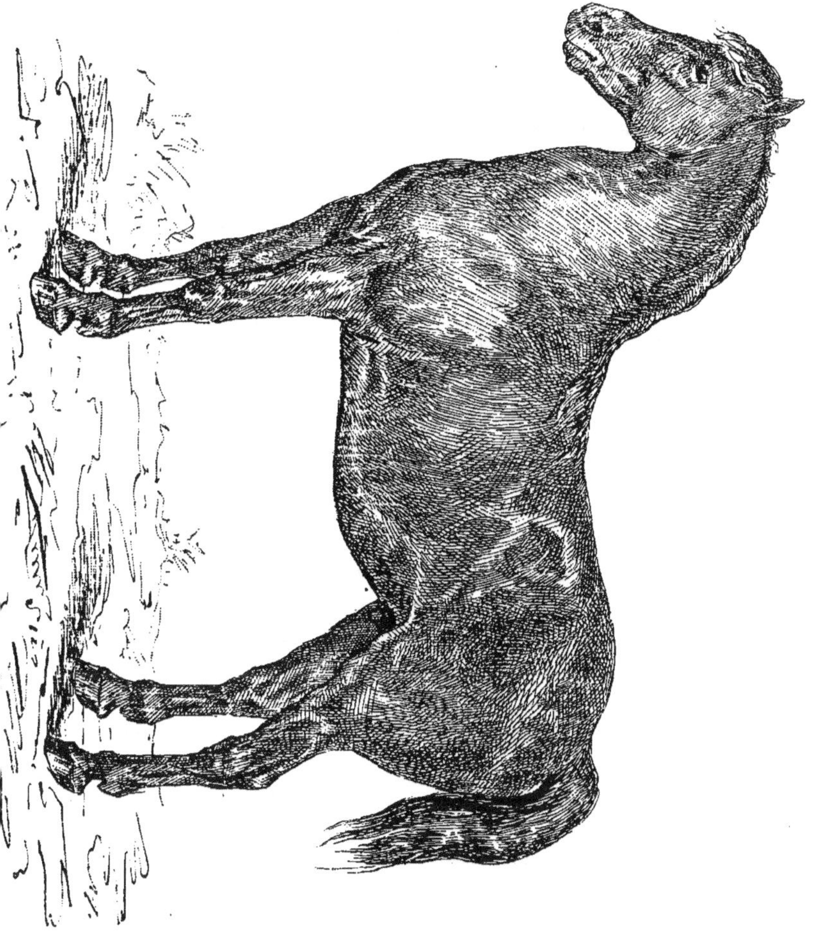

apprécier la valeur de la cavalerie trévisoise s'empressèrent
de l'utiliser au succès de leurs armes dès qu'ils eurent conquis

le pays. Plus tard, sous Valérius, les Romains levèrent à Trèves un corps nombreux de cavalerie qu'ils disciplinèrent et instruisirent. A partir de cette époque les Trévisois eurent à fournir à leurs vainqueurs les chevaux propres au service des montagnes et au transport des fardeaux.

Mais ce fut réellement l'époque des Croisades qui imprima à la race ardennaise les caractères distinctifs et spéciaux que l'on retrouve aujourd'hui.

Le retour des Croisés, après la prise de Jérusalem, introduisit dans les Ardennes plusieurs chevaux arabes. Il est établi par les archives des monastères de Mont-Dieu, d'Orval et de Saint-Hubert, que ces établissements entretenaient sur leurs domaines des étalons arabes destinés à porter les chevaux ardennais au plus haut degré de perfection possible.

Le long séjour des Espagnols dans cette contrée au seizième et au dix-septième siècle, fut également très favorable au perfectionnement des races locales. Les étalons qu'ils amenèrent dans les Ardennes, descendants des étalons maures, secondèrent avantageusement le système améliorateur mis en pratique par les moines. A cette époque les chevaux ardennais étaient tellement supérieurs aux chevaux allemands, que Turenne, campé en Allemagne, envoya dans les Ardennes procéder à des achats considérables pour le service de sa cavalerie.

Les guerres de la République et de l'Empire portèrent un coup fatal à l'industrie chevaline des Ardennes en moissonnant sans distinction et sans pitié, dans une longue et sanglante hécatombe, les plus beaux types de reproduction; l'étalon ne fut pas plus épargné que la poulinière; le boute-selle sonnait pour tous; l'incapacité était la seule exception admise; il fallait vaincre coûte que coûte; on songerait plus tard à réparer les désastres...

Napoléon faisait grand cas des chevaux ardennais et pendant la campagne de Russie il se plut à reconnaitre leur fond, leur vigueur et leur sobriété à toute épreuve. Quand le maréchal Sébastiani alla à Londres, les Anglais admirèrent beaucoup les beaux types ardennais qu'il avait emmenés avec lui.

Mais le coup était porté, l'élevage ardennais ne s'en est jamais relevé.

L'ancienneté et la bonté du cheval ardennais, ainsi que les influences salutaires météorologiques de cette contrée d'élevage, ne faisant l'objet d'aucun doute, il est regrettable de voir cette variété déchue de son antique splendeur.

Quand on va à Spa, on y rencontre des petits bidets qui font la joie des baigneurs et les délices du monde cosmopolite dans la saison des eaux. Ce sont des Ardennais. Ils sont de petite taille, mais énergiques, résistants, infatigables, se contentant de peu. La tête ne manque pas de caractère, quoique un peu grosse, l'œil est bon, l'oreille bien plantée, l'encolure est droite et courte, l'épaule est forte.

Une des causes — et la principale à nos yeux — de la dégénérescence de la race ardennaise est un manque d'entente dans l'élevage, ou mieux une économie mal comprise chez l'éleveur qui, nourrissant mal le poulain, sacrifie trop le présent à l'avenir. Le sujet a une importance qui mérite qu'on s'y arrête ; aussi allons-nous entrer dans quelques développements qui nous paraissent nécessaires pour bien faire comprendre aux intéressés le préjudice que leur cause ce mode d'élevage défectueux. Il importe de leur mettre le doigt sur la plaie ; puissions-nous contribuer dans la mesure de nos modestes forces à leur désiller les yeux !

L'élevage, dans les Ardennes, se fait de deux manières, à l'herbage et à l'écurie. L'un et l'autre ne sont cependant que très rarement employés d'une manière absolue. Le mode le plus général de procéder est celui-ci : Naissant en avril, le poulain passe à l'écurie le temps qui s'écoule depuis cette époque jusqu'à la fauchaison des foins. Dès que les foins sont rentrés et les prairies libres, les poulains y sont lâchés avec leurs mères, en compagnie des bœufs, vaches, chèvres et ânes, et cela jusqu'au commencement de l'hiver. A cette époque les poulains rentrent à l'écurie et n'en sortent plus, que pour aller boire, jusqu'à la nouvelle fauchaison. Jamais ces jeunes animaux n'ont d'avoine ni de grains à manger, c'est à peine si on leur en donne quand on commence à les faire travailler. Ne retirant aucun travail du poulain pendant les deux premières années, les cultivateurs s'imaginent réaliser une économie en les nourrissant peu substantiellement. Ce faux calcul est le résultat d'une erreur déplorable. Les organes ne se développent qu'imparfaitement et les poulains restent petits.

Voilà ce qui se fait. Voici maintenant ce qu'il y aurait lieu de faire : Pendant l'allaitement, si la mère bien nourrie fournit assez de lait, le poulain n'a pas besoin d'autre aliment; il suffit dans ce cas de ne pas le laisser dans les prairies trop longtemps exposé au froid, et surtout au froid humide, qui lui est très préjudiciable. Après le sevrage, lui donner un peu d'avoine concassée et des boissons blanchies avec des farines d'orge, de seigle ou de tout autre grain. Plus tard, à 7 ou 8 mois, l'avoine peut être donnée en grain, d'abord à petite dose, graduellement, jusqu'à trois litres par jour. Laisser le poulain manger du fourrage à son appétit, mais peu à la fois, pour qu'il ne boude pas dessus et qu'il ne le foule pas aux pieds. Quelques repas de carottes donnés de temps à autre produisent des effets très favorables. La nourriture verte, excellente au développement des poulains, leur convient également pendant la dentition. Mais comme continuée longtemps, surtout dans l'arrière-saison, elle relâche les fibres musculaires, détermine la mollesse, donne un tempérament lymphatique, occasionne des gourmes, etc., il importe de combattre ces fâcheux effets en donnant de l'avoine aux poulains, ou bien, si l'avoine est trop chère, des féverolles concassées. Les bons résultats d'une alimentation intelligente seront secondés par la propreté des écuries et leur aération, et par les soins du pansage, dont l'éleveur des Ardennes fait fi bien à tort. Le bouchonnement du poulain, en le débarrassant de la crasse qui le recouvre, et en imprimant à la peau et au système capillaire une action favorable, lui procure un grand bien-être.

Dans les Ardennes, comme en Normandie et dans d'autres contrées, on castre les poulains beaucoup trop tard. M. Person, un agriculteur habile du pays qui, dans les Ardennes françaises, s'est acquis un renom comme éleveur pratique et intelligent, conseille de castrer le poulain ardennais quand il tette encore. Il y a peut-être là quelque exagération, mais nous croyons qu'il y aurait tout avantage à ne pas attendre le dix-huitième mois pour lui faire subir cette opération, quand on ne peut espérer en faire un reproducteur. D'ailleurs, c'est le moment où il convient de commencer à le faire travailler avec d'autres chevaux, graduellement, selon ses forces. Dans ces conditions, avec un exercice modéré, progressif, le poulain ardennais serait, à trois ans, un cheval fait, pouvant prendre rang parmi les travailleurs de la ferme, en observant toutefois de le nourrir plus substantiellement à mesure qu'on exige de lui plus de fatigue.

Par malheur, ce n'est pas ainsi que procède l'éleveur dans cette contrée, aussi la race ardennaise ne brille-t-elle pas par ses formes, comme l'indique le portrait qui suit : taille, 1^m30 à 1^m40; tête expressive, grâce à la largeur du front; encolure courte, épaisse et fortement chargée de crins; les hanches sont saillantes, la croupe avalée; les aplombs des membres laissent à désirer, quoique ceux-ci soient secs, solides et bien articulés. Les qualités caractéristiques de la race sont : la sobriété, la patience, la résistance au travail et une grande liberté des membres. Elles suffiraient à elles seules pour rendre cette race sympathique et faire désirer son amélioration.

EN HOLLANDE

Dans l'histoire des transformations chevalines il est question, de çà et de là, des étalons hollandais concourrant avec les étalons flamands au grossissement des races. Toutefois, aujourd'hui, la Hollande n'occupe plus un rang classé au milieu des pays qui se distinguent dans la production chevaline. Car si l'agriculteur néerlandais a depuis quelque temps réalisé les progrès les plus éclatants dans l'élève des races bovines, il n'en est pas de même dans l'élève du cheval. A peine si l'on peut citer les chevaux de la Frise et de Groningue et de la Gueldre, les autres ne présentent pas les caractères de race définis. On a pu s'en convaincre lors de l'exposition agricole internationale, qui a eu lieu en 1884, à Amsterdam, organisée par la Fédération des Sociétés agricoles des Pays-Bas avec un grand succès.

L'ensemble de la population hollandaise de gros trait se compose d'animaux longs, ayant la croupe basse, les hanches prononcées, les membres épais et velus, le pied large et plat. La nature du sol n'est d'ailleurs point favorable à l'élevage du cheval énergique et rustique, comme il convient pour le trait. Le pays est marécageux, ne fournit à l'alimentation des animaux que des plantes aqueuses, grossières et sans saveur, et l'air qu'ils respirent, toujours saturé d'eau, pousse à l'exagération de la lymphe.

Il nous faut toutefois signaler un projet en cours d'exécution qui dénoterait chez l'agriculteur néerlandais le désir d'apporter un plus grand soin dans l'élève du cheval. Il serait question d'un Stud Book hollandais.

Nous lisons, en effet, dans le *Nederlandsche Sport*, du 23 octobre, qu'une assemblée doit avoir lieu dans le but de fonder le Stud Book hollandais (*Nederlandsch Paardenstambock*). Le siège de la Société est établi à Amsterdam.

La Société sera considérée comme fondée aussitôt que la sanction royale aura été obtenue. Pour atteindre le but que poursuit la Société, il y aura autant que possible une section dans chaque province, mais il sera permis de fonder une section dont l'activité s'étendrait sur plus d'une province; les Sociétés provinciales existant déjà peuvent s'affilier comme sections. La Société est administrée par un comité composé de délégués des sections provinciales.

Le Stud Book hollandais sera tenu de deux façons :

1° Le livre écrit, en tableau et sous forme de registre, destiné à recevoir la généalogie, les propriétés et particularités estimées comme pouvant exercer une influence durable.

2° Le livre déscriptif, pouvant paraître en livraisons plusieurs fois l'année, contenant tous les renseignements pouvant offrir un intérêt passager ou particulier, etc.

En même temps il sera tenu un livre divisé en quatre parties pour l'inscription des poulains dont les deux parents figurent aux Stud Books précités, etc.

RACE DE GRONINGUE OU DE FRISE.

Habituellement sous robe noire, aux crins longs et abondants, emprunte une certaine élégance d'attitudes et d'allures à son beau port de tête, à sa longue encolure attachée haut et gracieusement rouée; mais cette impression première s'efface après constatation des défauts dominants ci-après : ligne du dessus mal soutenue, croupe courte et oblique, épaule trop courte et trop peu inclinée, articulations peu larges, extrémités trop grêles, pieds trop évasés et aplomb souvent défectueux.

RACE DE LA GUELDRE.

D'une taille un peu moindre, a le dessus plus correct, la croupe moins oblique, les membres plus nets et les pieds meilleurs.

Le croisement par l'étalon d'Oldenbourg pour les chevaux de Frise et de Gronigue, et par celui du Hanovre pour les chevaux de Gueldre donnent des résultats particulièrement avantageux.

EN SUISSE

L'éleveur suisse est plus homme de cheval que l'éleveur français, c'est une justice à lui rendre. C'est pourquoi, bien qu'il n'ait aucune prétention hippique, il a tiré un excellent profit de la population équine née sur son sol. Il l'a trouvée suffisante pour ses besoins; aussi s'est-il contenté de la reproduire par elle-même dans ses types de choix sans la changer, mais en l'améliorant, en la consolidant dans ses mérites propres. Il est arrivé ainsi à constituer une variété appréciable dont voici le signalement :

Taille flottant entre 1ᵐ 50 à 1ᵐ 60; robe généralement noire ou bai brun; encolure courte; garrot bas; corps long; plus distingué qu'il ne l'était il y a quelques années.

La population chevaline suisse est fort nombreuse. Elle satisfait largement aux besoins du pays et même au delà, car elle vend son superflu, assez abondant, sur le marché de Lyon.

EN ANGLETERRE

La terre classique de l'élevage; l'Éden de l'espèce chevaline.

Là sont nos maîtres, saluons. Sous d'autres rapports nous leur sommes supérieurs; ils n'en conviennent pas, nous le savons; mais qu'importe! Soyons plus généreux et rendons-leur la justice qui leur est due. Donc à eux sans conteste le sceptre de la production équine dans le monde entier.

Ce sceptre, toutefois, n'est pas en leur pouvoir depuis nombre d'années, comme on serait tenté de le croire. Nous l'avons, ainsi que d'autres, porté glorieusement avant eux pendant la longue période du moyen-âge et jusqu'au milieu du XVIIIᵉ siècle. Depuis lors il est passé entre leurs mains; il resplendit sur leur front d'un vif éclat dont les rayons se projettent d'un pôle à l'autre. Partout où l'Anglo-Saxon pose le pied en se livrant du sol, dans sa course sans fin à travers l'univers, il fonde un comptoir, dépose une bible et amène un cheval.

Mais ce qui fait notre admiration, à nous qui avons le culte de l'art équestre, ce n'est pas tant sa façon pratique et lucrative d'entendre l'élevage, ce n'est pas la profonde sagacité qu'il déploie pour obtenir les chevaux de ses besoins, ce n'est même pas l'heureuse corrélation qu'il a su établir entre les intérêts de la production et les plaisirs du sport en créant des champs de courses près du haras, c'est-à-dire la cour de récréation à côté de la salle d'étude. Non, il est une autre chose qui nous séduit encore davantage, c'est le goût, le sentiment inné qu'il a du cheval. Nul autre peuple, l'Arabe excepté, n'a su mieux comprendre le noble et intelligent animal, qui fut, avec le chien, le premier serviteur de l'homme. L'Anglais aime le cheval et sait s'en faire aimer. Il le traite avec douceur, s'adresse de préférence à son intelligence, lui parle, le gourmande, le remercie, l'encourage, siffle et chante pour lui tenir compagnie, le visite et s'y attache. Aussi voyez, dès qu'il entr'ouvre la porte de l'écurie, comme il est vite reconnu, quel joyeux hennissement salue sa bien-venue : la noble bête piaffe, se campe fièrement, dresse les oreilles, ses narines se dilatent, elle se détourne et regarde son maître avec toute l'expression de ses grands yeux reconnaissants. Le palefrenier et les hommes de service sont eux-mêmes pleins d'égards. Du haut de son cab le cocher de fiacre lance son cheval à toute allure à travers les encombrements des rues de la cité et le conduit avec le seul appel de la langue, tandis que nos Auvergnats et nos Limousins, recrutés pour le service des petites voitures, ne connaissent que le fouet. Un charretier qui se permettrait, chez nos voisins, de frapper à coups de pied dans les jambes ou à grands coups de manche de fouet sur la tête l'animal qui lui est confié, comme il arrive journellement sur le pavé de Paris, serait écharpé par la foule exaspérée. Nous avons bien une Société protectrice des animaux, qui distribue solennellement tous les ans des médailles et qui proclame en grande pompe les noms des panégyristes des oiseaux utiles, mais qui se garderait bien de porter à l'ordre du jour le citoyen indigné qui aurait rossé un roulier en train d'assommer un pauvre cheval.

Il nous a semblé intéressant de rechercher, à travers l'histoire, ce qu'avait été le cheval anglais avant d'entrer dans sa période glorieuse. C'est encore dans les *Commentaires* de César que nous avons trouvé sa première apparition. Il y est dit que l'armée des Bretons comptait un grand nombre de chars de guerre tirés par des chevaux, et que ces chars étaient armés de faulx courtes fixées aux extrémités. Ces chevaux, ajoute l'historien, étaient très finement dressés. Seulement il ne nous apprend pas à quelle race ils appartenaient. Toutefois, en considérant que ces chars étaient grossiers, peu roulants, que les chemins étaient en mauvais état, ce qui n'empêchait pas les chevaux de les emporter avec une véritable fougue, nous sommes amenés à croire qu'ils étaient très vigoureux et légers tout à la fois. Ils étaient fort nombreux, car le roi Cassivelanus, licenciant son armée, garda 4,000 chariots armés de faulx pour harceler les Romains quand ils venaient fourrager. C'est alors, sans doute, qu'eut lieu le premier croisement du cheval anglais avec les chevaux gaulois, italiens, espagnols qui composaient la cavalerie romaine, croisement qui se propagea surtout quand les vainqueurs se furent établis en Bretagne.

Plusieurs siècles s'écoulèrent ensuite qui ne nous révèlent rien de particulier. Ce n'est que lors de la conquête de l'Angleterre par Guillaume le Conquérant que des améliorations se produisirent. On sait que c'est surtout grâce à la cavalerie que fut gagnée la décisive bataille d'Hasting. Le cheval favori de Guillaume était un genet d'Espagne. Ses compagnons, barons et guerriers, entre lesquels il partagea la conquête, étaient également bien montés, et beaucoup avaient de superbes chevaux andalous et maures très recherchés par les hauts seigneurs de cette époque.

Il n'est pas encore question du cheval de labour et de trait, et les chroniques anglo-saxonnes et gaéliques que nous avons consultées n'en parlent pas. Les bœufs seuls, en conséquence, étaient attelés à la charrue. Une loi gaélique, qui parut vers le X⁰ siècle, défendait aux fermiers d'employer les chevaux juments et poulains aux travaux de la terre.

L'Angleterre hippique dut beaucoup au roi Jean qui favorisa et encouragea l'amélioration des races équestres. Ce roi établit un haras très considérable, fit venir des reproducteurs de haut prix et recevait volontiers de ses vassaux des chevaux de valeur en payement de fiefs. Il s'intéressa également aux races secondaires, envoya faire d'importants achats dans la Lombardie, en France, en Italie et en Espagne, qui étaient alors les pays d'où l'on tirait les beaux destriers et les chevaux de parade, tandis que pour l'agriculture c'était surtout les Flandres qui étaient en grande réputation.

Nous avons trouvé dans quelques auteurs, et notamment dans les écrits de MM. Moll et Bouley, une intéressante notice sur un célèbre éducateur des races anglaises, Robert Blackwell. Il y est dit que le premier, Robert Blackwell s'appliqua à améliorer le cheval de trait anglais par les principes d'amélioration qui lui avaient complètement réussi dans l'élève des autres espèces chevalines. Il alla en Hollande et en Flandre, il y fit choix de reproducteurs qui répondaient à ses vues, les importa dans le comté de Leicester et se mit à l'œuvre. Il allia judicieusement entre eux des étalons et des juments de de races hollandaises et flamandes et de race indigène, puis des mâles et des femelles issus de l'importation antérieure et déjà mêlés, il rapprocha tous ces produits les uns des autres par des accouplements consanguins rationnels et obtint une variété nouvelle dont les caractères furent ainsi fixés par la

persévérante application de l'*in and in*, c'est-à-dire des unions
dans et dans.

Les chevaux noirs, sortis des haras de Blackwell, étaient
fort estimés ; les éleveurs qui vinrent après le maître surent les
conserver dans la forme et leurs caractères spéciaux.

« Une particularité digne d'être remarquée, font observer
les auteurs, c'est que le créateur de la race n'avait rien emprunté aux reproducteurs de pur sang, qu'il s'était exclusivement renfermé dans l'espèce particulièrement appropriée de
gros trait.

» La race noire ainsi améliorée s'est perpétuée dans sa spécialité. En se multipliant sur tous les points de l'Angleterre
elle s'est néanmoins quelque peu modifiée suivant les circonstances, ainsi qu'il arrive toujours ; mais nulle part elle n'a
perdu, partout elle a conservé les signes caractéristiques qui
en ont fait une race distincte ; elle offre encore le type que lui
ont imprimé les efforts du célèbre éducateur anglais :

» Couleur ordinairement d'un noir de suie ; balzanes aux
extrémités ; le corps est plein, massif, compact et rond ; les
membres sont larges et solidement appuyés ; les dimensions de
la poitrine sont vastes ; l'encolure ne manque pas de grâce ; la
crinière est touffue et un peu frisée ; les extrémités sont très
velues. Cependant toutes ces apparences de force physique ne
donnent l'idée ni de la vivacité, ni de l'énergie. Ce type de gros
trait est beau à sa manière ; il traîne des poids énormes,
marche à petits pas et avec une grande lenteur de mouvements. »

L'amélioration du gros trait en Angleterre, comme dans tout
élevage spécialisé, s'est depuis longtemps signalée, au point
d'échapper à toute comparaison. Après avoir produit le Clydesdale et le Suffolk comme races de gros trait bien distinctes
et bien fixées, le cheval pesant continuant son évolution dans
la Grande-Bretagne s'est présenté sous une quatrième forme :
le Shire-Horse, admis aux concours de la Société royale d'agri-

Type du Dray-horse.

culture, et qu'une association d'éleveurs récemment constituée s'est donné pour mission de fixer et de propager à l'état
de pureté.

Les deux principales Sociétés de trait sont en Angleterre
celles du « Clydesdale-Horse » et du « Shire-Horse. »

Les amateurs qui suivent les expositions annuelles de la
Royal agricultural Society of England disent tous combien
sont remarquables les résultats acquis depuis dix ans. Les
prix ont doublé et l'élève du cheval de trait prospère en
Angleterre.

En Angleterre, c'est le cheval de gros trait qui prime ; le trait
léger s'est fondu avec le carrossier et appartient désormais
plus en propre à cette dernière classification.

Il existe de nombreuses catégories dans le gros trait, qui
sont : le cheval de charrette (*cart-horse*), le cheval de brasseur
(*the dray-horse*), le cheval de roulage (*wagon-horse*), le cheval
de labour (*the plough-horse*), etc. Ce mode d'appellation déduit de l'usage auquel les chevaux sont destinés est assez
ordinaire chez nos voisins ; mais on y distingue aussi les races
par les provenances. En général, ce mode est plus conforme à
nos habitudes, aussi l'adoptons-nous de préférence.

LE CHEVAL NOIR ANGLAIS (BLACK-HORSE).

Le cheval noir anglais, originairement, vient de la grosse
race flamande, dont les chevaux belges et hollandais ont formé
les deux branches principales. Il est élevé dans les comtés du
Centre, depuis Lincolnshire jusqu'à Glaforshire et plus particulièrement dans le Yorkshire. Primitivement ce type avait une
extrême rudesse. Les fermiers achètent les poulains à 2 ans,
les font travailler modérément jusqu'à 4 ans et les envoient
alors sur les marchés de Londres où ils sont revendus avec
un gros bénéfice. Il est curieux de voir en parcourant les campagnes des pays de production, ces énormes animaux en ligne

(Les races de trait.)

5

Race Black-Horse.

devant une charrue qu'un seul suffirait à traîner; mais l'éleveur les ménage et évite de leur imposer aucun travail excessif. Il mesure ses profits à la stature des animaux qu'il élève; à l'âge de 2 ans 1/2, les poulains sont quelquefois hauts de 1ᵐ72, la taille de nos plus grands Boulonnais; dans toute la plénitude de leur croissance, ils atteignent parfois 2 mètres, avec un poitrail large de 1 mètre, une croupe mesurant 0ᵐ97. Ils servent le plus habituellement à transporter les lourdes marchandises aux embarcadères, à traîner le charbon, les bois de charpente, les matériaux pour bâtir. On emploie les plus beaux, comme à Paris les chevaux flamands, sur les voitures des brasseurs et des riches marchands de charbon.

Il est question de faire un nouveau Stud Book du cheval noir du Yorkshire (Yorkshire Black Cart Horse) et de n'y admettre que les chevaux dont le père et la mère seraient noirs, c'est-à-dire de pur sang.

La race a trop de valeur par elle-même, pour qu'on la laisse se mélanger avec toute espèce de chevaux bruns, bais ou gris, avec des rouans flamands, des métis de Suffolk et des croisements de Clydesdales.

Pour arriver à ce but, M. C. W. Strickland, propose dans le *Stock Keeper* de former une société d'éleveurs de chevaux noirs, qui verseraient 5 schellings par an servant à couvrir les frais de publication du Stud Book, et chaque membre en recevrait un exemplaire.

Plus tard, elle pourrait instituer aux expositions agricoles, dans le Yorkshire ou ailleurs, des classes spéciales pour ses chevaux.

RACE CLYDESDALE.

Le Clydesdale est un excellent cheval de ferme, très propre aux pays montagneux. Son berceau est la partie occidentale de l'Écosse et la vallée de la Clyde, qui lui a donné son nom. On suppose que cette race s'est formée il y a moins d'un siècle par

Race Clydesdaie.

le croisement d'étalons flamands avec des juments indigènes. Ce serait un duc de Hamilton qui aurait eu les honneurs de cette création. Le type en est très apprécié. La taille est fort élevée; la robe baie ou brune, quelquefois grise; le corps est long, moins compact, moins vigoureux que chez le black-horse, mais l'allure est plus franche, plus vive, plus allongée, ce qui est dû autant à la conformation qu'à l'éducation première. Ceux de l'Ouest n'ont pas leur pareil pour traîner de lourdes charges à pas égal. Ils accomplissent des tâches étonnantes, sont d'un caractère docile et calme, ce qui est dû à la douceur avec laquelle ils sont traités dès le bas âge; rarement ils sont vicieux. Ils sont castrés de bonne heure, quelquefois avant le sevrage. Conservé entier, le poulain de 2 ans, dans quelques fermes, est déjà utilisé comme étalon.

Le Clydesdale est l'objet d'importantes exportations. Les principales maisons anglaises, qui se livrent à ce genre d'affaires, le recherchent de préférence à ses congénères, ainsi que le témoigne le dernier départ pour Montréal sur le steamer *Alcide*. MM. Galbraith frères y avaient 12 clydesdales, 3 shires et 10 poneys du Shetland; M. Beith, 12 clydesdales; M. Ness, 10 *id.*; MM. Cress frères, 10 *id.*; etc.

M. Beith est le principal exportateur de cette race. Il tient avant tout à un bon pedigree, il faut que les animaux qui lui sont présentés soient de pur sang et en même temps d'excellent service. M. Ness est un autre enthousiaste lorsqu'il s'agit de pedigree. Il choisit un bon cheval et un bon pedigree, et jusqu'ici il s'en est toujours bien trouvé.

LE SUFFOLK-PUNCH.

Le surnom de *punch*, qui signifie tonneau, lui vient de sa forme trapue et arrondie. Il a pris naissance dans le comté de Suffolk, d'où il s'est répandu dans les comtés voisins de Norfolk et d'Essex.

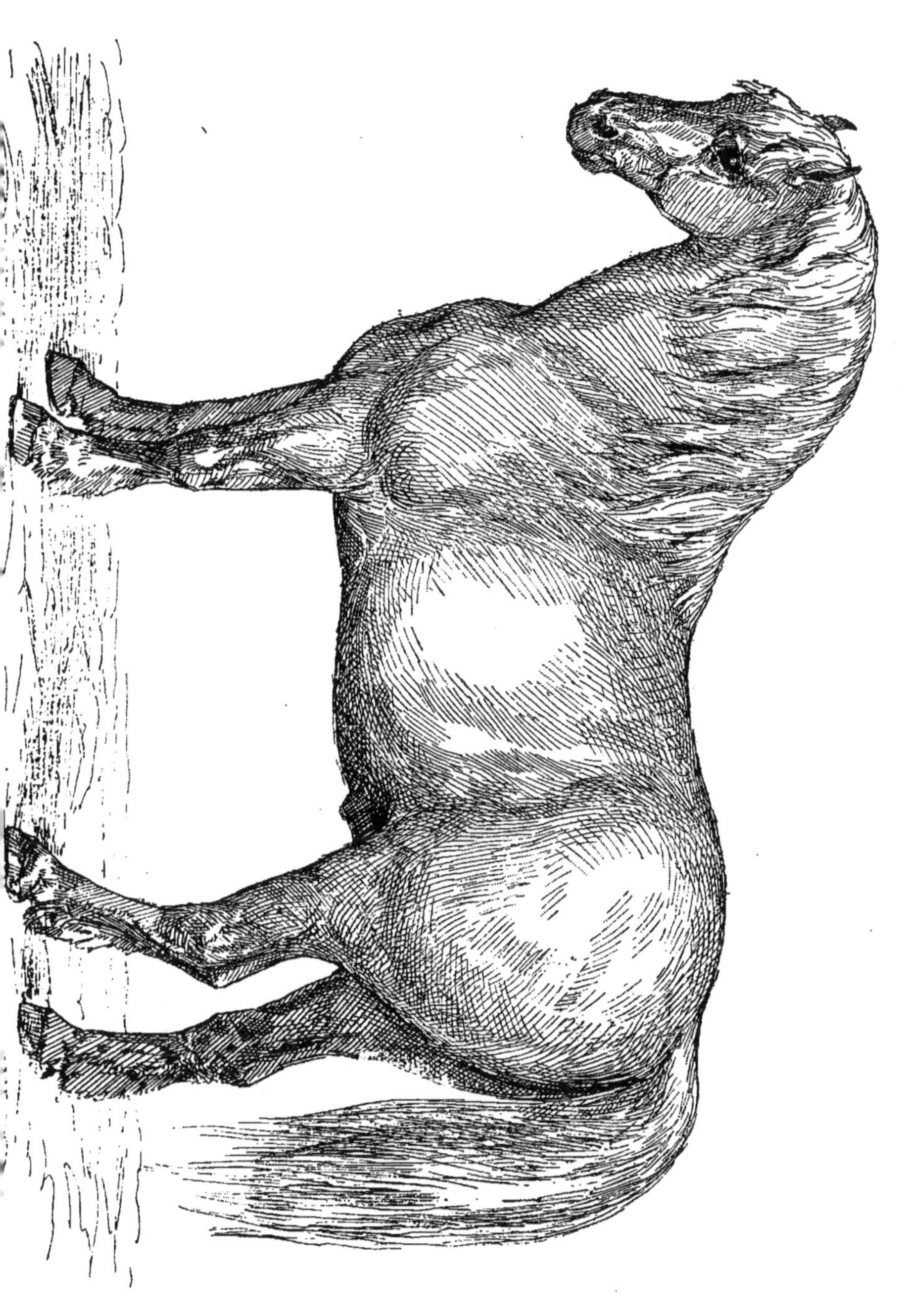

Cette spécialité, a écrit le comte de Montendre, avait surtout son prix au temps où le cheval était le grand moteur industriel, à l'époque où les routes exigeaient chez le cheval une puissance de traction plus grande qu'aujourd'hui. Jadis renommé par l'ampleur de sa forme et le brillant de sa longue crinière, il était doué d'une grande puissance.

Aujourd'hui on a croisé les juments avec des étalons de demi-sang du Yorkshire, les produits ont acquis des formes plus régulières, plus agréables à l'œil, aux dépens de la force et de l'utilité.

Le succès a été assez grand pour qu'il ne soit pas rare de voir payer jusqu'à 4 et 500 guinées un étalon de race Suffolk ; mais ce n'est pas le Suffolk-Punch dont on disait : *He is a very punch.*

RACE DE SHIRE-HORSE.

Race nouvelle appelée à remplacer le Suffolk dans la spécialité du gros trait.

Elle a fait son apparition pour la première fois sur le continent au concours international d'Amsterdam en 1884, puis à Anvers et récemment au concours organisé par la Société des chevaux de trait belges à Bruxelles en juin 1886, et partout elle a été très remarquée.

Elle se distingue par une corpulence peut-être excessive, mais une grande correction dans les formes, la beauté des proportions, la puissance des membres et la régularité des aplombs.

Une Société s'est constituée récemment pour en favoriser le développement ; elle réunit déjà 1500 adhérents, sous la présidence de M. Walter Gilbey, éleveur d'un grand mérite.

Le Shire-Horse est aussi connu en Angleterre sous le nom plus général d'*Agricultural Horse*. Il y a quelques années, il suffisait de visiter une demi-douzaine d'expositions pour avoir vu tous les chevaux marquants de l'année ; maintenant, les bons exemplaires de cette race sont répandus dans toute l'Angleterre. Partout où l'on doit transporter de très fortes charges, on s'adresse désormais au cheval des comtés, et on estime qu'il serait difficile de lui trouver des rivaux. Depuis quelque temps il s'en exporte beaucoup aux États-Unis, où ils sont recherchés pour les travaux de ville demandant la taille, la force, la puissante corpulence.

En décrire les caractères spécifiques ne nous est pas possible, la société du Shire-Horse n'ayant pas, jusqu'à ce jour, déterminé quel était son prototype, bien que son stud-book compte 8 années de fondation. C'est cette lacune qu'il y aurait lieu de combler au plus tôt, afin que les éleveurs sachent dans quel sens ils ont à faire l'élevage, et surtout pour que les juges, dans les expositions, soient définitivement d'accord pour le classement.

TRAIT LÉGER. — On emploie pour cette spécialité, aux environs de Londres, les vieux chevaux de fiacre, les rebuts du louage, avec lequel on compose de misérables attelages qui feraient rougir un pauvre fermier irlandais.

Quant au CLEVELAND, il est devenu carrossier et très recherché comme tel. Il est particulier aux comtés de Durham, de Lincoln et de Northumberland.

CHAPITRE V

Le cheval d'agriculture.

———

CONSEILS PRATIQUES.

NOURRITURE. — PANSAGE. — DRESSAGE. — ÉCURIES.

Le cultivateur, en France, se sert du cheval, mais ne s'y intéresse pas autrement. Il le nourrit, le soigne, le panse suivant les habitudes du pays, sans en chercher plus long. S'il ne le brutalise pas, comme le charretier des villes, c'est qu'il est d'humeur plus placide.

A la ferme, on pèche par économie — une économie mal comprise — et par ignorance ; les hippologues ayant toujours eu plus en vue dans leurs écrits l'éleveur que le fermier simple consommateur. Ceci, chez nous seulement, car nous avons lu avec un grand intérêt deux ouvrages étrangers où la question du cheval d'agriculture était traitée avec beaucoup de compétence : l'un, faisant autorité depuis nombre d'années en Angleterre, a pour titre : *The Book of the Horse ;* l'autre, publié à Bruxelles, par M. Foelen, en 1867, porte ce titre : *Petit manuel des soins à donner aux ânes, mules et chevaux;* il est sans prétention et contient d'excellentes choses.

C'est cette lacune qui nous a engagé à consacrer un chapitre spécial au cheval d'agriculture.

Nous allons l'envisager dans ses quatre fonctions principales : Nourriture — pansage — dressage — logement.

Nourriture.

La nourriture à donner au cheval varie suivant sa masse, son tempérament et le travail qu'il est appelé à faire.

Une première et importante recommandation tout d'abord : ayez des heures fixes pour distribuer les aliments, et réglez le travail de manière que votre cheval revienne toujours à l'écurie pour prendre ses repas aux heures habituelles. Tout comme pour l'homme, la régularité, dans la vie des animaux, offre de grands avantages. Le cheval à la ferme doit avoir ses trois repas.

Le matin, premier repas de bonne heure, une heure au moins avant de partir pour les travaux des champs ou en voyage. Donner une bonne poignée de foin, bien secouée pour qu'il n'y ait plus de poussière, puis faire boire. Après, distribution de l'avoine, bien vannée, jeter au râtelier le restant de la ration de foin, ou une botte de paille de froment. Mais avant de donner l'avoine, que le domestique prenne soin de nettoyer le fond de la crèche, afin que l'avoine ne se mêle avec la poussière et les résidus des fourrages qui ont passé par le râtelier. Si l'animal mastique mal l'avoine ou la mange trop vite, on peut y ajouter une petite quantité de paille hachée pour le forcer à manger plus lentement et à mieux broyer son grain.

Si vous nous demandez maintenant de vous indiquer exactement la ration de foin et d'avoine que l'on doit distribuer à chaque repas, nous vous répondrons qu'elle doit varier suivant la corpulence et le genre de travail auquel les chevaux sont soumis. Toutefois, voici quelques indications utiles à consulter.

M. Joigneaux, dans son *Livre de la ferme*, s'exprime ainsi : « La ration d'avoine peut varier suivant le mode d'après » lequel l'animal est utilisé. Elle peut s'abaisser à mesure » que celle du foin s'élève lorsqu'il s'agit d'un labeur plus

» soutenu. Toutefois, pour un cheval de culture de force
» moyenne, du poids vif de 450 à 600 kilos, on l'évalue ainsi
» par jour :

      Avoine . . . . 12 litres.
      Foin . . . . 10 kilos.
      Paille, partie pour litière . . . . . 5 —

» Ce qui constitue, ajoute-t-il, une dépense d'environ 1 fr. 56
» par jour, en supposant que l'animal soit constamment
» nourri au sec. Pour les travaux de charrois, opérés par des
» chevaux de première force, la ration d'avoine doit être aug-
» mentée, sauf à diminuer de 2 k. 500 celle du foin. On la
» porte généralement jusqu'à 20 litres ou 9 kilos au poids
» moyen de l'hectolitre. »

M. Magne dit que, pour les chevaux d'agriculture, la ration
doit se composer ainsi :

      Avoine . . . . 3 kil. 300
      Foin . . . . 10 —
      Paille . . . . 2 — 500

M. Edouard Lecouteux, le savant professeur d'économie
rurale, dans son ouvrage les *Principes de la culture amélio-
rante*, donne les chiffres suivants :

Avoine, 12 litres, et aller jusqu'à 18 si le cheval est fort.
Foin . . . . 10 kil.
Paille . . . . 7 — 500

De notre emps, dans la cavalerie légère, la ration des chevaux de troupe était en garnison :

      Avoine . . . . 3 kilos.
      Foin . . . . 4 —
      Paille . . . . 5 —

L'écrivain belge dont nous avons parlé plus haut, M. Foelen,
résout ainsi la question :

« A notre avis, les chevaux de petite stature doivent rece-
» voir au moins 3 kilos d'avoine par jour, et ceux de forte
» taille, jusqu'à 6, 7 et même 10 kilos, d'après la force du

» travail. Un cheval de taille moyenne peut recevoir au moins
» 4 et 5 kilos de paille quand les travaux sont légers ; et lors-
» qu'ils sont fatigants, on ne leur donne presque pas de
» paille, on la remplace par le foin et l'avoine. »

Dans le *Book of the Horse*, nous voyons que la nourriture
du cheval d'agriculture (*agricultural cart horse*) est de :

Avoine	13 litres.
Fèves.	6 —
Maïs	3 —
Paille, environ.	10 kilos.

Quand les fèves et le maïs manquent, on les remplace par
des pois. D'avril à septembre nos voisins donnent du vert, et
de temps à autre un repas de carottes. Ils estiment à 3 schellings
le coût de la nourriture d'un cheval de gros trait par jour,
tous frais compris.

Quand les chevaux restent à l'écurie, il convient de leur
donner, vers le milieu de la matinée, de la paille à tirer dans
le râtelier : c'est un excellent moyen d'empêcher les jeunes
chevaux surtout, de contracter des tics.

Vers midi, second repas principal.

Un peu de foin, faire boire, avoine avec le restant de la
ration de foin ou de paille.

Vers trois heures, distribution encore de paille.

Dans les fermes, on donne souvent vers le milieu de la matinée ou de l'après-dîner, de la menue paille contenant encore
des épis ; on doit veiller à ce que ces ramassis de grange ne
contiennent pas trop de poussière, qui, en s'introduisant dans
les yeux des chevaux et dans la gorge, pourrait provoquer
l'inflammation et la toux.

Le soir, troisième repas principal, composé comme les précédents.

Avant de se coucher, ne pas oublier la ration de paille pour
la nuit.

Quand on exige un surcroît de travail, augmenter l'avoine.

Le barbotage de son un jour par semaine, au repas du soir, quand surtout le cheval ne travaille pas, est d'un heureux effet; il rafraîchit et prévient l'irritation.

A la campagne, il est une chose à laquelle on ne prête pas assez attention, c'est à l'eau que l'on donne aux chevaux. On leur fait boire parfois une eau croupissante ou contenant des matières animales en décomposition. C'est un grand tort; l'eau doit toujours être fraîche, limpide, sans odeur ni saveur désagréable. Également les seaux dans lesquels on donne à boire doivent être toujours propres, de façon à n'inspirer au cheval aucun dégoût. Il y a des chevaux qu'il faut rationner et ne laisser boire que modérément. Si l'eau du puits est trop froide, la puiser quelques heures auparavant.

Un mot de la paille. Elle doit être de bonne qualité, avoir une couleur jaune, dorée, brillante, un goût doux et sucré, sans odeur désagréable. Éviter de donner de la paille avariée, moisie ou mouillée, elle occasionnerait des inflammations intestinales et des coliques. Si la récolte n'a produit que de la paille avariée, la faire battre, secouer et arroser avec de l'eau contenant en dissolution une bonne dose de sel de cuisine. Procéder de même, s'il y a lieu, pour le foin avarié; après l'avoir aspergé d'une solution d'eau salée, on peut le faire sécher au soleil.

Le foin doit être d'une herbe fine, bien récoltée, d'une odeur agréable, aromatique et d'un goût sucré. Le foin cassant est toujours de mauvaise qualité.

L'avoine, pour être bonne, doit être légèrement bombée, d'une forme régulière, bien remplie, avoir l'enveloppe lisse et unie. La couleur de la bonne avoine doit être franche et brillante. Elle se fonce par la vétusté; elle devient blafarde et terne, lorsque le grain a souffert, lorsqu'il a été mouillé ou simplement atteint par une forte humidité. La bonne avoine n'a pas d'odeur possible, même quand on la frotte vivement entre les doigts; son amande blanche et compacte étant écrasée dans la bouche laisse une saveur agréable et farineuse.

Quoique l'avoine, le foin et la paille constituent la principale nourriture du cheval, on peut jusqu'à un certain point les remplacer par d'autres fourrages. Ainsi à l'avoine, il est des agriculteurs qui substituent d'autres grains, tels que l'orge, le seigle, les vesces, les fèves, le maïs, etc.

Mais ne pas perdre de vue que l'avoine est l'aliment par excellence du cheval de travail, celui dont il est le plus avide et qui, par les propriétés excitantes dont il jouit à l'état de crudité, est le plus propre à lui donner de la force et de l'énergie; aussi de tout temps ce grain a-t-il été employé presque à l'exclusion de tout autre pour l'alimentation des chevaux destinés à des services qui exigent un grand déploiement de forces. C'est pourquoi la substitution du maïs à l'avoine préconisée par la Compagnie générale des omnibus à Paris est une erreur capitale.

.Les fourrages obtenus de prairies artificielles, tels que les trèfles séchés, la luzerne, le sainfoin, remplacent habituellement le foin, comme les pailles de seigle, d'orge, d'avoine, etc., peuvent tenir lieu de la paille ordinaire. La paille hachée, trempée, mélangée de farine de seigle ou de son que l'on donne souvent en trop grande quantité depuis quelques années, lorsque les fourrages sont chers, fait partie d'un mode d'alimentation dangereux, car elle renferme peu de principes excitants, détend l'estomac, donne des indigestions et des coliques.

Nous arrivons au régime du vert.

Il y a le vert à l'écurie et le vert en liberté. L'usage de l'un ou de l'autre a besoin d'être limité.

Le vert en liberté se donne généralement au printemps, à l'époque où l'herbe commence à acquérir un certain développement, ordinairement vers la fin de mai ou au commencement de juin.

Il se donne avec avantage aux jeunes chevaux ; l'exercice auquel ils se livrent d'ailleurs dans les prairies concourt à leur développement. Il est également favorable aux chevaux fatigués ou atteints de certaines maladies. Ne pas oublier, quand on met les chevaux en prairie, de les faire déferrer.

Le choix de la prairie a aussi son importance. Les meilleures sont celles qui sont sèches, donnant une herbe fine, d'une odeur aromatique, entremêlée de trèfle. Que l'abreuvoir soit à proximité, d'un accès facile et pourvu d'eau claire. Moins bonnes sont les prairies basses et humides, couvertes de plantes à tiges dures et de joncs ; elles peuvent même compromettre la santé des chevaux.

Si vous avez adopté le vert à l'écurie, nous vous recommandons les herbes provenant des prairies naturelles ou celles provenant des prairies artificielles où poussent le trèfle, la luzerne, le sainfoin, etc. Le vert à l'écurie est profitable aux chevaux qui souffrent par suite d'un excès de travail ou d'une alimentation trop échauffante, à ceux qui manquent d'appétit ou qui ont une mauvaise digestion. Ne pas s'étonner des accidents qui se produisent les premiers jours du nouveau régime ; toutefois si le relâchement se prolongeait, interrompre le vert, qui doit avoir ordinairement une durée de 15 jours à 6 semaines. Ne faire que peu travailler les animaux soumis à ce régime qui les rend faibles et peu résistants.

Dans les fermes, en été généralement, quand les fourrages sont abondants, on donne le vert à l'écurie aux chevaux d'agriculture et on s'arrange de manière à en avoir pour toute la saison. Cette façon de faire est économique. Elle ne convient pas toutefois aux chevaux employés à un service accéléré ou à ceux soumis à des travaux fatigants ; dans ce dernier cas il y a lieu tout au moins d'y adjoindre une forte ration d'avoine. Quand on commence à donner du vert, le donner par petite quantité en alternant avec des rations de fourrage. Quelques agriculteurs ont l'habitude de mélanger le fourrage vert soit avec du foin soit avec de la paille, ce système peut avoir des inconvénients. Quand se termine le régime du vert, éviter les transitions brusques en donnant un barbotage de son ou de farine d'orge le soir, pendant les premiers jours de la remise du cheval au sec.

Telle est l'alimentation à donner; passons maintenant aux soins qu'il convient d'y ajouter.

Pansage et soins à l'écurie et en voyage,

Ce n'est pas au dragon seul, comme à l'opéra comique, qu'il faut attribuer le gai couplet :

> ... Il faut avant tout qu'il songe à son cheval,
> Avant tout, avant lui...

A la ferme, il doit en être de même.

Oui, le pansage n'est pas une corvée de propreté banale.

C'est lui qui stimule, facilite la circulation du sang, fait sentir son action bienfaisante jusque sur les organes profonds, active la nutrition, donne de l'énergie aux muscles, de la rigidité aux fibres, de l'élasticité aux poumons et rend l'haleine plus puissante.

Supprimez le pansage et vous voyez les fonctions de la peau languir et les poils, dépouillés de leur matière onctueuse qui leur donnait leur lustre et leur éclat, deviennent ternes, secs, d'apparence sale et comme morts, enfin la cessation des fonctions de la peau, ainsi causée, amène souvent des maladies intérieures.

Le pansage et la nourriture sont les deux grands leviers de cette machine intelligente et sympathique qu'il ne faut confier qu'à une personne dévouée et sûre. Car tout homme n'est pas propre à faire un bon palefrenier, et quels que soient son travail et son désir d'y arriver, il y échouera s'il n'a pas avant tout le goût du cheval et, en terme d'écurie, s'il n'a pas « la main » pour cela.

Il faut avoir eu la responsabilité du pansage dans un régiment de cavalerie pour avoir pu bien saisir sur le vif la nécessité de certaines aptitudes chez le « soigneur de bêtes ».

A la caserne, le cheval — comme son maître d'ailleurs — a maigre pitance, et dans l'écurie — tout comme à la chambrée — il y a des estomacs plus exigeants, d'une plus grande capacité gloutonnante. Or, dans l'écurie d'un même peloton il y a des chevaux dans un meilleur état les uns que les autres. A quoi cela tient-il? Tous ont leurs 3 kilos d'avoine réglementaires — bien réduits par les suppléments octroyés aux privilégiés : service de semaine et ordonnances d'officiers —; le magasin à fourrages est loin et cadenassé, le coffre à avoine est impénétrable. Et cependant tel cheval appartenant à un vieux troupier qui l'aime et qui en a soin, est luisant, à pleine peau, tandis que tel autre tombé entre les mains d'un mauvais soldat dépérit à vue d'œil. Si vous voulez en avoir l'explication, assistez au pansage, et vous verrez le premier terminer l'ordre des sonneries réglementaires par le pansage à la main, lorsque l'autre agitera machinalement son époussette en attendant avec impatience l'heure de l'abreuvoir.

Le pansage entretient la santé du cheval, il excite la fonction de la peau, active la circulation du sang et facilite la digestion. Il doit se faire à la ferme tous les matins régulièrement : soit pendant que le cheval prend son repas du matin, soit avant, si l'animal est chatouilleux ou n'aime pas à être dérangé en mangeant l'avoine.

Un bon pansage se pratique ainsi : étriller légèrement les parties charnues, bouchonner ensuite avec de la paille fraîche, préférablement au bouchon fait d'avance et souvent gras ou usé; employer ensuite la brosse et terminer par un bon coup d'époussette promenée sur tout le corps. Ne pas oublier de laver les yeux, les naseaux et les ouvertures naturelles à l'eau pure au moyen de l'éponge, essuyer les yeux avec un linge pour empêcher que la poussière ne vienne y adhérer. De temps à autre graisser les pieds, et si l'animal manifeste quelque démangeaison, le laver au savon et à l'eau.

Quand les chevaux rentrent du travail couverts de transpiration et tout échauffés, éviter de les exposer à des courants d'air et les bouchonner sans retard. S'il n'y a pas un abri convenable, leur jeter une couverture sur le dos. Jamais ne les laisser boire directement à l'étang ni leur faire prendre un bain de propreté s'ils sont en sueur. Au contraire, s'ils sont secs, il est bon de leur laver les jambes avec de l'eau froide au moyen d'une éponge avant de les rentrer à l'écurie.

Bien que n'ayant pas l'intention d'aborder la question de la ferrure qui a été traitée dans l'*Acclimatation* à diverses reprises par des hippiâtres plus autorisés que nous, nous croyons cependant devoir donner ici aux agriculteurs quelques conseils humanitaires.

J'ai eu souvent le regret de constater avec quelle cruauté et quelle inhumanité on ferre les chevaux; il y a certainement quelques forges bien dirigées, où les chevaux sont traités avec douceur, mais ce ne sont malheureusement que de trop rares exceptions et les gens employés au ferrage des chevaux font presque toujours preuve d'une grande dureté de caractère. Ils crient, frappent le pauvre animal, lui pincent le nez ou l'oreille, tirent une jambe, la laissent brusquement retomber et tout cela pour n'arriver qu'à un résultat : rendre le cheval plus nerveux et souvent même plus vicieux.

Si l'on veut ferrer un cheval vicieux ou un poulain, il faut qu'un homme se place tranquillement en face de l'animal pendant que le maréchal le ferre, tenir la bride pas trop courte et surtout ne pas mettre d'œillère afin que le cheval puisse voir ce qui se passe. Moins on lui parlera, mieux cela vaudra. Il ne faut jamais, sous aucun prétexte, qu'une personne se tienne de l'autre côté du cheval, il est bien préférable de l'accoter à un mur. Le maréchal doit alors s'approcher doucement, caresser l'épaule et la jambe du devant ; si le cheval se montre nerveux ou irritable, le maréchal se retirera doucement, et recommencera la même manœuvre au bout de quelques instants. On devra faire la même chose pour les jambes de derrière et en agissant de cette façon, on gagnera aisément la confiance du cheval et on sera tout étonné de le voir se laisser ferrer tranquillement. On me répondra que tout cela amène une grande perte de temps, mais à mon tour je dirai que ces quelques minutes perdues à propos faciliteront beaucoup le ferrage et seront bien vite regagnées.

Si le cheval est jeune, intraitable ou trop ardent, on lui mettra des genouillères et l'on maintiendra sous le bras une des jambes de devant ; on pourra lui lisser le poil mais sans le tapoter ; puis on le laissera tranquille pendant quatre ou cinq minutes, en continuant à lui tenir la jambe ; on lui touchera le corps jusqu'à ce qu'il se laisse prendre docilement la jambe, on pourra alors lâcher la jambe et dans presque tous les cas l'animal se laissera ferrer tout aussi patiemment que n'importe quel cheval.

Si le cheval est irascible ou vicieux, et donne sournoisement des coups de pied, le maréchal devra faire grande attention et fera bien alors de se servir d'une longe de côté, c'est-à-dire de passer une forte corde à nœud coulant autour d'une jambe de derrière et de passer l'autre extrémité de la corde dans le collier, du même côté que l'attache de la jambe. Au lieu d'employer un collier, on peut faire dans la corde une boucle assez grande pour pouvoir y passer la tête ; une boucle de cuir passée dans le paturon de derrière ne risquera pas d'abîmer la jambe du cheval, ainsi que pourrait le faire une simple corde.

Ne vous servez jamais de torche-nez, à moins d'une nécessité absolue, et en ce cas ne le laissez en place que le moins de temps possible ; ne mettez sous aucun prétexte d'entrave aux oreilles. Si vous vous servez du torche-nez, ayez soin de ne pas crier ni de trop remuer, gardez-vous surtout de pousser la tête du cheval, ce qui le rendrait très difficile à maintenir.

En résumé, le meilleur moyen de dompter un cheval nerveux et irritable, c'est d'unir la bonté à une douce fermeté; aussi pour atteindre ce but, moins il y aura de personnes pour ferrer un cheval, mieux cela voudra. Lorsque l'animal sera ferré, caressez-le afin de vous réconcilier avec lui avant son départ.

En voyage, on ne saurait trop redoubler de soins et de surveillance dans la conduite des attelages. Il faut éviter par exemple les longues stations, par un temps de pluie et de froid, devant les auberges; faire souffler les chevaux dans les montées; surveiller la propreté des crèches portatives; ne pas forcer sur la nourriture, avant d'entreprendre une longue route; car le cheval surchargé d'aliments devient lourd, paresseux et est sujet aux indigestions compliquées de fourbure. Arrivé à destination, choisir une bonne écurie, pourvue d'une fraîche litière, bouchonner, couvrir si le temps est froid, laisser reposer avant de donner à manger; si l'animal a très chaud et qu'en même temps il paraisse avoir très soif, lui donner du son mouillé pour le rafraîchir un peu, puis une poignée de foin, après le faire boire; ensuite l'avoine et le restant de la ration de foin. Mais avant, que la crèche soit nettoyée et lavée même au besoin.

Il importe également de s'assurer de la qualité des fourrages. Inutile de recommander d'inspecter l'attelage tous les soirs, de s'assurer s'il n'y a pas de chevaux blessés, si quelques-uns n'ont pas certaines parties du corps endolories soit par le collier, soit par la sellette; alors appliquer sur la plaie une bonne couche d'argile et de vinaigre que l'on a soin de tenir froid en la mouillant souvent et en la renouvelant. En voyageant, les pieds des chevaux sont sensibles, s'échauffent facilement, y veiller et, s'il est nécessaire, appliquer un cataplasme rafraîchissant composé avec de la farine de lin, du crottin de cheval et du vinaigre, ou bien simplement de la bouse de vache.

En agir ainsi et prendre toutes ces précautions, c'est conserver et ménager d'utiles serviteurs et épargner à la bourse de fortes saignées.

On dit généralement que l'œil du maître nourrit le bétail.

C'est vrai. Aussi, dans une grande exploitation, faut-il une continuelle surveillance exercée soit par le maître, soit par un homme de confiance qui soit toujours présent aux écuries, aux heures où l'on distribue les repas, afin de s'assurer si les chevaux reçoivent leur ration, si on les fait boire, si on les entretient dans un état de propreté convenable. Il est en France peu de domestiques qui aient l'amour et le goût du cheval. Livrés à eux-mêmes, ils considèrent les soins donnés aux chevaux comme une corvée, distribuent la ration au hasard de leur caprice, selon qu'ils sont plus ou moins bien disposés, et se montrent irascibles quand l'animal leur donne un surcroît de travail.

Je vais peut-être vous paraître quelque peu exagéré dans mes appréciations, mais je crois qu'il faut n'avoir aucune confiance dans le valet de ferme qui n'aime pas les animaux et qui est capable de les maltraiter et de les brutaliser. Je passerai bien des choses à un bon « soigneur de bêtes ».

Dressage.

Quand, à la ferme, on veut commencer à faire travailler un jeune cheval, il faut d'abord l'habituer au harnachement.

Pour ce, lui mettre le collier, y fixer les traits que l'on croise sur le dos afin qu'ils ne traînent pas à terre et le promener ainsi dans la cour pendant quelques jours.

Si le jeune animal fait quelques difficultés pour recevoir le mors de bride, l'aider en appuyant le pouce de la main qui tient la bride près du mors sur la barre de la bouche afin qu'il l'ouvre plus facilement; passer alors avec douceur les oreilles du poulain entre le frontal et le dessus de la tête de bride.

Quand il est habitué au harnachement, le familiariser au tirage en l'attelant au timon d'un chariot à côté d'un vieux cheval bien sage et le faire conduire en mains pendant quelques jours. On peut aussi l'atteler à la herse ou à la charrue à côté d'un animal également tranquille et sage, sur lequel on lui donnera toujours une certaine avance pour ménager ses forces.

Répéter ces exercices progressivement et graduellement sans à-coup et avec douceur et patience, constitue tout l'art du dressage à la ferme.

Mais que la personne chargée de cette première éducation ne soit pas un brutal, car alors vous courez grand risque d'avoir un élève méchant, vicieux et incorrigible. Le cheval naît le plus ordinairement avec de bons instincts, il ne devient difficile et intraitable plus tard qu'à la suite de mauvais traitements, d'impressions ressenties dès le bas âge. Battu sans raison, il a appris à se défendre et à considérer l'homme comme son ennemi; son caractère est devenu farouche; il est sur l'œil, mord, rue, refuse de se laisser approcher; et si en le harnachant les premières fois, il a été frappé, toute sa vie il faudra en lui mettant le collier ou la sellette prendre des précautions. Au contraire, traité avec douceur, le jeune poulain sera toujours un serviteur dévoué et soumis.

Nous ne croyons pouvoir mieux compléter ces notions élémentaires sur le dressage à la ferme qu'en reproduisant un extrait d'un petit ouvrage publié en 1867 par un officier supérieur, homme de cheval d'un grand mérite, très au courant des questions agricoles, que nous tenons personnellement en parfaite estime. Le colonel Basserie, futur colonel des remontes, n'était encore que major au 6ᵉ cuirassiers, lorsqu'il publia ses *Principes sommaires de l'élevage du Cheval*, qui obtinrent un légitime et réel succès. Voici cet extrait :

« Cultivateurs, aimons nos chevaux : c'est aussi une bonne

manière d'aimer nos écus. Au début du travail, ménager le
jeune cheval presque toujours trop ardent; le guider à la main,
le modérer par des paroles et par des caresses. Veillez à ce
que ses harnais soient bien ajustés, de manière à lui éviter
toute meurtrissure; son collier, qui peut être en jonc tressé,
doit avoir le moins de poids possible. Après chacune des premières leçons, et lorsque le poulain est remis au travail après
un certain intervalle, on lotionne aux épaules, à l'encolure, là
où le collier a porté, avec de l'alcool camphré étendu d'eau,
afin d'éviter, pour la leçon suivante, toute sensibilité qui ferait
hésiter l'animal à donner dans le collier.

» Il n'y a pas de poulain, même de race pure, qui fasse de
grandes difficultés pour être attelé à l'allure la plus tranquille,
s'il est dressé avec sa mère ou avec d'anciens chevaux sages,
qui sont ses camarades d'écurie, et s'il est conduit par l'homme
qui lui donne à manger.

» Le dressage monté est indispensable pour donner au jeune
cheval de la prestance, de la distinction dans les allures, et la
meilleure valeur de vente. Commencer ce dressage tout au plus
tard à trois ans; le poulain sera toujours docile s'il est monté
par l'homme ou l'enfant adulte qui lui donne à manger. Il
n'est pas nécessaire d'être écuyer pour monter un poulain. Il
faut seulement n'être pas trop lourd. Au début, monter sans
éperons, une simple verge en guise de cravache suffit pour
exciter ou corriger s'il y a lieu. Il s'agit simplement de faire
marcher l'animal droit devant lui au pas; les rênes du bridon
ajustées, mais non tendues avec force et le cavalier se servant
plus de la voix que des aides. Un vieux cheval sage, le cama-
rade d'écurie autant que possible, est monté en même temps
et marche devant. Bientôt le poulain a accepté son cavalier et
ne pense plus qu'à arriver à hauteur de son compagnon. Au
bout de quelques jours, il portera sans difficulté. Être bien assis
et se servir des rênes et des jambes avec assez de légèreté
pour ne pas déranger son assiette, suffit ensuite au cultivatur

pour monter, et monter très solidement ses poulains et pouliches. Aussi longtemps que le cavalier se sent être un poids
pour le poulain, il se contente de l'exercer au pas. L'allure de
pas doit être devenue aisée et franche avant de passer au trot.

» Ne jamais monter en voltige, mais au contraire se faire
aider en commençant et monter toujours de pied ferme en s'en-
levant sur les poignets, en arrivant doucement en selle ou en
couverte, sur le dos du poulain, le caressant ensuite, et le cavalier lui donnant alors quelque friandise qu'il savoure jusqu'à
ce qu'il soit invité à se porter en avant. Quelques leçons suffisent pour obtenir la tranquillité désirée. Aux montées et aux
descentes, éviter de trotter. Ne pas forcer cette allure, car le
poulain aurait une tendance à prendre le galop, ce qui serait
préjudiciable à la vitesse et à l'élégance qu'il doit acquérir au
trot. Un poulain qui, à trois ans, arrive à se livrer franchement
sous l'homme au trot pendant deux kilomètres sans ralentir,
saura plus tard faire tout aussi aisément vingt lieues dans un
jour, s'il continue d'être nourri et mené avec intelligence. Récompenser le poulain qui a bien trotté par une bonne parole,
une caresse de la main à l'encolure, aux épaules, aux flancs.
L'arrêter quelquefois et, sans descendre, on lui donnera,
comme pour la leçon de montoir, un morceau de pain ou de
sucre, ou de la carotte.

» Ainsi pratiqué, conclut le colonel, ce commencement
sera une gymnastique avantageuse au meilleur équilibre des
forces du poulain. Il ne faut pour cela au cultivateur qu'un
peu de patience pendant les premiers jours et de la douceur.
Le reste n'est qu'une agréable distraction de trois quarts
d'heure ou d'une heure par jour, que l'on peut se donner sans
que le travail de la ferme puisse en souffrir, et qui devient lucratif par la plus-value que ce dressage donne au poulain. »

Écuries agricoles.

Tous les jours, à la campagne, le bâtiment affecté au logement des chevaux tombe en ruine, soit par vétusté, soit par accident, soit par le feu ou tout autre cause. Ordinairement on le rebâtit à la même place, dans les mêmes conditions que celui qui vient à manquer. On ne se rend pas compte s'il était bien ou mal exposé, s'il manquait d'air et de lumière, etc.; le maçon arrive, et, sans souci d'apporter la moindre amélioration, il loge les pauvres chevaux aussi mal qu'ils l'étaient en premier lieu.

Cependant, la dépense pour construire une écurie convenablement installée est exactement la même que celle que l'on ferait pour l'édifier maladroitement.

Quand on veut faire construire une écurie sur une propriété de rapport, on ne saurait trop faire attention au terrain sur lequel on a jeté son dévolu et à son voisinage.

De préférence, il est bon de choisir un terrain élevé, de nature siliceuse ou calcaire, ayant un sous-sol perméable. Dans les endroits bas et humides, l'air sera toujours froid et malsain, les chevaux y seront atteints d'un grand nombre de maladies. Éviter la proximité d'une forêt ou d'un marais et l'adossement à un talus ou à un sol plus élevé, cause d'humidité constante.

La première condition est de chercher une bonne exposition. C'est là un point capital d'où dépend en grande partie l'état des animaux qui y seront logés. Quand on aura la place libre, les ouvertures, portes et fenêtres, ouvriront au midi ou au levant. Voilà les deux meilleures expositions. Ensuite vient le couchant; pour le nord, jamais. Le côté du midi est celui où les chevaux se plaisent le mieux. Ils auront toujours le poil frais, fin et luisant, ils seront gais et rarement malades. On les entretiendra en bonne condition avec moins de nourriture.

Au midi, pendant l'hiver, on pourra laisser tout ouvert derrière eux, le soleil étant plus près de l'horizon plonge au fond de leur logement, il les réchauffe de ses rayons bienfaisants. L'été, le midi est loin d'être l'exposition la plus chaude, le soleil étant presque verticalement au-dessus de nos têtes, il ne pénètre plus et l'écurie est fraîche, sans être froide et glaciale comme elle le serait si elle se trouvait au nord. Disposer ensuite d'un emplacement suffisant pour y loger le nombre de chevaux que l'on y destine, en tenant compte de la nécessité pour chaque cheval d'un espace de 6 à 7 mètres, ce que l'on obtient en lui laissant une largeur de 1^m60 à 1^m80 et une longueur de 3 mètres, plus un passage de 1^m50 derrière, qui sert de couloir.

Les murailles des écuries doivent être construites en briques si possible, d'une grande solidité et imperméables à l'air et à l'humidité, afin que la température intérieure puisse être réglée par des ouvertures et qu'elle ne soit pas constamment modifiée par celle de l'air extérieur. Pour obtenir ce résultat, donner au plafond une hauteur de 3 à 4 mètres au-dessus du sol. Ce plafond doit être bien joint pour que la poussière ne vienne pas tomber sur les chevaux. Le meilleur est celui qui est voûté à plat au moyen de briques soutenues par des gites en fer; ce système est reconnu aujourd'hui très économique, durable, sûr contre l'incendie et n'offre pas d'abri aux souris et aux rats. Dans beaucoup de fermes, on a le grand tort de ne pas faire de plafond, de placer au-dessus de l'écurie les fourrages soutenus par de grosses branches en bois. Ce sont là des économies mal entendues. Le pavage a également son importance, nous le voulons dur, résistant, ne permettant pas le séjour des urines, pour l'écoulement desquelles une pente en longueur de la crèche à la rigole de 2 centimètres est indispensable. Bien se pénétrer qu'une pente exagérée d'avant en arrière fausserait les aplombs des chevaux et leur ferait contracter des positions vicieuses.

Percer les murailles d'un certain nombre d'ouvertures, telles que portes, fenêtres et ventilateurs. Si l'écurie est à une rangée de chevaux, les fenêtres seront placées dans la muraille derrière les chevaux, à une hauteur de 2 mètres, fermées par des châssis à bascule. Si l'écurie est à deux rangées de chevaux, les fenêtres seront placées au-dessus du râtelier et seront pourvues d'auvents assez grands et disposés de manière à empêcher la lumière directe d'arriver sur les yeux des chevaux. Les ventilateurs se placent au plafond ou dans la muraille de face, à fleur du plafond. Quand une écurie a des fenêtres pratiquées dans les deux murailles des râteliers, avoir toujours soin d'ouvrir celles opposés au vent.

Du mur de tête au mur opposé, il faut ordinairement une largeur de 5 mètres. On aura soin de ménager un ruisseau couvert, soit à ciel ouvert pour l'écoulement des eaux. Les portes devront toujours s'ouvrir en dehors et être assez larges pour qu'aucun harnais n'y accroche en sortant. Un cheval devient vite difficile au passage des portes, rien que pour s'y être attrapé une fois. Elles devront donc avoir 1 ^{m} à 1 ^{m} 20 de largeur et s'ouvriront tout entières. Lorsqu'elles sont en deux parties, souvent un domestique néglige de les ouvrir toutes deux et de là des accidents toujours très fâcheux.

Plus il y a de lumière dans l'écurie, mieux cela vaut.

Les mangeoires seront faites, autant que possible, en bois très dur, bordé de feuilles de tôle ou de zinc, afin que les chevaux ne les mangent pas. Il est rare de voir les chevaux contracter le vice de tiquer sur de semblables mangeoires. Les mangeoires en fonte émaillée sont encore préférables.

La hauteur reconnue la plus convenable pour placer la mangeoire est de 1 ^{m} à 1 ^{m} 10 au-dessus du sol.

Le râtelier ne devra pas être fixé trop haut et sera placé verticalement, afin que la poussière ne tombe pas sur les chevaux. Les barreaux devront être espacés de 0,05 à 0,06 les uns des autres. Le meilleur mode d'attache consiste en une tige de fer prenant dans la mangeoire et allant jusqu'à terre. Dans cette tige de fer court un anneau muni d'une longe ou d'une chaîne longue de 0,55. Avec ce système, on évite les prises de longe, toujours si dangereuses.

Pour les étalons qui ont l'habitude de pointer et de mettre souvent les pieds de devant dans leurs mangeoires, le peu de longueur de la longe les en empêche.

Comme accessoire à l'écurie, il faut comprendre une place pour le coffre à avoine, lequel pourra, pour la facilité, communiquer avec le grenier au moyen d'un conduit carré en bois, et recevoir par là le grain. Il faut également réserver un endroit convenable pour suspendre les harnais.

Le lit du garçon d'un logis peut être placé dans une chambre au-dessus de la sellerie ou du réduit à fourrage.

Une écurie bien entretenue doit toujours être propre, nettoyée et ventilée tous les jours.

Tous les matins on relèvera la litière; elle sera bien secouée, la menue paille et les parties imprégnées d'urine seront écartées, le sol sera balayé et quelquefois même lavé ou sablé; on peut même de temps en temps répandre sur le sol une couche légère de chaux vive en poudre.

L'écurie sera blanchie à la chaux au moins une fois par an, les râteliers, les crèches et les séparations des stalles seront lavés à fond au moyen d'eau chaude contenant en dissolution une petite quantité de sel de soude, lorsqu'elles commenceront à se couvrir de crasse.

Tout comme à la caserne, faire enlever la poussière et les toiles d'araignées au moins une fois par mois et faire laver les fenêtres. S'il y avait crainte de maladie contagieuse, faire désinfecter entièrement.

Mais ne craignez rien, entretenue dans un pareil état de propreté, votre écurie demeurera inaccessible à toutes les maladies contagieuses et épidémiques.

Pour les animaux, comme pour les hommes, la propreté c'est la santé.

CHAPITRE VI

Les Haras et l'Agriculture.

———

Il y a une quarantaine d'années, un écrivain, homme d'esprit, qui voyait déjà poindre à l'horizon l'ingérence gouvernementale dans les questions d'industrie privée, lançait cette humouristique boutade : Les cent mille voix de la tribune et de la presse crient à la fois à l'État :

« Organisez le travail et les travailleurs. Extirpez l'égoïsme.
» Réprimez l'insolence et la tyrannie du capital. Faites des ex-
» périences sur le fumier et sur les œufs. Sillonnez le pays de
» chemins de fer. Irriguez les plaines. Boisez les montagnes.
» Fondez des fermes modèles. Fondez des ateliers harmoniques.
» Colonisez l'Algérie. Allaitez les enfants. Instruisez la jeu-
» nesse. Secourez la vieillesse. Envoyez dans les campagnes
» les habitants des villes. Pondérez les profits de toutes les
» industries. Prêtez de l'argent sans intérêt à ceux qui en dé-
» sirent. Affranchissez l'Italie, la Pologne et la Hongrie. Élevez
» et perfectionnez le cheval. »

On le voit, Bastiat n'avait pas même oublié, dans sa spirituelle énumération l'industrie chevaline : le spectre des haras avait dû hanter ses rêves. C'est là, en effet, que gît le plus choquant des griefs formulés contre l'administration des haras ;

on trouve en elle l'ingérence gouvernementale et son dérivé
naturel, le monopole. Et ça déplaît aux esprits indépendants :
l'État-providence n'est pas l'idéal de tout le monde. Il est encore nombre de gens qui lui préfèrent l'association privée,
les entreprises particulières, la formation de grandes compagnies indépendantes, qui n'aiment pas la tutelle et veulent
l'émancipation. D'autant que nous savons aujourd'hui ce que
nous coûte l'État-providence et le prix de ses services de gestion qui se chiffre par un budget de 4 milliards !

Donc, dans la question qui nous occupe, voici quel est notre
credo :

*En matière de production chevaline nous répugnons à l'in-
tervention directe de l'État; nous souhaitons qu'elle disparaisse
pour faire place à l'intervention indirecte jusqu'au moment où
l'industrie privée sera assez virile pour se passer de tout encouragement.*

*Il y a lieu d'arriver à ce que la spéculation privée développe
assez ses ressources pour que l'administration qui n'est appelée
en réalité qu'à lui servir d'auxiliaire, à la suppléer et non à la
remplacer, puisse restreindre les siennes et céder peu à peu la
place qu'elle occupe aujourd'hui.*

Ceci posé, nous allons entrer dans toutes les considérations
que comporte le titre de ce chapitre.

Disons avant toute autre chose que nous n'avons pour objectif
que le cheval de trait, et que l'industrie qui s'adonne à cette
branche de l'élevage est celle qui jouit de plus d'indépendance
vis-à-vis des haras ; c'est, en effet, de toutes la plus profitable,
la plus prospère et elle n'a pas besoin d'être aidée comme les
autres. Elle trouve un suffisant encouragement dans le bénéfice
assuré que lui procure un produit facile à obtenir et à placer,
qui gagne de bonne heure sa nourriture, se forme en travaillant
et exige peu de soins avant d'être livré à la consommation qui
le recherche activement. Le cheval de trait est le cheval marchand par excellence et le cultivateur qui le vend poulain ou

qui l'élève pour s'en défaire, après avoir utilisé ses précoces services, peut se passer de tout secours. Aussi l'administration des haras n'intervient-elle dans la production du cheval de trait que par les encouragements généraux accordés sous forme de primes d'approbation aux étalons, primes distribuées dans les concours régionaux, les concours de poulinières et de pouliches, etc.

Administration.

L'histoire de l'administration des haras a été racontée ou mieux commentée de bien des façons différentes, selon que les auteurs se sont placés dans un camp ou dans l'autre. Il y a eu les hostiles et les sympathiques; les neutres sont encore, croyons-nous, à inventer.

Parmi les hostiles, il est un nom qui vient tout naturellement à notre esprit et dont nous sommes heureux d'évoquer le charmant souvenir, car il nous rappelle un regretté confrère et un excellent ami : c'est le baron d'Étreillis (Ned Pearson).

Jamais la Société d'encouragement du Jockey-Club, si prospère et si florissante aujourd'hui, n'a eu un plus brillant interprète de sa doctrine du pur sang; jamais plume plus alerte, plus habile, plus expérimentée, plus nourrie de son sujet dans une pratique journalière n'a combattu ses adversaires. Et pour le Jockey-Club, les haras, voilà l'ennemi!

Il nous a donc paru curieux de relire ce que Ned Pearson a écrit des haras dans son *Dictionnaire du Sport*.

Voici d'abord comment il établit les situations respectives :

« La Société d'encouragement du Jockey-Club, fidèle à son
» principe, était devenue la personnification du pur sang et de
» son emploi comme régénérateur exclusif dans toute espèce
» de croisement, sauf celui du gros trait.

» L'administration, elle, s'était faite l'interprète de la doc-
» trine contraire, et tout en ne rejetant pas absolument l'ac-
» tion du pur sang dans la production, elle lui assignait

» cependant une limite assez bornée, l'achetait en très petit
» nombre à des prix modérés, se fondant sur ce que l'élevage
» du pur sang était arrivé à un état de prospérité suffisant
» pour qu'on pût l'abandonner à sa propre impulsion, c'est-à-
» dire à l'industrie privée.

» Après 40 ans de lutte, d'efforts et de sacrifices, la Société
» d'encouragement pour l'amélioration des races de chevaux
» en France du Jockey-Club, a rempli et au delà les promesses
» de son programme. Elle a créé une race de pur sang assez
» nombreuse pour répondre à tous les besoins de la reproduc-
» tion, le niveau de la qualité de la race de pur sang s'est pro-
» gressivement élevé de telle façon que nos chevaux sont
» aujourd'hui les égaux des chevaux anglais.

» Quant à l'administration des haras, on cherche à voir les
» résultats des errements qu'elle a suivis depuis 1830. L'éle-
» vage du demi-sang qu'elle n'a cessé de patronner est resté
» stationnaire et se trouve absolument au même point qu'au
» moment où il est devenu l'objet de sa vive et constante sol-
» licitude. »

Les rôles définis, Ned Pearson poursuit : « L'administra-
» tion des haras fut fondée en vertu d'un principe sur lequel
» son organisation repose encore aujourd'hui ; Colbert, ou
» pour nous servir d'un mot plus générique, l'État, posant en
» principe que les éleveurs ne peuvent se procurer eux-mêmes
» les reproducteurs mâles dont ils ont besoin ou qu'ils ne sont
» pas capables de connaître et d'apprécier ceux qu'il faut
» employer, intervient dans la production chevaline autori-
» tairement et pour la diriger dans le sens qui lui paraîtra le
» meilleur. C'est, en un mot, le système protectioniste, c'est-
» à-dire l'intervention dans une industrie particulière de l'ac-
» tion de l'État avec toute l'autorité que comporte la forme de
» gouvernement sous laquelle elle s'exerce. Cette protection
» despotique avait peu de limites sous Colbert. L'État fournis-
» sait autant que possible des étalons, accordait à certains

» particuliers le droit exclusif d'en posséder. Défense absolue
» était faite aux éleveurs d'en employer d'autres sous peine
» d'amende et de confiscation. C'était donc un système très
» simple et facile à résumer en quatre mots : prérogative,
» monopole, despotisme, oppression. Le principe des haras
» est donc, comme on peut en juger, très discutable et de fait
» fort discuté. »

Vous le voyez, la botte est rudement portée ; le Jockey-Club
a dû battre des mains à ce coup droit de son *speaker*.

Nous allons à notre tour entrer dans des détails plus cir-
constanciés pouvant permettre de mieux connaître et approfondir l'œuvre et le but de l'administration des haras.

Le premier édit qui fit intervenir l'État dans la production
chevaline est daté de 1639 ; mais ce n'est que sous Colbert
que la réglementation fut complètement déterminée par les
ordonnances de 1665 et de 1668. Le roi achetait des étalons
et les répartissait chez les seigneurs s'occupant de l'élevage des chevaux. C'est-à-dire que l'on encourageait ainsi des
haras particuliers soumis à la surveillance très rigoureuse
d'inspecteurs généraux.

En 1717 ce mode de procéder fut changé par un édit rendu
cette année. Il fut décidé que l'État garderait une partie de
ses étalons et se chargerait de les utiliser et qu'ensuite, au
lieu de s'adresser aux grands propriétaires, on confierait,
moyennant certaines indemnités, la garde des autres étalons
à des cultivateurs de bonne volonté, auxquels appartiendrait
le titre de garde-étalons. Les haras du gouvernement furent
ceux du Pin pour la Normandie ; de Pompadour pour le Limousin ; de Niort et de Fontenay pour le Poitou ; de Tarbes, etc.

Cette organisation fut supprimée par la loi du 19 novembre
1790 et les étalons de l'État furent vendus, sauf ceux qui se
trouvaient aux haras du Pin et de Pompadour. On laissa à
cette époque disparaître des richesses incalculables accumu-
lées depuis plus d'un siècle.

L'administration avant 1789 comprenait deux branches distinctes : les haras proprement dits, composés d'étalons, de juments et de poulains dont les produits étaient destinés à fournir aux diverses races indigènes les types supérieurs ; les dépôts où l'on entretenait, pour être mis à la disposition des possesseurs de juments une partie des chevaux nés dans les haras ou achetés ; les autres étaient confiés aux garde-étalons. Il y avait indépendamment des nombreux haras à la charge des provinces, de ceux appartenant aux grands seigneurs, à de riches particuliers, les haras du Roi. Le Roi possédait notamment le haras du Pin, fondé en 1714, et celui de Pompadour devenu la propriété de la Couronne en 1760. Le décret du 4 juillet 1806 fit revivre dans une certaine mesure l'ancien état de choses. On rétablit alors six haras, trente dépôts d'étalons et deux écoles d'expériences.

Pendant le gouvernement de juillet, l'opposition, à bien des reprises, demanda la pleine liberté et la suppression de toute ingérence gouvernementale. Nous avons vu quel fut le rôle prépondérant et brillant pris par le Jockey-Club à cette époque et son antagonisme déclaré.

Survint 1848. Ce fut l'heure de tous les systèmes. Pendant que Prudhon battait en brèche le spiritualisme et que Considérant propageait infatigablement la douce utopie du phalanstère, Cabet exaltait le communisme et Bastiat révélait le poème séduisant des Harmonies économiques. La question, si controversée, de la suppression des haras ne pouvant manquer d'être évoquée devant l'opinion publique. Après de longs débats, une commission fut chargée de la résoudre. Le maintien de l'admininistration des haras fut voté à l'unanimité moins une voix par cette commission. La réponse était péremptoire. Elle mit fin pour quelque temps à une polémique qui n'avait pas été sans acquérir une certaine vivacité.

Sous l'Empire, la fortune des haras fut très diverse. Les attaques recommencèrent avec une telle intensité, qu'en 1860, les deux haras principaux : celui du Pin et de Pompadour étaient supprimés et les collections de reproducteurs mâles et femelles vendues et dispersées. En 1863, la ruine était complète, les haras étaient forcés de vendre à vil prix leurs plus précieux sujets. On essaya de céder quelques étalons moyennant une somme minime et des primes annuelles de 1,000 à 1,500 fr. La tentative, constatons-le, ne fut pas heureuse. Les éleveurs normands qui s'étaient chargés des étalons demandèrent peu après à l'État de reprendre les chevaux. Cet essai infructueux prouva que l'industrie privée, représentée par des particuliers, n'était pas assez riche pour être non pas livrée à elle-même mais chargée avec des avantages pécuniaires assez considérables de la tâche qu'incombe actuellement aux haras. En serait-il autrement de l'industrie privée, collective ou société? C'est probable, mais toutefois on ne peut encore s'en porter garant, car aucune tentative de ce genre n'a encore été tentée en dehors des écuries de courses qui pour la plupart ont beaucoup plus en vue la spéculation et le jeu que l'amélioration des races.

Si à cette époque les haras ne succombèrent pas complètement, c'est qu'ils furent sauvés par le général Fleury, homme de cheval d'une haute valeur et d'une compétence indiscutable, qui les détacha du ministère des Beaux-Arts pour en faire une administration indépendante sous l'autorité immédiate du chef de l'État dans les mains de son grand écuyer. Cette situation dura dix ans ; puis les haras redescendirent au rang de simple bureau rattaché à l'une des directions du ministère de l'agriculture.

Aucun incident important ne vint changer la situation jusqu'à la loi du 29 mars 1874, provoquée par le très remarquable rapport Bocher.

La loi du 29 mars 1874 est la charte actuelle de l'administration des haras.

En vertu de cette loi, l'administration supérieure des haras dépendant du ministère de l'agriculture se compose :

D'un directeur inspecteur général ;

De six inspecteurs généraux, dont un spécialement chargé de l'achat des étalons de trait ;

De vingt-deux directeurs de dépôts, de vingt-deux sous-directeurs et d'un nombre de surveillants suffisants pour le service.

Un conseil supérieur des haras est nommé par le président de la République pour neuf années. Il est composé de 24 membres, renouvelables par tiers tous les trois ans ; les membres sortants sont rééligibles. Tenant au moins deux sessions par an, donnant son avis sur le budget des haras, sur les règlements généraux des concours et des courses, sur la nature et l'importance des encouragements qui se rapportent à la production et à l'élevage et sur toutes les questions qui lui seront soumises par le ministre ou en son absence, par le directeur général des haras ; il reçoit communication des vœux et délibérations des conseils généraux en ce qui concerne la question chevaline.

Ce conseil est actuellement composé comme suit :

MM. le ministre de l'agriculture, président ; Bocher, sénateur ; Camescasse, ancien député ; Carré-Kérisouët, président de la chambre de commerce de Saint-Brieuc ; Chauveau, inspecteur général des écoles vétérinaires ; de Cormette, directeur des haras ; de Dampierre (marquis), président de la société des agriculteurs de France ; le général Deffis, sénateur ; Demarçay (baron), ancien député ; le général Droz, inspecteur général permanent des remontes militaires ; Étienne, député ; Féral, conseiller général de la Haute-Garonne ; de Fourment, propriétaire-éleveur dans le Pas-de-Calais ; Gayot, membre de la Société nationale d'agriculture ; Guiet, propriétaire-éleveur dans le département de la Vendée ; Henry (Edmond), ancien député ; de Juigné, député ; Lecoulteux de Canteleu, ancien officier de cavalerie, membre du conseil général de l'Eure ; Lenoël, sénateur, président du conseil général de la Manche ; de Mornay (marquis), président de la Société hippique française ; Papon, député; de la Rochette (baron), commissaire des courses de la Société d'encouragement pour l'amélioration des races de chevaux en France; Tisserand, conseiller d'État, directeur de l'agriculture; de Vanteaux, président de la Société des courses de Limoges; de Vigneral, ancien officier d'état-major, membre du conseil général de l'Orme; Gauthier, chef du 2ᵉ bureau de la direction des haras, secrétaire.

L'effectif des étalons entretenus par l'administration des haras est de 2.540 subdivisés comme suit au point de vue de l'espèce.

Étalons de pur sang anglais.		225
Id.	arabe	145
Id.	anglo-arabe.	120
Id.	demi-sang.	1.770
Étatons de trait.		280
	Total.	2.540

La loi de 1874 a rétabli la jumenterie de Pompadour.

C'est le seul haras de production que possède l'administration, et il n'y a pas en France d'autre jumenterie de l'État.

L'objectif principal de la jumenterie de Pompadour est la production du cheval arabe, à laquelle l'industrie privée ne se livre que dans une très faible proportion; le nombre des juments arabes de pur sang ne doit jamais être inférieur à 30; l administration doit faire en sorte que le nombre des produits annuels de pur sang arabe soit au minimum de la moitié de celui des naissances. De temps en temps une mission est envoyée en Orient pour faire l'acquisition de poulinières et d'étalons d'élite destinés à remonter l'effectif de la jumenterie de Pompadour en reproducteurs des pays d'origine. Au sujet de ces reproducteurs, dans une des dernières séances du conseil supérieur des haras, un de ses membres les plus autorisés, M. Lecouteulx de Canteleu, disait qu'il y avait lieu d'accorder la préférence à ceux de la tribu des Anézés.

Enfin la loi de 1874, et c'était même une de ses premières dispositions, a rétabli l'École des haras du Pin. La nécessité de cet établissement, du moment où l'on a une administration des haras, n'est pas discutable. Il a pour but de former des officiers possédant une doctrine et agissant avec unité de vues. Au commencement du siècle on pouvait encore rencontrer un personnel ayant le goût et la science du cheval. Il se recrutait parmi les pages et écuyers élevés dans les maisons des princes ou dans ces nombreux manèges existant avant 89. Cette génération a disparu ; on s'est trouvé aux prises avec l'incapacité et la routine. Pour remédier à ce défaut d'hommes compétents, on créa l'École des haras en 1840, elle subsista jusqu'en 1852 ; son organisation est appelée à donner de bons résultats si l'on sait former son jeune personnel avec tact et intelligence.

Avant la loi de 1874, le budget des haras s'élevait à deux millions 300,000 francs ; aujourd'hui il atteint plus de sept millions. Ce chiffre représente des dépenses ordinaires renouvelées tous les ans ; on ne doit pas s'en étonner ; l'augmentation des étalons et la construction des dépôts ont nécessité des ouvertures de crédits extraordinaires dépassant 20 millions.

Le nombre moyen des produits issus d'étalons améliorateurs peut être évalué à 116,000 par année ; avant la loi il n'était que de 70,000. Quoique augmenté, ce chiffre est peu de chose relativement à la population chevaline de France qui est de 3 millions de têtes. Ces 3 millions de têtes chevalines, au prix moyen de 366 francs, représentent une valeur de plus d'un milliard de francs, soit le quart environ de toutes les espèces animales qui, pour la France entière, s'élève au chiffre de 4 milliards 568 millions.

Si l'on veut maintenant savoir quelle est notre situation vis-à-vis des autres pays, comme population chevaline, voici un document officiel qui donne le relevé des chevaux possédés par les différents États au 31 décembre 1886 :

Russie, 21,570,000 chevaux ; États-Unis d'Amérique,

9,500,000; République Argentine, 4,000,000; Autriche-Hongrie, 3,500,000, dont 200,000 pour la Hongrie; Empire Allemand, 3,350,000; France, 2,880,000 chevaux et 300,000 mulets; Angleterre, 2,790,000 chevaux; Canada, 2,624,000; Uruguay, 1,600,000; Espagne, 680,000 chevaux et 2,300,000 mulets; Italie, 675,000 chevaux et 274,000 mulets: Suède et Norwège, 655,000 chevaux; Belgique, 383,000; Danemark, 316,000; Suisse, 105,000 chevaux.

Nous ajouterons que nous n'avons en France que 5 têtes de chevaux par kilomètre carré, les Anglais en possèdent 9.

Nous avons 76 chevaux par 1000 habitants, tandis que la Russie en possède 225, le Danemark 178, la Hongrie 139, la Finlande 129, la Suède 102, l'Irlande 100, la Roumanie 95, la Prusse 92, etc.

L'effectif de la cavalerie, depuis la loi militaire de 1872, a été porté de 70 à 90,000 chevaux et pour passer du pied de paix à l'état de guerre il faudrait non plus comme auparavant un nombre d'environ 40 à 50,000 chevaux, mais 176,000, dont 128,000 de trait et 48,000 de selle.

Il y a deux sortes d'animaux dont l'État est le principal consommateur : ce sont les étalons d'élite, nécessaires pour le service de l'administration des haras, et les chevaux de selle, destinés aux remontes de l'armée, ce qui constitue un argument capital en faveur du maintien des haras.

Un mot sur ce que l'on appelle le *système* des haras.

C'est aussi le nôtre, le seul rationnel à notre avis, nous y adhérons pleinement. Il peut se définir en deux mots : sélection, croisement; ou si vous préférez : famille et sang.

La *sélection* ou la *famille*, c'est le maintien des races locales sans mélanges ni mésalliances, avec la conservation de leur caractère générique, de leurs aptitudes spéciales et distinctes, de tout ce qui tient en elles aux conditions particulières du milieu où elles naissent et s'élèvent, de l'air, du sol, de la nourriture et de l'éducation.

Le *croisement* ou le *sang*, c'est l'infusion dans le sein de ces mêmes races du principe de régénération opéré par les reproducteurs d'élite, chez lesquels ce principe réside, concentré dans toute sa pureté et toute son énergie.

Employer successivement et combiner à propos ces deux modes de rénovation, restaurer d'abord les races par elles-mêmes, en dedans *in and in* au moyen des appareillements entre sujets de la même famille choisis entre les plus capables, ensuite y introduire le sang, élément étranger et supérieur, par voie de croisements, et perfectionner graduellement les produits ainsi obtenus en retournant de nouveau au principe régénérateur lorsque la production commence à s'affaiblir, telle est la marche des Haras en ce qui constitue leur système.

Seulement cette doctrine n'a pas toujours été appliquée avec esprit de suite. On a beaucoup reproché à l'administration son instabilité, ses variations, les essais de ses agents inaugurant de nouvelles théories ou manquant de mesure dans leur mode d'application, ce qui a été souvent un réel obstacle au progrès.

Ainsi, pendant une longue période de temps, le mot d'ordre parmi les agents de l'administration était le croisement à outrance, le croisement quand même et à tout propos. C'est pourquoi on est arrivé à bouleverser au lieu d'améliorer les races locales, sans tenir compte de celles qui étaient bien caractérisées et n'avaient besoin que d'une sélection judicieuse. C'est ainsi que des races ont été absolument abâtardies par l'abus du sang étranger et sont devenues méconnaissables. Aujourd'hui *on en revient à leur reconstitution, du moins à la reconstitution de celles qui ont encore leur raison d'être*, qui répondent encore aux besoins locaux et que les transformations de l'outillage agricole et des progrès de la civilisation n'ont pas condamnées.

On a dit aussi : que les haras qui représentent plus particulièrement l'école de l'amélioration chevaline ont vécu trop en dehors des intérêts des éleveurs et ont agi d'une façon trop despotique en imposant partout leur théorie et en ne tenant aucun compte de la pratique de l'homme des champs, du sol et du climat; qu'ils ont voulu uniformiser, couler dans le même moule, améliorer avec deux ou trois types — ce qui a été longtemps l'idée fixe d'un de ses anciens directeurs les plus autoritaires et les plus absolus, — ce que la nature avait créé dissemblable; qu'ils ont méconnu certaines lois naturelles qu'on ne heurte jamais impunément quand il s'agit de créer des œuvres durables en matière.

En présence de l'absolutisme du principe des croisements, a surgi l'école du radicalisme de l'amélioration des races par elles-mêmes, rejetant toute alliance faite en dehors de la famille ou de son ascendant.

Nous avons dit, au début de ce chapitre, ce que nous en pensions.

La vérité n'appartient exclusivement ni à l'un ni à l'autre de ces deux modes de procéder, et après avoir obtenu par la sélection toutes les qualités inhérentes à une race, si on veut lui en infuser d'autres qu'elle ne possède pas, il faut aller les prendre en dehors. Mais il est bien évident que ce moyen demande à être dirigé par des hommes habiles. Il faut qu'ils sachent de quels éléments se compose la race à perfectionner, de manière à ne la mettre en rapport qu'avec celle qui convient le mieux. Le croisement est l'arme la plus dangereuse qui puisse être confiée à des mains inhabiles, car pour qu'il produise les bons résultats qu'on espère, il exige de la part de ceux qui s'y livrent des soins, des observations que ne réclament pas les améliorations à l'aide des meilleurs types choisis dans la race qu'il suffit alors de bien connaître. D'où il résulte qu'il ne faut employer le croisement que quand la race a fourni par elle-même tout ce qu'elle peut donner de perfectionnement et par conséquent que l'alliance ne doit s'opérer qu'avec les premiers sujets de la race. De cette manière on agrandit indéfiniment les bornes de la perfectibilité qui sans cela serait limitée aux qualités inhérentes elles-mêmes.

Telle est, dégagée de toute hostilité et de parti-pris systématique comme de tout optimisme, la situation exacte de l'administration des haras vis-à-vis de l'opinion publique. Nous avons tenu à mettre sous les yeux du lecteur toutes les pièces du procès, de façon à n'être pas accusé de tendances personnelles. Nous sommes, en ce qui concerne les haras, — comme dans toute autre question ayant derrière elle : soit une administration, soit une société puissante, soit une association, un groupement nombreux, un cercle ou toute autre puissance, — un indépendant jaloux de son indépendance et tenant à son franc-parler.

Nous terminerons ce long exposé par un souhait :

Puisque depuis 1874 les haras sont entrés dans une nouvelle voie qui donne satisfaction aux desiderata des éleveurs, qu'il n'y ait plus de tâtonnements, plus de brusques changements de systèmes ; le plus profitable pour l'industrie chevaline, c'est de continuer le mode actuel en améliorant à mesure par l'extension des efforts individuels. Des expériences ont été faites ; n'en perdons pas le souvenir.

Que les réformateurs sachent bien qu'il n'y a parfois de nouveau que ce qui a été oublié.

Les Haras étrangers.

Jetons en passant, si vous le voulez bien, un coup d'œil chez nos voisins et voyons quelle est chez eux l'importance des haras et de la production chevaline.

En BELGIQUE, l'État n'intervient dans la production chevaline que par le système des primes, sous la direction d'une commission d'agriculture. Il ne possède ni haras, ni dépôts d'étalons.

Bien que ce système soit celui de l'intervention indirecte que nous préconisons chez nous — lorsque toutefois nous y serons mûrement préparés — nous constatons qu'il n'a pas donné jusqu'à ce jour satisfaction à l'élevage belge.

L'arrêté qui ouvrit l'ère de réforme et d'amélioration en Begique date du 7 décembre 1840. Jusqu'alors les étalons indigènes étaient laissés sans direction et sans contrôle; les poulinières n'étaient l'objet d'aucune attention et plusieurs années d'essais infructueux n'avaient apporté aucun changement heureux, lorsque M. Liedts, alors ministre de l'intérieur, réclama une allocation annuelle de 30,000 francs à répartir entre les provinces, dans le but de distribuer des primes aux propriétaires des étalons indigènes les plus distingués, et des juments issues de premier croisement et suitées d'un poulain provenant d'un étalon approuvé.

Certes, la dépense était minime et pourtant elle a produit de bien grands résultats. A peine arrivés à la seconde génération, les étalons qui détérioraient la race, devinrent l'exception. La surveillance embrassa toutes les provinces, qui élaborèrent des règlements et rivalisèrent de zèle pour porter le perfectionnement à ses dernières limites.

L'exposition de 1848 confirma ces premiers succès. Alors les provinces intervinrent pour un tantième dans les primes à payer à titre d'encouragement aux propriétaires des meilleurs étalons. Des résolutions des conseils provinciaux modifièrent successivement le règlement. Actuellement c'est l'arrêté du 6 juillet 1871 qui régit la matière. Il comprend 28 articles dont nous allons analyser les principaux articles : Ne peuvent être employés à la saillie des juments d'autrui que les étalons âgés de plus de trois ans, chez lesquels une commission d'expertise a reconnu les qualités propres à améliorer la race. L'expertise est obligatoire même pour les étalons qui, sans être destinés à la monte publique, appartiennent à deux ou à plusieurs personnes. Les résultats de l'expertise pour les chevaux approuvés sont constatés par la marque au feu sous la crinière du côté gauche, de lettres ou de chiffres à désigner par la députation permanente.

Toutefois les étalons de haut prix peuvent être exemptés de la marque.

Les gardes-étalons ne peuvent admettre à la saillie des juments âgées de moins de trois ans, difformes, atteintes de maladies contagieuses ou de défauts transmissibles. La commission d'expertise est nommée par la députation permanente; le secrétaire de la commission d'agriculture remplit les fonctions de secrétaire auprès de la commission d'expertise; il tient les procès-verbaux et délivre les documents nécessaires. La députation permanente détermine la circonscription des concours ainsi que les époques et les localités où se tiennent chaque année les réunions de la commission pour l'expertise des étalons et la distribution des primes qui sont : primes locales de concours; primes provinciales; primes de conservation.

Dès les premiers jours de février, le gouverneur de la province a soin d'adresser aux administrations communales deux listes indiquant : l'une, les étalons qui ont été admis par la commission provinciale d'expertise pour la monte, et l'autre, les étalons qui ont été refusés comme impropres à la saillie. La première de ces listes doit être affichée au lieu ordinaire des publications. De plus, chaque bourgmestre est invité à faire parvenir au gouverneur de la province la liste des étalons qui existeraient dans la commune et que l'on n'aurait pas soumis à la commission provinciale d'expertise.

Les frais résultant de l'exécution du présent règlement sont payés sur les fonds de l'État et de la province. Un arrêté royal fixe le subside qu'il y a lieu d'allouer chaque année à la province pour couvrir la partie de la dépense qui est à la charge de l'État.

Ce règlement est jugé en Belgique, par les écrivains compétents, comme inefficace et insuffisant. Le *Bulletin officiel de l'agriculture* le reconnaît implicitement et dans son tome XXXIV, publié à la fin de 1885, il conseille d'augmenter l'importance des primes comme moyen le plus sûr de conserver le plus grand nombre de reproducteurs d'élite. M. Reul, dans son *Étude spéciale sur le cheval brabançon*, préconise l'intervention directe ; il dit que le gouvernement doit se substituer aux landlords anglais, que c'est à lui qu'il incombe de fournir aux éleveurs les reproducteurs dont il veut propager la race et les qualités ; que la province secondée par l'État devrait se rendre acquéreur chaque année de quelques étalons de premier choix. Il voudrait, en outre, que cette protection s'étendît sur l'entretien de bonnes poulinières par l'institution de primes et de concours provinciaux pour juments. Selon le savant professeur, il y aurait lieu de propager et de vulgariser les principes de zootechnie dans les campagnes, au moyen de conférences publiques ayant trait à la pratique raisonnée de l'élevage.

Depuis que ces vœux ont été formulés, l'élevage belge a fait un pas en avant : la *Société du cheval de trait belge* est venue renforcer la *Société des éleveurs belges*, fondée en 1879, ayant le pur sang pour objectif ; un Stud-Book national a été créé ; il y a en conséquence tout lieu d'espérer que la question des haras belges va être mise de nouveau à l'étude et recevoir une solution conforme aux intérêts des éleveurs, très accessibles, en Belgique, dans les Flandres surtout, aux améliorations agricoles.

En ANGLETERRE, la statistique a constaté cette année une très forte augmentation dans la superficie occupée par la luzerne ou autres plantes fourragères, preuve convaincante de la tendance des agriculteurs à accroître leurs élevages et à s'assurer du fourrage en conséquence. L'introduction du système des silos est un encouragement dans cette voie. Les diverses espèces chevalines se sont considérablement accrues à l'exception toutefois de la spécialité de trait qui a diminué tant par suite de la réduction de la culture des céréales qu'en raison de l'application progressive de la vapeur aux travaux agricoles.

Dans ce pays où, suppléée par les richesses particulières, par les forces et l'initiative individuelles, l'intervention de la puissance publique est rarement nécessaire, il n'y a pas de haras d'État, mais de très nombreux et riches haras particuliers.

Ce fut en 1650 que les Anglais commencèrent à tourner sérieusement leurs vues vers l'exploitation de leur sol; la culture flamande leur servit de modèle. Mais ils firent plus : en même temps qu'ils augmentaient et amélioraient leurs produits de la terre, ils concentrèrent une partie de leurs efforts sur le perfectionnement des espèces domestiques, où ils sont devenus sans rivaux dans le monde entier.

L'Angleterre est, il faut en convenir, dans les meilleures conditions pour réaliser et maintenir le triomple que l'art lui a assuré sur la nature. Le développement d'un commerce immense, l'existence féodale des *landlords*, ces riches propriétaires terriens, la haute intelligence de cette aristocratie, la persistance, le génie de quelques hommes qui, surprenant à la nature ses secrets, ont développé les lois de la production animale; ces conditions de succès font comprendre de suite les merveilles accomplies sur le sol britannique dans tout ce qui touche les races domestiques.

Les Anglais ont su faire marcher de front l'ensemble des amélirations agricoles. En créant des races nouvelles, ils ont créé aussi les conditions sans lesquelles elles ne sauraient se maintenir. Ils ont compris que l'éleveur le plus habile ne réussit qu'à la condition de se faire le complice de la nature, de se pénétrer de son esprit, de son but, de son essence.

En Autriche, les ressources naturelles de la population

chevaline qui se compose de 6 millions de têtes, presque toutes
d'espèce légère, sont plus que suffisantes. Il existe quatre
haras impériaux sans cesse augmentés, enrichis depuis leur
origine en 1785 : Celui de Biber en Styrie ; de Kladrub en
Bohême ; de Sipitza et celui de Kadautz dont la population
chevaline est de 5,000 têtes. Le gouvernement entretient en
plus dans diverses provinces cinq grands dépôts d'étalons
contenant 1,500 reproducteurs. La Hongrie possède à elle
seule plus de deux millions de chevaux ou un cheval par
cinq têtes d'habitants. L'État y entretiént trois grands haras :
le haras de Kisberg, où l'élevage du pur sang se fait sur une
grande échelle ; c'est là que se trouve *Bois-Roussel*, un des
meilleurs produits français, enlevé au prix de 50,000 francs.
Le haras de Babolna, consacré à la reproduction du pur sang
arabe, et celui de Mezochegyés, magnifique établissement
fondé sur un immense domaine dont la population chevaline
dépasse parfois 7,000 têtes. La Hongrie possède en outre
quatre grands dépôts d'étalons contenant 1,500 reproducteurs. Enfin on trouve en Hongrie de magnifiques établissements hippiques appartenant aux familles aristocratiques et
plusieurs de ces établissements ne contiennent pas moins de
500 têtes.

En Russie, la force numérique de l'espèce est immense
aussi, comme l'étendue des steppes où elle s'élève et où
grand nombre de propriétaires riches entretiennent des haras
particuliers à côté de ceux de la Couronne si richement dotés.
La population hippique de cet empire se traduit par le chiffre
énorme de vingt millions de têtes. Le nombre des étalons est
au moins de 100,000.

En Allemagne, la production chevaline est très importante.
La Prusse possédait, avant les annexions qui ont suivi la
bataille de Sadowa et celles qu'ont entraînées nos désastres,

trois haras : celui de Trakehmen ; de Frédéric-Guillaume et celui de Graditz. L'État possédait en sus treize dépôts d'étalons dont la population en reproducteurs était de 1,500. Le Wurtemberg compte deux haras ; le royaume de Saxe ne compte qu'un haras. Sur le Hanovre, le Holstein et le Mecklembourg, les renseignements officiels manquent ; mais on croit savoir qu'il y aurait en Allemagne, sans l'Autriche, 4,000 reproducteurs appartenant aux divers gouvernements. Il y a en outre d'assez nombreux établissements particuliers possédés par de riches propriétaires.

D'autre part, l'élevage de l'espèce chevaline se pratique avec succès dans la Lithuanie prussienne par de simples paysans. Tandis que souvent certains grands propriétaires ne trouvent dans cet élevage que des satisfactions coûteuses d'amour-propre, les paysans en retirent des bénéfices considérables. Dans la province de la Prusse orientale, notamment dans le district de Marienwerder, la plupart des chevaux proviennent des exploitations paysannes. Dans la province de Posen, habitée par une population d'origine polonaise qui se distingue par un vif amour du cheval, les paysans livrent des produits excellents, non seulement en chevaux de luxe mais encore en chevaux de service. Dans certaines provinces, telles que la Hesse, le Schleswig-Holstein, le Oldenbourg, la Westphalie, il s'est organisé des sociétés de consommation qui facilitent au petit cultivateur l'acquisition d'étalons de choix dans des conditions aussi avantageuses que pour les grands cultivateurs. Tous ces pays accroissent d'année en année l'effectif de leurs établissements.

La Prusse devenue l'Allemagne, la Prusse qui a mis vingt-cinq ans à refaire sa cavalerie, la plus mauvaise de l'Europe en 1792 et malheureusement pour nous si nombreuse et si bien montée en 1870, a fait acheter chez nous par ses nombreux agents, à de très hauts prix, des jeunes étalons de demi-sang et en Angleterre des étalons de pur sang qu'ils ont enlevés coûte que coûte, poussant le célèbre *Blair-Achal* jusqu'à 320,000 francs à la vente Blenkiron! Ce sont ces mêmes agents allemands qui ont payé à Paris un étalon arabe de la. célèbre tribu des *Anézés*, ramené par un consul, 20,000 livres!

En Allemagne, le sang dans les races est recherché avant toute autre chose et on n'hésite pas à recourir, quand besoin est, aux reproducteurs d'élite chez lesquels ce principe réside. Il y a longtemps qu'ils ont fait prompte justice de ce fameux type du « bon cheval d'armes » qui a hélas! encore tant de partisans chez nous ; de ce type de Bourgelat, cher aux praticiens et si parfait qu'il exclut également les défauts et les qualités ; cheval « bien roulé », c'est-à-dire massif et mou, s'accommodant avec une égale indifférence du bon cavalier qu'il désespère, comme du mauvais dont il fait les délices. Nous en étions encore au trot comme critérium suprême du mérite du « bon cheval d'armes » qu'ils avaient adopté depuis longtemps le galop comme l'allure véritable de la manœuvre et du combat et reconnu que le trot ne devait être préféré que pour les routes et ne servir qu'à abréger la longueur des étapes. Pour eux le cheval d'armes doit être un cheval de galop, et le meilleur est celui dont le galop est le plus facile et le plus léger. Or, c'est le sang qui donne le galop. La réalité du sang, c'est la qualité qu'il donne et elle peut se rencontrer à un aussi haut degré chez un sujet compact et ramassé que chez tel autre aux formes plus élancées, chez le plus disgracieux comme chez le plus élégant. Elle consiste moins dans une conformation particulière que dans la densité et la trempe des tissus et avant tout dans cette énergie du système nerveux qui seule permet les efforts prolongés ou répétés. Le cheval qui a du sang est souvent froid au départ, mais son courage grandit avec la charge qu'on lui impose et jusqu'au bout de ses forces il répond généreusement aux sollicitations de l'homme. Le cheval qui n'a pas de sang est incapable de se dépenser ainsi. Son premier effort est brillant mais court; son ardeur suit une progression rapidement décroissante et quoi qu'on fasse elle ne se retrouve plus. Il faut donc aux chevaux d'armes du sang; on commence seulement à le comprendre dans l'armée grâce à l'initiative et à l'influence des généraux de Gallifet, Thornton, de Lignières, L'Hotte et Droz, actuellement inspecteur général permanent des remontes.

Ah! si en 1870 nos attelages d'artillerie avaient été remontés en chevaux percherons, boulonnais ou bretons de bonne origine, au lieu d'être traînés par des chevaux en bon état de graisse et de corpulence, mais lymphatiques et mous, nous n'eussions pu assister à cet affligeant spectacle, qui faisait bondir d'indignation les vrais hommes de cheval quand ils voyaient, comme nous l'avons vu nous-même de nos propres yeux, les batteries prussiennes arrivant au grand trot à travers des terres labourées et escaladant à plein collier les hauteurs d'où elles devaient un instant après nous mitrailler, tandis que nos attelages essoufflés peinaient embourbés avec les affûts et les canons!...

Encouragements.

Intervention directe ou intervention indirecte.

Les encouragements exercent leur influence sous diverses formes. — Ils ont pour but et le plus souvent pour effet de récompenser les résultats acquis dans la voie de l'amélioration, de signaler par conséquent cette voie à ceux qui n'y sont pas encore entrés et de les stimuler à s'y engager par l'appât des récompenses offertes aux éleveurs qui l'ont parcourue dans la plus large mesure.

C'est le but auquel on accorde en général le plus d'importance.

L'administration des haras ne produisant pas et n'élevant pas elle-même, ne possédant pas de haras proprement dit, en dehors de la jumenterie de Pompadour, mais seulement des dépôts où sont entretenus les étalons achetés aux frais de l'État, intervient dans la production et l'élevage par voie directe et par voie indirecte.

L'intervention directe est celle qui consiste à mettre à la disposition de l'industrie privée, pour le service de ses poulinières, des étalons de grande valeur pour une somme minime qui varie de 300 francs à 2 francs, et dont le prix moyen est de 8 francs; lesquels étalons, à l'époque de la monte, sont répartis dans les nombreuses stations où on les met à la disposition et à la portée des cultivateurs.

L'intervention indirecte est celle qui a pour conséquence d'allouer aux propriétaires d'étalons, de juments, de poulains, etc., des primes, des subventions, des encouragements de toute nature, et de distribuer des prix aux courses.

Ces deux systèmes ont été essayés, et le régime actuel établi par la loi de 1874 est une application de l'un et l'autre mode d'intervention. C'est pour ainsi dire une sorte de transaction entre deux opinions qui ont eu des partisans exclusifs.

INTERVENTION DIRECTE.

L'action directe des haras s'exerce par ses dépôts d'étalons. Si, a-t-on dit plus d'une fois, l'État renonçant à son action directe, fermait ses dépôts, laissant l'industrie générale de l'élevage en présence de l'industrie particulière de l'étalonnage et à sa discrétion, qu'adviendrait-il?

Et voici comment se sont exprimés les partisans des deux opinions contraires. Les uns ont dit : En fournissant un étalon à l'éleveur, vous le rendez à la fois exigeant et paresseux, il se fie à votre étalon, afin d'avoir à reprocher à vous qui l'avez choisi, toutes les sottises qu'il fera lui-même, et il ne s'occupe pas du reste. Laissez-le payer très cher la saillie, il aura soin du poulain, dont la naissance seule représente déjà une mise de fonds. Mais lorsque à la faute de donner un étalon gratis ou à bon compte, on ajoute le tort de l'imposer, alors on tue l'industrie.

Les autres ont riposté : L'industrie étalonnière qui prétend succéder à l'action administrative et faire mieux et plus économiquement, sur quelles bases repose-t-elle? Pour présider désormais à une tâche aussi importante que celle de la propagation améliorée de nos races, qui exige la suite, la constance et la tradition, quelles sont ses conditions de force et de stabilité? Elle a la durée des fortunes et des entreprises commerciales dans notre pays. Exercée individuellement, ses ressources sont restreintes, incertaines et ne lui permettent pas de grands sacrifices, les achats extraordinaires, les missions lointaines, dont la fortune publique peut seule se charger avec le morcellement des fortunes en France. Elle est donc incapable de suppléer l'État, tandis que l'État lui laisse faire tout ce qu'elle est capable de faire. Il faut lui conserver sa part, son rôle d'auxiliaire dans l'œuvre commune; elle y a rendu, elle y rend de précieux services, qui méritent d'être encouragés, rémunérés; et plus largement encore dans l'avenir, s'il est possible, que dans le passé. Mais l'administration doit garder sa participation, nécessaire, indispensable, sans laquelle il n'y aurait qu'impuissance dans l'action privée, insuffisance dans la production générale.

Ainsi s'exprimait le rapport Bocher, d'ailleurs absolument favorable, dans toutes ses parties, aux haras.

Nous avons dit qu'il y avait vingt-deux dépôts d'étalons.

Voici leurs noms et le nombre de stations par circonscription desservie par chaque dépôt.

Annecy, desservant 14 stations; Aurilllac, 10; Besançon, 9; Blois, 11; Braisne, 12; Cluny, 15; Hennebont, 14; Libourne, 11; Moutier-en-Der, 15; Pau, 20; Perpignan, 14; Le Pin, 26; Rodez, 12; Rosières, 13; Saintes, 22; Tarbes, 23; Villeneuve-sur-Lot, 12; Angers, 10; Lamballe, 20; Pompadour,

15; La Roche-sur-Yon, 22; Saint-Lô, 17. Soit 636 stations.

Dans le choix des dépôts et le placement des étalons qui y ont été mis à la disposition de l'industrie privée, il a été tenu compte des ressources particulières, des besoins, des habitudes et des mœurs différentes. Car il ne s'agit pas de faire partout le même cheval, mais de tirer de la production locale, au moyen du producteur qui lui sera le plus approprié, c'est-à-dire qui sera le plus capable de la satisfaire et de l'aider, le meilleur cheval, se rapprochant le plus du type désiré.

Au sommet de la production officielle, on place l'étalon arabe, c'est le prototype de l'espèce. Son action comme véhicule du principe améliorateur, embrasse toutes les classes, toutes les variétés de la population. Celle de l'étalon anglais n'est pas moins efficace ni moins étendue. La race anglaise de pur sang joue le même rôle supérieur dans l'œuvre de la régénération que l'arabe, dont elle est l'émanation et l'équivalent, transformée sous l'influence d'un autre climat, d'un autre sol et adaptée aux exigences d'une autre civilisation. Toutefois, si le pur sang est virtuellement l'améliorateur par excellence, il n'est pas l'améliorateur universel. Il a l'infaillible pouvoir de relever toutes les races, de leur communiquer la force, la vitalité dont il porte en lui le germe et l'essence, mais il n'agit pas en tous lieux sur tous les démembrements de l'espèce, sur tous les individus avec le même succès. L'arabe est plus approprié aux races du midi, l'anglais aux races du nord. L'anglo-arabe, qui tient de sa double origine : l'énergie et la force, la distinction et l'ampleur, convient non seulement aux contrées méridionales et dans les régions montagneuses du centre, mais dans une partie de l'ouest et du nord.

Nous avons vu que l'administration des haras possédait encore dans ses dépôts des demi-sang, types secondaires, qui dans l'œuvre de la production générale interviennent comme auxiliaires des types primitifs et sont destinés à les suppléer en nombre et en aptitudes. La catégorie des étalons de demi-sang comprend des anglo-normands et des demi-sang anglais parmi lesquels : 1400 chevaux du type léger, 250 chevaux appartenant au type carrossier et 120 chevaux du type des puissants trotteurs anglais de Norfolk.

Il y a enfin des étalons de trait dans les dépôts au nombre de 260; parmi lesquels 60 étalons boulonnais à Compiègne, principal centre d'élevage de la race, et 40 étalons des deux races bretonnes les plus caractérisées à Lamballe. Ces étalons ont pour but la conservation de nos races de trait dans toute leur pureté, corrigeant les types défectueux : ici trop massif, trop lourd, là trop grêle et trop chétif; ce sont des étalons boulonnais, percherons et bretons qui forment comme les castes supérieures de la population et qui, alliés à des poulinières incultes, donnent dès la première génération des fils très supérieurs à leur mère.

L'action de l'administration dans son intervention directe est, on le voit, complexe et demande un grand esprit de suite dans l'appropriation des étalons à répartir dans les dépôts. A diverses reprises le conseil supérieur a dit : « Il faut que les haras s'occupent de l'amélioration des races communes; il serait bon de tirer parti de l'immense population chevaline de trait, au bénéfice de notre cavalerie et même de notre commerce de luxe en grossissant nos chevaux légers, d'alléger nos lourdes espèces. »

C'est en effet à souhaiter. Le cheval d'agriculture doit se rapprocher le plus possible du cheval de trait au trot. En Allemagne nous avons vu le cheval propre à la cavalerie de ligne attelé à la charrue, à la herse; et en Algérie, le cheval barbe est employé sans exception aux travaux de labourage.

INTERVENTION INDIRECTE.

ÉTALONS APPROUVÉS, AUTORISÉS. — CONCOURS.

Étalons approuvés.

C'est une question bien controversée que celle-là

Il y a ceux qui blâment ce qu'ils appellent une atteinte au double principe de la propriété et de la liberté individuelle, et ceux qui invoquent la loi de sûreté générale et soutiennent qu'un particulier n'a pas le droit d'empoisonner un pays par l'emploi de reproducteurs vicieux ou tarés.

Nous allons, selon notre habitude en pareil cas, mettre sous les yeux de nos lecteurs les pièces du procès et faire l'historique de la loi nouvelle qui régit la matière, dont nous donnons plus loin la teneur.

Ce qui est certain c'est que le mal accompli chaque année par l'emploi des étalons vicieux ou tarés peut dépasser de beaucoup le bien produit par les étalons de l'État, ainsi que par les étalons privés, officiellement approuvés ou autorisés. En permettant l'usage de mauvais étalons on laisse faire sur une large échelle un mal qu'on s'efforce de combattre sur une échelle beaucoup plus restreinte, et c'est alors que sans se préoccuper du droit de propriété, on a conclu que les chevaux livrés à la reproduction devaient être pourvus d'une autorisation du gouvernement. Il n'en est pas ainsi en Danemark, en Hollande et en Italie. Mais au contraire en Belgique, l'étalon privé, avant d'être employé, doit avoir été reconnu apte à la reproduction, et cette aptitude est constatée par une marque au fer rouge. Une réglementation à peu près analogue existe en Bavière, en Prusse, en Autriche, dans le Hanovre, le Wurtemberg et la Suède. Dans ces pays, où l'élève du cheval est fort en honneur, on ne s'est pas arrêté à la crainte de faire intervenir l'État dans l'exercice d'une industrie privée. On a

établi un système de protection contre les mauvaises influences
des reproducteurs nuisibles, non seulement par l'interdiction
absolue des étalons entachés de maladies, mais encore par
l'éloignement de ceux dont la conformation plus ou moins dé-
fectueuse déplait aux commissions chargées d'attribuer soit
des patentes de santé soit des permis de monte. Cet exemple
a été invoqué en France. L'intérêt supérieur doit toujours,
a-t-on dit, l'emporter sur l'intérêt privé. C'est sur ce principe
qu'est basée la loi relative à l'expropriation pour cause d'utilité
publique. Cependant on a admis que la surveillance gouvernementale ne devait porter tout au plus que sur les tares, les
vices et les maladies héréditaires et que l'administration ne
devait pas s'ingérer dans la question des races et mettre obstacle à la propagation de telle ou telle espèce. Renfermée dans
les limites d'une sorte d'examen médical, la surveillance de
l'État constituerait une atteinte moins complète au double principe de la propriété et de la liberté individuelle.

En 1828 le conseil d'État fut saisi d'une proposition émanant
d'une commission spéciale. Elle portait : que tout cheval entier ne pouvait être livré à la reproduction sans une autorisation préalable délivrée par l'autorité locale sur l'avis d'un jury
et qu'un cheval entier de l'âge de 2 ans et au-dessus qui serait
trouvé vaguant dans les pacages publics employés à la pâture
des juments serait arrêté et mis en fourrière et le propriétaire
passible d'une amende. Cette disposition, qui ne fut pas adoptée, n'eût pas été absolument nouvelle dans notre législation.
Les ordonnances de 1665, 1668, 1683 avaient édicté une réglementation à peu près analogue concernant les chevaux entiers.
Cette réglementation fut complètement supprimée en 1790,
mais depuis le commencement de ce siècle on a, à bien des
reprises, demandé son rétablissement. On la retrouve en effet
dans la proposition émanant de l'initiative parlementaire faite
à l'Assemblée nationale et qui est devenue en partie la loi
de 1874. Cette disposition, qui fut rejetée par la commission,

tendait au même but, mais par des moyens différents. Elle établissait un impôt qui eut frappé indistinctement tous les chevaux non castrés et qui eut par conséquent fait préférer les chevaux hongres. Cet article de projet fut repoussé par le rapport Bocher. Depuis, le gouvernement déposa un projet de loi au Sénat ; mais il jugea toutefois opportun auparavant de consulter les conseils généraux sur l'utilité de cette innovation. Voici la réponse : le système de répression fut approuvé par 66 conseils généraux ; il a été repoussé par 3 de ces assemblées départementales, et 18 d'entre elles n'ont émis aucun vœu.

L'épreuve était concluante, c'est ce qui a donné lieu aux deux arrêtés ministériels qui suivent, dont le premier relatif à l'application de la loi sur la surveillance des étalons, publié à l'*Officiel* du 10 octobre.

« Le ministre de l'agriculture :

» Vu la loi du 14 août 1885, dont la teneur suit :

» ARTICLE PREMIER. — Tout étalon qui n'est ni approuvé ni autorisé par l'administration des haras ne peut être employé à la monte des juments appartenant à d'autres qu'à son propriétaire, sans être muni d'un certificat constatant qu'il n'est atteint ni de cornage, ni de fluxion périodique.

» ART. 2. — Ce certificat, valable pour un an, sera délivré gratuitement après examen de l'étalon par une commission nommée par le ministre de l'agriculture.

» ART. 3. — Tout étalon employé à la monte, qu'il soit approuvé, autorisé ou muni du certificat indiqué ci-dessus, sera marqué au feu sous la crinière.

» En cas de retrait de l'approbation, de l'autorisation ou du certificat, la lettre R sera inscrite de la même manière, au-dessus de la marque primitive.

» ART. 4. — En cas d'infraction à la présente loi, le propriétaire et le conducteur de l'étalon seront punis d'une amende de cinquante à cinq cents francs (50 à 500 francs).

» En cas de récidive, l'amende sera du double.

» Art. 5. — Seront passibles d'une amende de seize à cinquante francs (16 à 50 francs), les propriétaires qui auront fait saillir leurs juments par un étalon qui ne serait ni approuvé, ni autorisé, ni muni de certificat.

» Art. 6. — Les maires, les commissaires de police, les gardes champêtres, la gendarmerie et tous les agents et officiers de police judiciaire, les inspecteurs généraux des haras, les directeurs, sous-directeurs et surveillants des dépôts d'étalons, les chefs de stations d'étalons de l'État, dûment assermentés, ont qualité pour dresser procès-verbal des infractions à la présente loi.

» Art. 7. — Un arrêté ministériel règlera la composition de la commission, l'époque de ses réunions, le mode et les conditions de l'examen et de toutes les mesures d'exécution.

» Arrête :

» Article premier. — Tout propriétaire d'étalon ayant l'intention de le consacrer au service public de la reproduction, doit en faire la déclaration au préfet du département ou au sous-préfet de son arrondissement dans le courant du mois d'octobre de l'année qui précède celle dans laquelle ce cheval sera livré à la monte.

» Cette déclaration devra être conforme au modèle annexé au présent arrêté.

» Des formules imprimées seront mises à la disposition des intéressés par les préfets et les sous-préfets.

» Art. 2. — Les sous-préfets dresseront des états, par commune et par canton, des animaux inscrits, et les transmettront immédiatement, avec les déclarations des propriétaires, au préfet du département qui fera établir le même travail pour l'arrondissement du chef-lieu.

» Ces pièces seront mises à la disposition des présidents des commissions visées par le présent arrêté.

» Art. 3. — Des commisssions d'examen composées de trois membres : l'inspecteur général des haras ou son délégué, président; un propriétaire-éleveur et un vétérinaire seront chargés de constater l'état sanitaire des étalons au point de vue du cornage et de la fluxion périodique.

» Art. 4. — Les commissions d'examens sont nommées par le ministre, sur les propositions des préfets.

» Leurs décisions sont sans appel.

» Art. 5. — Les commissions se réuniront aux chefs-lieux d'arrondissement.

» Toutefois, elles pourront également opérer en dehors des chefs-lieux d'arrondissement si l'existence des centres importants justifie cette exception à la règle.

» Art. 6. — D'accord avec les inspecteurs généraux des haras, les préfets déterminent par arrêtés les lieux, jours et heures des réunions des commissions; ils portent ces renseignements à la connaissance des intéressés par la voie des journaux et par affiches.

» Les opérations devront commencer dans les premiers jours du mois de novembre; elles seront terminées avant le 15 décembre.

» Toutefois, en ce qui concerne la visite des étalons destinés à la monte de 1886, une décision ministérielle fera connaître ultérieurement la date de l'ouverture des opérations.

» Les procès-verbaux des opérations seront signés par tous les membres de la commission.

» Art. 7. — Les étalons qui rempliront les conditions requises par l'article 1er de la loi sont marqués, sous la crinière, au fer rouge, du n° 3, précédé d'une étoile, en présence des membres de la commission.

» En cas de retrait du certificat, la lettre R sera inscrite au-dessus de la marque première.

» ART. 8. — Des certificats conférant le droit de faire faire la monte seront délivrés gratuitement par le préfet aux ayants droit, d'après les états dressés par les commissions.

» Ils ne seront valables que pour une seule année.

» ART. 9. — Les préfets adresseront au ministre de l'agriculture, à l'inspecteur général des haras de l'arrondissement et au directeur du dépôt d'étalons de la circonscription une liste générale des étalons munis du certificat, ainsi que la liste des étalons auxquels le certificat aura été refusé.

» Le motif du refus (cornage ou fluxion périodique) sera indiqué sur cet état.

» ART. 10. — Les préfets feront publier, par la voie des journaux et par affiches, la liste des étalons auxquels ils auront délivré le certificat, sur la proposition des commissions d'examen.

» ART. 11. — Les commissions n'auront pas à examiner les poulains âges de moins de trente mois.

» ART. 12. — Les étalons proposés pour l'approbation et l'autorisation par les inspecteurs généraux des haras ne seront pas assujettis à l'examen de la commission.

» Ils seront marqués, sous le contrôle de l'inspecteur général ou de son délégué : les étalons approuvés, du n° 1 ; et les étalons autorisés, du n° 2.

» Chacun de ces numéros sera précédé d'une étoile.

» En cas de passage d'un étalon d'une catégorie dans l'autre, le numéro existant sera oblitéré au feu par une marque spéciale et remplacé par le numéro correspondant à la nouvelle situation dudit étalon.

» ART 13. — Tout propriétaire ou conducteur d'étalon sera tenu de produire aux propriétaires des juments présentées à la saillie, soit le titre d'approbation ou d'autorisation, soit le certificat délivré par le préfet, sur l'avis de la commission d'examen.

» Il devra également produire le même titre ou certificat

à toute réquisition des fonctionnaires et agents désignés par la loi.

» Art. 14. — Tout propriétaire d'étalon qui aura refusé de se conformer aux prescriptions de la loi ou qui entretiendra dans son écurie un étalon corneur ou fluxionnaire, pourra être privé, pendant une ou plusieurs années, des primes d'approbation.

» Art. 15. — Le directeur des haras est chargé de l'exécution du présent arrêté.

» Paris, le 25 septembre 1885.

> » *Le Ministre de l'Agriculture,*
>
> » Hervé Mangon. »

Le second arrêté ministériel, qui porte la date du 15 mai 1885, fixe d'une manière absolue les droits aux titres d'approbation et d'autorisation, et le taux des primes accordées à l'étalonnage privé.

Voici quelle en est l'économie; nous en recommandons tout spécialement la lecture à l'attention des producteurs et des éleveurs.

TITRE Ier

ÉTALONS APPROUVÉS

Article premier. — L'approbation est un brevet désignant à l'attention des éleveurs un étalon susceptible d'améliorer l'espèce.

Elle est conférée par le ministre, sur la proposition de l'inspecteur général de l'arrondissement et le rapport du directeur des haras.

Art. 2. — Aucun cheval ne peut être approuvé s'il n'est exempt de tares et de maladies transmissibles, s'il n'est âgé de quatre ans au moins et s'il n'a subi les épreuves prescrites par le règlement ministériel du 18 février 1880.

Le cornage sera l'objet d'un examen spécial qui pourra comporter, au moment de la présentation annuelle, une épreuve permettant au fonctionnaire des haras de s'assurer que le cheval est sain.

Par exception, les chevaux de trait pourront être approuvés à trois ans s'il sont d'*un mérite supérieur*.

Les chevaux de pur sang, avant de recevoir l'approbation, devront être inscrits au Stud-Book.

ART. 3. — L'approbation est de deux sortes : sans prime pour les étalons qui saillissent à un prix supérieur à 100 francs ; avec prime pour les chevaux dont le prix de saillie est fixé à 100 francs et au-dessous.

ART. 4. — Le taux des primes est ainsi fixé :

Étalons de pur sang, 800 à 2,000 francs.

Étalons de demi-sang, 500 à 1,000 francs.

Étalons de trait, 300 à 500 francs.

ART. 5. — Des registres de monte à souches seront fournis par l'administration des haras aux propriétaires d'étalons. Ceux-ci doivent inscrire, aussi bien sur la souche que sur le feuillet délivré au propriétaire de la jument, le prix du saut, le signalement de la poulinière, l'année de la monte et toutes les indications que comporte l'imprimé officiel.

Ces registres sont de couleur rose. Leur couleur et leur apparence ne doivent pas être imitées.

ART. 6. — Les étalons approuvés ne peuvent être employés à la monte que dans le département désigné sur le titre d'approbation.

ART. 7. — Chaque année, pendant la saison de monte, l'inspecteur général des haras visitera ou fera visiter les étalons approuvés par les chefs de dépôt placés sous ses ordres. Il examinera ou fera examiner les registres de monte des étalonniers et y apposera son visa.

ART. 8. — La valeur de la prime est susceptible d'augmentation ou de diminution ; l'approbation peut même être supprimée si le cheval ne réunit pas les conditions nécessaires.

ART. 9. — Dans chaque dépôt d'étalons appartenant à l'État, il sera tenu un registre des étalons approuvés, avec toutes les indications intéressant leur service.

ART. 10. — La totalité de la prime d'approbation ne sera due qu'autant que l'étalon approuvé aura sailli, savoir :

L'étalon de pur sang arabe, anglais ou anglo-arabe, 30 juments ;

L'étalon de demi-sang, 40 juments ;

L'étalon de trait, 50 juments.

Dans le cas où ces nombres ne seraient pas atteints, le décompte pour le payement de la prime sera fait proportionnellement au chiffre des juments saillies.

Aucune prime ne sera payée si l'étalon n'a pas sailli la moitié du nombre des juments qui lui est dévolu suivant sa catégorie.

Les pouliches âgées de moins de trois ans qui figureraient sur les états de monte d'un étalon approuvé ne seront point comptées pour la liquidation de la prime.

ART. 11. — Lorsqu'un cheval de pur sang saillit à deux prix différents, les saillies faites à 100 francs ou au-dessous comptent seules pour la liquidation de la prime, dont le mode, dans ce cas, reste réglé conformément à l'article précédent.

ART. 12. — A la suite de la monte et avant le 1er octobre, les souches seront envoyées au directeur du dépôt d'étalons de la circonscription avec les états récapitulatifs des saillies et les états de production de l'année précédente. Ces pièces devront être établies en double expédition et revêtues des visas des maires des communes où la monte aura eu lieu, ainsi que de ceux des préfets ou sous-préfets. Après rapprochement et vérification, le directeur adressera ces pièces au ministre.

ART. 13. — Sera déchu de tout droit à la prime le propriétaire d'un cheval approuvé qui n'aura pas fourni les pièces justificatives indiquées à l'article 12 dans le délai prescrit

Art. 14. — Toute usurpation de titre d'approbation, toute qualification frauduleuse, toute indication inexacte concernant le prix de saillie entraînera le non-payement de la prime accordée et la suppression de la prime à venir, sans parler des poursuites qui, suivant les cas, pourront être exercées devant les tribunaux.

TITRE II

ÉTALONS AUTORISÉS

Art. 15. — L'autorisation est un brevet délivré au cheval entier susceptible de reproduire sans détériorer l'espèce.

Elle est subordonnée à toutes les conditions prévues à l'article 2.

Elle est conférée, en la même forme que l'approbation; mais les étalons autorisés ne sont astreints vis-à-vis de l'administration des haras à aucune des formalités exigées pour les étalons approuvés, quant à la déclaration du prix du saut, aux papiers d'origine des poulains et aux justifications du service de monte. Néanmoins, les propriétaires peuvent délivrer des cartes de saillie sous leur responsabilité, à la condition de ne pas imiter la couleur blanche ou rose usitée pour les produits d'étalons de l'État et d'étalons approuvés.

TITRE III

DISPOSITIONS GÉNÉRALES

Art. 16. — Toutes dispositions contraires au présent règlement sont rapportées.

Paris, le 15 mai 1885.

HERVÉ-MANGON.

Il y a deux sortes d'étalonniers : ceux qui font naître ou qui élèvent des chevaux entiers, pour les vendre; ceux qui les possèdent pour en tirer profit en les livrant à la monte,

Le meilleur moyen de venir en aide aux premiers est d'élargir le débouché ouvert à leur production, d'en favoriser l'accroissement par les nombreuses demandes et par des prix d'achat plus élevés. Le seul encouragement pour les seconds est de les couvrir en partie des frais et des risques de leur entreprise, de les aider par des primes en argent, à conserver, à entretenir des étalons jugés capables de contribuer, concurremment avec ceux des Haras, à l'amélioration de l'espèce et qui reçoivent le titre d'étalons *approuvés*.

S'il est reconnu que, pour pouvoir influer utilement sur la condition générale de la population, la force étalonnière du pays, qui est de 15,000 têtes, doit se composer pour un tiers, au moins, d'animaux de qualité, soit 5,000 chevaux, l'administration en fournissant 2,500, il faut faire en sorte que pareil nombre soit entretenu aux mêmes fins par les particuliers. Tel est l'origine des primes aux étalons.

On doit arriver, ainsi que nous l'avons dit, à ce que la spéculation privée développe assez ses ressources pour que l'administration, qui n'est appelée en réalité qu'à lui servir d'auxiliaire, à la suppléer et non à la remplacer, puisse restreindre les siennes et cède peu à peu la place qu'elle occupe aujourd'hui.

Il est un reproche que nous croyons devoir adresser à l'étalonnage privé, c'est celui de trop rechercher le *gros*. Dans les concours on a une tendance à accorder la prime à un gros étalon de préférence à un cheval bien conformé, mais moins volumineux, par la raison que le premier se vend plus facilement, ce qui indique, avancent certains jurés, qu'il est plus prisé. Il y a là une erreur contre laquelle nous ne saurions trop nous insurger et qui provient en grande partie de ce que la production du *gros* était encouragée par les nombreux achats faits dans ces dernières années par les Américains; il importe de revenir à des pratiques plus judicieuses.

Le nombre des étalons approuvés peut être évalué, en France.

à 1,300 étalons, sur lesquels : pur sang, 100 à 150 ; demi-sang, 600 à 700 ; de trait, 450 à 500, pouvant saillir, d'après une moyenne générale de 52, près de 6,500 juments.

Quant à l'étalon *autorisé*, il n'a pas la même importance et ne présente pas les mêmes garanties. Tandis que l'étalon approuvé est jugé capable d'améliorer l'espèce, lui, est reconnu seulement propre à maintenir l'amélioration au degré où elle est parvenue dans le pays, sans la faire avancer et sans la faire reculer.

Le premier est subventionné de l'État ; la prime qu'il reçoit est proportionnée à son mérite, aux services qu'il rend. Le second ne reçoit rien ; il ne rend qu'un service secondaire, mais qui pourtant n'est pas sans utilité ; c'est celui d'occuper et de marquer, sur l'échelle de la production, la place au-dessous de laquelle il n'y a plus que des éléments d'avilissement et de ruine, de les signaler à l'attention de l'éleveur et de les prémunir contre les dangers de leur contact.

Primes aux Poulinières.

Si l'étalon est le principe, le commencement de l'amélioration, la jument y prend aussi, selon son mérite, une part plus ou moins importante. Si l'étalon imprime au produit la force, la vitalité, le caractère et la distinction, la jument lui donne les formes, la taille, l'ensemble, les aptitudes ; et elle n'est pas seulement la mère, elle est aussi la nourrice et son influence s'étend au delà de sa propre génération, car elle se répète dans la pouliche qui fera une mère à son tour.

Il importe donc, pour que le progrès ne soit pas incomplet ou trop lent, que les deux éléments progressent à la fois et dans la même proportion ; que les 5,000 générateurs d'élite, dont l'action est reconnue nécessaire, trouvent en quantité suffisante dans le pays des poulinières dignes de leur être associées, des poulinières de bonne souche et de conformation appropriée.

(*Les races de trait.*)   9

Or, dans l'état actuel, constatait le rapport Bocher, la partie femelle de la population est particulièrement inférieure. Si l'on en excepte les filles de pur sang, consacrées exclusivement à la conservation de leur propre famille, quelques beaux spécimens de trait, la collection, plus riche que nombreuse des poulinières de sang croisé qui, dans les grands foyers d'élevage, font naître le cheval des services de luxe, le cheval de selle et d'attelage léger, la presque totalité des femelles livrées de la sorte se compose de bêtes communes, sans origine, sans figure et sans valeur, qui se marient, comme elles ont été elles-mêmes créées, sans choix, au hasard, et qui partout sont vouées à la fois au travail et à la production.

L'entretien de la poulinière n'est pas en général une industrie facile ni fructueuse, en dehors de l'élève du pur sang. La poulinière de second ordre, la poulinière indigène, n'est pas commune et se vend cher. Peu d'individus en France, dans la masse des cultivateurs, propriétaires ou fermiers, là où il importe le plus qu'elle soit appréciée ou répandue, sont assez riches pour la payer ce qu'elle vaut et l'entretenir comme il convient. Car la charge est lourde; au coût de l'achat s'ajoute la dépense de l'alimentation, des soins, etc., que le travail ne compense pas; aux frais s'ajoutent les risques, les accidents, les mécomptes : souvent la jument n'a pas été fécondée, ou le poulain n'a pas réussi, et si le marchand intervient alors et offre un bon prix, il a bien des chances d'être écouté. Vendre à beaux deniers une bête qui n'a pas produit, qui n'a rien rapporté et qu'il faut nourrir, cela est bien tentant.

C'est alors que la prime vient décider le propriétaire à conserver sa jument. La prime est pour lui à la fois un honneur et un avantage, une assurance et un subside; elle couvre une partie de ses dépenses, elle l'indemnise en cas de perte, et, tout en l'attachant à sa poulinière par la distinction dont elle est l'objet et qui le flatte, elle lui fournit les moyens de la mieux traiter quand il la garde et, quand il s'en défait, de la bien remplacer.

On conçoit quelle influence peut exercer sur l'élevage un tel mode de secours, les facilités, les encouragements qu'il lui donne et pourquoi il a toujours joui d'une faveur particulière auprès de l'industrie privée.

Dans les primes aux poulinières il n'y a pas, comme pour les étalons approuvés, de primes spéciales à la race de trait. Pour ces primes, les allocations de l'État forment, avec les ressources des départements, etc., un fond commun et sont distribuées en concours publics. Les départements qui votent les allocations les plus importantes pour les primes aux poulinières et aux pouliches sont : Calvados, Orne, Manche, Eure, Vendée, Loire-Inférieure, Haute-Garonne.

Primes aux Pouliches.

Il est alloué des primes spéciales aux pouliches de 1 à 3 ans.

Les fonds d'État, toutefois, n'ont commencé à être accordés aux pouliches de 3 ans qu'après 1852. Les primes furent réservées aux jeunes femelles consacrées à la reproduction et l'on exigea qu'elles fussent saillies soit par un étalon des haras, soit par un étalon approuvé ou autorisé. L'arrêté de 1861, en conservant ce système, y ajoutait une condition nouvelle, celle d'épreuves obligatoires pour les pouliches primées. Cette exigence fut supprimée quelques années après, à l'avis unanime du comité des inspecteurs généraux. Elle a été maintenue dans certains départements où le droit à la prime n'est définitivement acquis qu'après une épreuve publique, au trot ou au galop, courue dans l'année.

Dans la Manche on prime la pouliche dès l'âge de deux ans, mais à la condition expresse que le propriétaire s'engagera à la faire saillir dans le courant de l'année suivante, et à la présenter en outre sur un champ de courses ou d'épreuves.

A trois ans elle est primée de nouveau, sur l'engagement pris de la faire saillir encore l'année suivante. Pratiqué avec suite depuis vingt ans, ce mode d'encouragement a produit les meilleurs résultats.

Primes aux Poulains.

La question de savoir si les poulains devaient être admis à la distribution des primes a été fort critiquée. A primer les poulains entiers il y a beaucoup d'inconvénients. En effet, ou le jeune cheval est vraiment digne par le sang, par la conformation, par la noblesse des fonctions auxquelles on le réserve, il porte en lui les qualités nécessaires pour faire *un père*, alors la prime est inutile; ou bien, ne méritant ni les soins qu'il aura reçus, ni les frais qu'il aura coûtés et trompant les espérances faciles de son maître, il ne sera jamais qu'un cheval entier sans valeur suffisante, alors la prime est nuisible, car elle protège, elle favorise, au préjudice de la production, des œuvres qu'il faudrait plutôt combattre.

Cependant, il est une considération d'ordre général qui prime ces inconvénients.

L'industrie chevaline est une industrie fort complexe. Les éléments dont elle se compose, les ressources dont elle fait usage sont très nombreux, très divers. Toutes les parties de la population n'ont pas, dans l'œuvre commune de la production, les mêmes besoins; toutes les régions de France, toutes les classes d'éleveurs n'ont pas les mêmes intérêts. Il faut tenir compte de la diversité de ces intérêts, de ces besoins, et les satisfaire tous autant que possible. C'est ainsi qu'il est des contrées entières qui ne font que le cheval entier destiné au travail. Pour améliorer dans ses sources cette importante production, pour en multiplier les bons éléments, le moindre encouragement souvent suffit. Il est aussi des contrées où les jeunes mâles sont enlevés à 18, 12 et 10 mois par le Perche, la Beauce, la Normandie et où le cultivateur est obligé d'utiliser ses propres poulains, en les élevant au milieu de ses juments avec tous les inconvénients de la promiscuité et de n'employer que les rebuts de l'élevage laissés par le commerce sur les marchés du pays. Alors les primes aident à conserver les meilleurs poulains, à les fixer dans les centres d'élevage où les étalonniers viennent les disputer aux demandes de la consommation.

Il faut au renouvellement normal de la population 15,000 reproducteurs environ. Ces 15,000 reproducteurs ce sont les jeunes poulains qui les fournissent. Il est bon que parmi ceux-ci, après les premières têtes destinées aux haras et à l'approbation, l'étalonnage de second ordre trouve aussi à faire son choix. La prime y aide. En raison de ces considérations nous sommes partisans de la prime aux poulains.

Les concours de poulinières, de poulains et de pouliches ont donné, en 1885, les résultats suivants : poulinières, animaux de 3 ans, de 2 ans, animaux de 1 an admis avec primes 15,800 ; montant des primes distribuées, 2,470 francs.

Les sommes consacrées aux primes dans les concours se sont élevées, savoir :

Pour l'État, à.	716.600 fr.
Pour les départements, à . . .	432.920 »
Total. . . .	1.149.520 fr.

Indépendamment de la somme ci-dessus de 716,600 francs, l'État a distribué, sur la proposition des inspecteurs généraux, 46,100 francs aux propriétaires de 167 poulinières suitées d'un produit arabe ou anglo-arabe de pur sang.

Les primes aux poulinières, poulains et pouliches sont distribuées dans des concours particuliers et spéciaux laissés à l'initiative du préfet, pouvant varier de date et de centre de réunions, dont le nombre n'est pas déterminé. La commission qui préside à ces concours se compose : d'un inspecteur général des haras, du directeur du dépôt d'étalons de la circonscription, d'un délégué de l'autorité préfectorale, du maire de la localité et de quatre membres nommés par le ministre sur la proposition du préfet du département.

Les haras subventionnent aussi les courses.

En 1885, une somme totale de 5 millions a été distribuée en prix de courses sur 208 hippodromes.

Concours régionaux hippiques et Concours agricoles.

L'État intervient encore indirectement dans la production chevaline en subventionnant les concours hippiques régionaux.

Jusqu'à ce jour, il y avait 12 concours régionaux hippiques tenus, en même temps que les concours agricoles, à Orléans, Tarbes, Bordeaux, Brest, Carcassonne, Dôle, Épernay, Gap, Rodez, Rouen, Saint-Omer et le Puy. A partir de 1887, il n'y en aura plus que six, qui auront lieu en mai et en juin à Rennes, Poitiers, Melun, Nevers, Grenoble, Tulle. Les allocations allouées qui se montaient à 130,000 francs seront réduites à 80,000 francs.

Est-ce un bien? est-ce un mal? Pour nous, nous regrettons cette suppression.

Dans son *Livre de la Ferme*, M. Joigneau consacre une intéressante étude à l'institution des concours. A cette question : Quel est le but des concours de reproducteurs? embrassant la question en général, l'éminent écrivain agricole répond :

« Le but des concours est de présenter l'état actuel de notre bétail, d'offrir aux éleveurs des modèles qui leur donnent une idée juste de la perfection et de mettre en évidence les principes qui dominent la production animale. Cela implique l'admission dans tous les concours de toutes les races qui ont ou peuvent avoir des représentants dans la circonscription à laquelle ils se rapportent, et une distribution des récompenses

suivant des proportions autant que possible exactement en
relation avec l'importance de chacune d'elle, soit en raison de
la population, soit eu égard à la valeur comme types de perfection spéciale et par conséquent comme moyen d'enseignement.
De cette façon les concours sont la représentation complète de
l'état de production animale dans chaque région ; ils sont ouverts à toutes les spécialités de service ; ils donnent une idée
assez précise de l'économie rurale, dont font partie les animaux exposés, et des améliorations qu'elle est susceptible de
comporter.

» Le public a donné la signification réelle à ces sortes de
solennités ; il les a appelé : *Expositions*, les Anglais disent
Exhibitions. C'est bien là l'appellation qui convient le mieux.
Ce n'est assurément point tant comme excitant direct et borné
aux seuls compétiteurs que l'institution exerce son influence.
Aussi longtemps qu'elle a été bornée à cela dans les comices
et sociétés départementales d'agriculture, on n'a point remarqué de progrès bien saillants. La tendance d'à présent, si mar-
quée vers l'amélioration des races, date véritablement de l'institution des concours généraux, universels et régionaux, qui
sont surtout des expositions. Par ces expositions, les éleveurs
ont pu trouver l'occasion d'étudier sur nature les types de
toutes sortes, recommandés à leur attention, et juger par comparaison de leur valeur relative. »

Les concours sont donc un moyen pratique d'instruction, le
procédé d'enseignement et de démonstration. Or, l'instruction
est la base incontestable de tous les progrès ; sans elle tous
les autres éléments demeurent stériles au moins et souvent
nuisibles. Nous sommes donc pour les concours qui contri-
buent à la répandre le plus largement possible. Les prix n'indemnisent jamais des sacrifices qu'il faut faire pour les obtenir ou du moins n'indemnisent que d'une faible partie de ces
sacrifices. Et cependant le succès des concours prouve qu'ils
sont très recherchés, parce que les récompenses obtenues

honorent ceux qui en sont les titulaires en attirant sur eux l'attention.

On a beaucoup discuté sur l'utilité et l'organisation des concours. La critique la plus commune qui leur a été opposée de tous temps, est qu'ils ont nécessairement pour effet de récompenser des résultats absolus, souvent, si ce n'est pas toujours, obtenus à prix d'argent. D'autre part, la rédaction des programmes, le classement, le groupement des catégories donnent lieu souvent à des récriminations.

En ce qui concerne le premier grief, nous savons tout ce que renferme d'ironique la qualification d'animaux de concours, nous estimons toutefois qu'il y a lieu de tenir compte aux personnes qui pouvant faire à la science des sacrifices poursuivent de leurs deniers une expérience dont l'enseignement est profitable à tous, absolument comme le riche amateur monte à ses frais des appareils compliqués et coûteux pour résoudre un problème de science pure, de mathématique, de mécanique ou de physiologie. Aucun esprit raisonnable ne contestera qu'un tel désintéressement mérite d'être dignement honoré ; non pas seulement à cause des résultats scientifiques auxquels il peut conduire et des conséquences pratiques qui peuvent en découler, mais dans l'espèce parce qu'il honore lui-même l'industrie à laquelle il se rapporte.

Quant aux programmes, ils attendent encore des perfectionnements, mais c'est seulement dans le sens d'une délimination plus exacte des catégories et d'une répartition plus équitable des prix offerts. Cela est l'œuvre du temps. Tout le monde aujourd'hui convient que l'influence des concours se mesure au nombre des récompenses offertes et décernées, par conséquent à la multiplicité des catégories qui permettent de les établir.

Achats.

Nous terminerons cette longue et consciencieuse étude sur les haras par les achats effectués pour le compte de l'État.

Que de fois n'a-t-on pas eu à regretter l'abstention ou le peu d'entrain de l'administration dans ces grandes ventes publiques faites soit en France, soit à l'étranger, où s'adjugeaient des reproducteurs de grand mérite! Que de fois avons-nous vu l'Angleterre, la Russie, l'Autriche, l'Amérique enlever à notre nez et à notre barbe des illustrations de la production chevaline qui eussent rendu tant de services à l'élevage français! Pourquoi les haras ont-ils laissé partir *Mortemer*, l'un des plus illustres descendants de Byerly? *Consul*, qui était de la grande famille des Darley-Arabian et qui eut si bien produit des demi-sang? *Rayon-d'Or*, un des joyaux de la vente du haras de Dangu? etc., etc.

Ah! pourquoi?... Parce que l'administration—comme toutes les administrations — manque d'indépendance et d'envergure, qu'elle a peur de se compromettre, d'être blâmée par les dispensateurs des faveurs publiques; mais aussi, souvent — sachons en convenir — parce que les haras étaient paralysés par l'absence de crédits suffisants.

J'ai devant les yeux les détails des acquisitions d'étalons, de juments et de poulains faites en 1885. J'y relève 232 animaux représentant une somme totale de 1,450,220 francs : soit une moyenne de 6,000 francs par tête.

Qu'est-ce que 6,000 francs, quand on voit l'Allemagne pousser jusqu'à 320,000 francs un seul étalon de pur sang? Quand on voit les Américains payer couramment dans le Perche 10,000 francs un étalon, même boiteux, et aller jusqu'à 20,000 et 50,000 francs s'il a du gros et qu'il leur plaît?

Mais allez donc conter pareille antienne aux nombreux avocats et médecins qui encombrent notre Parlement! Ils n'ont

que faire de la question de l'industrie chevaline qui ne donne
pas matière à de retentissants discours... et ça fait si bien de
paraître protester de temps à autre contre les dilapidations des
deniers publics!

Il y aurait peut-être cependant un moyen d'enlever un vote
en pareille circonstance, ce serait d'évoquer un souvenir bien
propre à remuer la fibre patriotique... et quel meilleur argument que celui-là.

L'orateur qui soutiendrait l'urgence du crédit demandé n'aurait qu'à terminer ainsi son discours : « Messieurs, en 1792,
les Prussiens avaient la plus mauvaise cavalerie de l'Europe ;
quand, après la paix, l'agriculture eut repris son essor, ils
vinrent en Normandie et achetèrent, notamment dans le Merlerault, une grande quantité d'étalons qu'ils payèrent couramment 40 et 50,000 francs. Vous savez trop hélas! ce que valait
en 1870 la cavalerie prussienne! *Et nunc crudimini.* »

Toutes les mains se lèveraient et le crédit réclamé serait
voté par acclamation.

CHAPITRE VII

L'art de l'Attelage. ·

———

VÉHICULE. — HARNACHEMENT. — CONDUITE.

Ce n'est pas d'aujourd'hui qu'a germé dans le cerveau humain l'idée d'employer la force des animaux à la traction des lourds fardeaux. Il nous serait difficile de vous en dire l'origine. A-t-on commencé par atteler ou par monter? Nous l'ignorons encore. Et les longues dissertations des commentateurs des plus anciens auteurs ne nous apprennent rien de certain à cet égard.

Tout ce que nous savons, c'est que le bœuf, le buffle, le zèbre ont de toute antiquité secondé le laboureur dans ses travaux ; que le renne, attelé par une simple courroie, fut l'animal de trait des régions polaires ; que l'élan fut employé aux travaux de l'agriculture, qu'il donnait de toutes ses forces et marchait d'un pas assuré. Est-ce que nous n'avons pas lu, dans le *Cabinet du jeune naturaliste*, de Thomas Smith, que le cochon lui-même avait été utilisé dans un service dont on le croit généralement tout à fait incapable? On voyait, paraît-il, dans l'île de Minorque un cochon, une truie et deux jeunes chevaux attelés ensemble, et de ces animaux la truie se remarquait comme tirant le mieux. L'âne et le verrat étaient aussi, suivant la nature du terrain, attachés à la même charrue pour labourer la terre. On sait l'usage qui est fait en Belgique et en Hollande du chien, pour amener à la ville le lait et les légumes ; on sait aussi tout le parti qu'en ont tiré, comme animal de trait, les Esquimaux et les Groenlandais. Quant à la chèvre, longtemps encore elle continuera à faire les délices des bébés roses et joufflus qu'elle voiture sur les promenades publiques

Tous les pachydermes et tous les ruminants sont susceptibles d'être attelés avec plus ou moins de facilité suivant leur force et leur conformation. Mais c'est le cheval qui réunit au plus haut degré et au degré le plus avantageux les deux qualités nécessaires pour le tirage : force et vitesse ; aussi est-il le plus utile. Il ne possède pas, il est vrai, la patience du bœuf, mais sa puissance de traction est positivement plus grande et son allure au pas beaucoup plus rapide.

L'âne est peu propre à l'attelage à cause de l'exiguïté de sa taille et de son peu de vitesse ; il sert comme le cheval, mais il le remplace fort imparfaitement.

Le mulet, plus grand, plus fort, est employé partout comme bête de trait et souvent même à l'exclusion du cheval. En Espagne, par exemple, il traîne la charrue, les diligences, les voitures de luxe et les pièces d'artillerie ; il y déploie beaucoup de fond et une vitesse satisfaisante. Attelé à de fortes charges, le mulet n'est pas franc et demande à « être maître du poids », c'est-à-dire qu'il se rapproche sous ce rapport du cheval de pur sang ; il en a tous les nerfs, et les charretiers expérimentés en font beaucoup de cas comme limonier à cause de la « netteté » avec laquelle il peut arrêter à son gré, même sur une pente rapide, une voiture pesamment chargée.

I

Véhicule.

Le premier véhicule dut être une pièce de bois traînée par une corde attachée au cou d'un cheval ou aux cornes d'un bœuf. Bientôt l'idée vint de diminuer les frottements sur le sol et l'on inventa les traîneaux.

Le caractère essentiel de cette machine est de se composer de pièces parallèles à la direction de la marche, parce qu'ainsi elles ne rencontrent les inégalités du terrain que dans le sens très restreint de leur largeur et si le poids à porter est supérieur à la résistance du sol.

Le traîneau est suffisant sur la glace et sur la neige durcie par le froid ; aussi est-il resté en usage dans les pays du nord. Les Anglais, au Canada, ont adopté le traîneau tout en lui conservant la forme fashionable des caisses à l'anglaise. Chez eux ils en font usage dans quelques villes de grand négoce en raison de la facilité avec laquelle on y place des objets volumineux et lourds sans avoir à les enlever à hauteur comme pour la charrette ; mais dans ce cas ils ne s'en servent que sur le pavé où le frottement est presque nul. Pour l'agriculture le traîneau est tout à fait hors d'usage. Toutefois dans le nord de l'Angleterre on en emploie encore quelques-uns dans les fermes.

La roue fut un grand perfectionnement dans le tirage.

Cependant le nom de l'auteur d'une si belle invention s'est dérobé par l'oubli à notre reconnaissance. Un ouvrage anglais prétend que l'homme employa d'abord le rouleau ou rondin, puis une paire de roues pleines faisant corps avec l'essieu. Les rais durent bientôt remplacer les parties pleines de la roue primitive, telles que l'on en voit encore, dans certaines parties de l'Italie et de l'Espagne, à des charrettes de bœufs. Enfin la création des moyeux a porté cette machine à son dernier degré de perfection élémentaire, car tous les divers modes de fabrication ont pour base cette forme générale.

Une fois ce mode de traction adopté, savoir l'essieu fixe à moyeu avec rais et jantes, il s'agissait de placer la voiture dans un état propre à se mouvoir. Deux roues, un essieu et un timon fixé perpendiculairement à cet essieu, voilà le squelette le plus élémentaire qui parut propre aux voitures. Nous voyons employer de nos jours cette machine au transport des pièces de bois, poutres, etc.

Passons à deux perfectionnements : le timon ou brancards et la cheville ouvrière.

L'essieu placé avec ses deux roues sous le poids qu'on avait à transporter, on a imaginé, pour maintenir le tout en équilibre, de fixer le timon sur le cou des animaux attelés.

Le comte de Montendre dit qu'il n'a vu dans aucun bas-relief la représentation du brancard, c'est-à-dire de l'assemblage de deux timons entre lesquels on place l'animal à atteler qui maintient alors, au moyen d'une dossière et d'une sous-ventrière, l'équipage dans la même position. Il paraîtrait que les chars de guerre décrits par Homère étaient à brancard avec trois chevaux : un limonier et un autre cheval de chaque côté, comme aujourd'hui beaucoup de voitures russes. Telles sont l'origine et les transformations premières de la charrette.

La voiture à deux roues et à timon une fois en usage, divers modes ont été employés pour fixer le timon aux animaux chargés de la traîner.

Un joug fut posé en travers et à l'extrémité du timon, sur les cornes des bœufs, sur le front des mules, sur le garrot des bœufs et des chevaux. Et qui sait si le frottement de ce harnais n'a pas été l'origine de la bosse des zébus et autres bœufs des Indes et de l'Arabie?

Revenons maintenant à la voiture à quatre roues, c'est-à-dire à la poutre unissant deux essieux fixés d'une manière immuable. En permettant un certain jeu à l'essieu antérieur, il a tourné comme celui de la voiture à deux roues, suivant la direction imprimée à l'attelage, et le second a suivi le milieu mobile du premier, comme le premier suit le point d'attache du joug.

Telle est l'utilité de la cheville ouvrière.

Dans cette nouvelle voiture le timon ne porte presque rien ou même rien, grâce à l'invention du cercle et de la sassoire;

on a pu renoncer au joug, atteler avec des traits et même se passer de timon.

En Hollande, un voiturier mène rapidement un attelage à trois chevaux de front sur les chaussées plates que forment les digues de ce pays, et pour descendre les ponts il lui suffit d'appuyer le pied sur la croupe du cheval du milieu ; s'il faut tourner il pousse du pied une espèce de flèche courte qui remplace le timon et tout marche à souhait, à la condition de charges assez lourdes, d'allures assez lentes et d'animaux assez paisibles.

Revenons à l'emploi des deux espèces de voitures primitives : la voiture à deux roues, la voiture à quatre roues.

Il est établi que la voiture à deux roues peut être : 1° à timon et 2° à limonière.

Dans le premier cas le timon repose sur deux animaux par un joug ou une pompe.

Dans le deuxième, sur un seul animal placé entre les deux brancards.

La voiture à quatre roues peut également être à timon et à brancard.

Dans ces deux cas, il n'y a rien à porter par le cheval ou les chevaux attelés.

Auquel de ces deux véhicules donner la préférence, ou plutôt dans quel cas doit-on employer l'un et rejeter l'autre ?

Dans l'hypothèse des charges légères, la voiture à deux roues, à laquelle un seul animal suffit, deux au plus, aura un avantage marqué. Le poids de deux roues en moins, poids considérable par rapport au poids à porter que nous supposons faible, le frottement diminué, la facilité de tourner dans un petit espace, sans compter, ce que nous verrons plus tard, la simplicité de l'attelage, en voilà assez pour décider la question, et elle a été décidée en faveur de la voiture à deux roues partout où la civilisation peu avancée, la difficulté des terrains accidentés, le manque de routes, et mille autres circonstances de cette nature ont prédominé.

Si maintenant les masses à transporter sont d'une pesanteur très considérable, la voiture à deux roues présente plusieurs inconvénients : le poids qui porte sur l'animal ou les animaux peut devenir accidentellement très incommode. En effet, quelque soin que l'on mette dans le chargement, il est difficile de tenir une masse en équilibre sur l'essieu.

En avant, l'animal est surchargé; en arrière, il est enlevé; ce qui lui fait perdre une partie de ses forces. Si la voiture a un timon, il est difficile d'ajuster l'appareil sur deux animaux qui peuvent se contrarier. Dans une chute, tout le poids tombe précisément là où on désirerait qu'il ne fût pas.

Le chargement est plus facile à faire sur une machine établie elle-même à poste fixe sur le sol; il n'y a plus qu'à s'occuper à la remuer. Aussi partout où il y a des plaines, des routes bien entretenues, des masses énormes à faire voyager loin, le charriot à quatre roues est en usage.

A ces considérations nous ajouterons qu'il importe toujours de choisir de préférence les véhicules dont les roues tournent le mieux sur leur essieu, afin d'éviter aux animaux un emploi inutile de leurs forces, attendu qu'il faut toujours économiser la force de traction pour produire un résultat donné.

Il y a également lieu de se préoccuper avec soin de tous les appareils qui secondent l'action des animaux et ménagent leur fatigue, et qui sont de nature à les préserver des accidents inhérents à leurs fonctions; tels sont les freins, l'arcauseur et le tuteur du limonier.

Tout véhicule de transport doit avoir un frein, surtout dans les pays accidentés.

L'arcauseur, inventé par le docteur Blatin et que préconise le *Livre de la ferme*, est peu répandu bien que très utile. Voici ce qu'en dit l'auteur : « Quand les bêtes de trait gra-
» vissent une montée en traînant la charge, elles n'ont pas
» seulement à trainer le poids de cette charge sur un terrain
» plat, mais encore à résister à cette force qui tend à entraîner

» en arrière, eh bien, l'arcauseur est disposé de façon que,
» s'opposant à ce que la roue puisse tourner sur son essieu
» tout en ne mettant aucun obstacle à sa marche en avant, il
» contrebalance l'influence retardatrice. On peut aussi le trans-
» porter en avant, il accomplit parfaitement l'office de frein et
» serre beaucoup mieux ; il sert encore pour ce qu'on appelle
« épauler » ; « pour démarrer d'un terrain plan une lourde
» charge ou pour désembourber ; appliqué sur l'une et l'autre
» roue, alternativement, il les accote et empêche le recul.

» Cet instrument constitue un accessoire peu coûteux qu'on
» peut adopter à tous les véhicules, et sa manœuvre est fort
» aisée. C'est une pièce mobile autour d'un axe de la roue
» fixé à son centre de mouvement au moyen d'une tige et qui
» embrasse la jante sur laquelle elle s'appuie ; elle permet
» donc les mouvements d'icelle tant qu'ils la prennent de haut
» en bas, et s'oppose aux mouvements dans le sens contraire ;
» son action est analogue à celle des encliquetages. Il nous
» reste à parler du limonier, c'est une sorte de chambrière
» fixe et solide disposée en permanence à l'avant de la char-
» rette ou du tombereau. En cas d'abatage du cheval de
» limon, elle porte aussitôt à terre et empêche le poids de la
» charge de peser sur le dos de l'animal. Il est étonnant que ce
» tuteur ne soit pas universellement adopté ; pourtant son
» usage tend à se généraliser à Paris. »

II

Harnachement.

Pour utiliser avec efficacité le cheval de trait et appliquer
ses forces, on a imaginé les harnais.

Ces harnais sont adoptés sur le corps des animaux dans le
but principal de les gouverner et de leur faire exécuter le déplacement d'une résistance, aussi peuvent-ils être considérés

comme les agents essentiels de relation et comme le moyen d'application des forces motrices; c'est pourquoi leur confection raisonnée et leur adaptation est-elle d'une haute importance, puisqu'elle entre comme donnée essentielle dans la solution de cet important problème de mécanique : Étant donnée la force d'un moteur animé, lui faire exécuter avec le moins de perte possible le déplacement d'une résistance.

On comprend, dès lors, que si le harnachement met obstacle par ses formes vicieuses, ses dimensions trop grandes ou trop exiguës, et un poids trop considérable aux mouvements de l'animal et à l'entier déploiement de ses forces, si une partie de la quantité des mouvements produits se trouve perdu pour la résistance par suite de la direction mal raisonnée de l'appareil qui doit le transmettre, il est évident que l'effet utile sera de beaucoup inférieur à l'effet maximum qu'il peut produire.

La confection des harnais est l'objet de deux professions : le sellier et le bourrelier. Pour les attelages de trait, c'est surtout le bourrelier qui en est le fournisseur attitré. Il emploie à leur établissement : le cuir, la toile, le fil, le crin ou la bourre. Les cuirs les plus en usage, en bourrellerie, sont des cuirs hongroyés, ou cuir blanc, préparé à l'alun, puis passé au suif; ils servent à la confection des licols, brides, avaloires, etc. On se sert aussi des cuirs mous tannés de bœuf, de vache, mouton, cheval, veau et surtout des cuirs de mouton, désignés sous le nom de basane, qui sont suiffés ou huilés et noircis. La sellerie emploie de préférence les cuirs secs et lissés.

Le harnachement du cheval de trait se compose de trois appareils : l'appareil du tirage, dont le collier est la pièce principale; l'appareil de gouverne ou la bride, et l'appareil du reculer ou avaloire.

Le premier est le plus important en raison de son action directe; c'est celui sur lequel nous voulons appeler l'attention d'une façon spéciale. On comprend, en effet, le rôle important du collier dans l'attelage comme agent principal de la traction.

Le collier se réduit dans quelques contrées rurales de la France à un simple coussin de jonc ou de toile rembourré embrassant la base de l'encolure. Sur ce coussin on pose, comme en Bretagne par exemple, deux attelles mobiles reliées par une corde.

Quel qu'il soit, d'ailleurs, le collier exige une adaptation minutieuse et les conséquences de sa mauvaise confection sont très importantes. Il y a donc lieu de se préoccuper dans l'établissement du collier de la conformation du garrot, du cou, de l'encolure, du thorax de l'animal, afin d'éviter de le blesser. Le collier ne doit être ni trop large, ni trop ovale, bien ajusté, ne gêner ni le poitrail, ni la respiration, reposer uniformément sur l'épaule, en laissant la pointe libre. Trop court, il meurtrit le cou et la base de l'encolure; trop long, il froisse le garrot et la pointe de l'épaule; trop large, il vacille et blesse par son frottement continuel.

Dans les grandes administrations de transport et de camionnage, on est peu d'accord sur le meilleur collier à employer; les principaux bourreliers de Paris, que nous avons vus et questionnés à cet égard, ont une opinion qui leur est personnelle. Ce que l'on cherche à réaliser, c'est le collier qui soit à la fois léger et résistant. On a décidément abandonné les colliers lourds; seul le collier flamand a encore des partisans dans le Nord, mais à Paris il est peu en usage. Tout le luxe de larges attelles, de housses lourdes et étendues, souvent en peau de mouton de Valachie, dont le poil long traînait jusqu'à terre, était fort pittoresque, rehaussé par de coquets accessoires, mais il surchargeait énormément et ne pouvait convenir qu'aux chevaux de tirage lent de très forte corpulence.

Les colliers en usage aujourd'hui sont : le *collier à attelles en bois* et le *collier-système*.

L'un et l'autre ont leurs partisans et offrent des avantages. Le premier encadre mieux l'animal dans les brancards, le garantit contre le choc du limon, mais on lui reproche d'être lourd, cassant, sujet aux réparations ; c'est pourquoi on a songé à lui substituer le collier-système, aussi lourd la plupart du temps, mais plus résistant et surtout plus facile à entretenir en bon état de propreté.

Le premier collier-système qui ait eu les honneurs du brevet, le seul qui soit exposé au Conservatoire des arts et métiers, dans la section agricole, est le *collier Hermet*, aujourd'hni déchu de son ancienne vogue ; on lui préfère le *collier Serret*. La principale différence entre ces deux colliers consiste dans les arçons qui, dans le premier sont en bois par conséquent cassants, sujets à l'humidité et au gonflement, et dans le second en fer, ce qui lui donne plus de solidité et de durée. Toutefois il est encore trouvé trop lourd, c'est pourquoi on cherche à le perfectionner.

Pour le gros camionnage, les lourds charrois, les travaux agricoles, c'est le collier à attelles en bois qui est en usage.

Les attelles sont ces deux fortes planches dont la forme varie suivant les goûts, les localités et les habitudes, qui garnissent le collier, le protègent contre le frottement des traits et des brancards. Les limoniers habitués à tourner court de fortes charges savent pousser le brancard avec l'attelle ; quand on leur commande de tourner, ils cherchent à appuyer l'attelle contre le brancard pour trouver un point favorable. Les extrémités supérieures des attelles sont appelées oreilles et portent des anneaux qui reçoivent les guides. Quand les oreilles s'écartent du collier, elles peuvent causer des accidents ; elles surchargent toujours inutilement les chevaux. On les fait plus petites aujourd'hui.

Le collier à attelles en bois est le plus ordinairement coupé à sa partie inférieure pouvant s'ouvrir pour laisser passer le cou du cheval. Le collier-système est soit coupé, soit fermé. Fermé, il s'use moins vite et n'est point sujet à se détériorer dans la partie où se fait le jeu de l'ouverture ; aussi est-il préféré par les grandes administrations qui n'emploient le collier coupé qu'à leur corps défendant, quand les chevaux, par exemple, ont une forte tête et une encolure fine ou lorsqu'ils sont sur l'œil.

Les colliers de trait sont garnis en paille. On a essayé de remplacer la paille par une autre garniture sans pouvoir trouver mieux. Un instant il y a eu le collier à air comprimé qui semblait réaliser le problème cherché; mais il a fallu y renoncer, il éclatait au moindre accident comme le ballon de caoutchouc percé à jour.

Le plus coquet des colliers à attelles en bois est le *collier-laitier-trotteur;* c'est celui qui doit être préféré quand il s'agit d'un tirage léger ne comportant pas plus de 1500 à 2000 kilos, charge moyenne du cheval de trait.

Au fur et à mesure que la force du tirage augmente, le collier doit avoir plus d'ampleur et plus de solidité. A Paris on distingue dans cet ordre d'idées : le *collier du pierreux* ou *collier de ferme* et le *collier du gravatier* ou du *fardier*, le plus volumineux, propre à des charges qui vont jusqu'à 3500 kilos.

La question du poids dans le harnachement ayant, comme nous l'avons dit, une importance primordiale; il importe que le collier ne soit surchargé que de ce qui est strictement nécessaire pour l'attache des traits et le maintien des guides. Nous faisons exception bien entendu en faveur du petit tapis en peau de mouton ou mieux en cuir tanné ou verni partant de la tête du collier, ayant pour but d'empêcher dans les temps pluvieux les coussins de s'imbiber d'eau et de se détériorer et préservant les chevaux de la pluie et du soleil, dont l'utilité est manifeste.

Le collier parfaitement adapté plaçant le tirage à la hauteur voulue d'après la constitution de l'épaule peut être dur sans grand inconvénient. Neuf, il fera toujours l'effet d'une chaussure sortant de chez le cordonnier, qui se prête et se fait au pied ; seulement il faut en suivre et en surveiller chaque jour, dans les premiers temps, l'adaptation, pour qu'il n'y ait ni excoriation ni blessure. Car les blessures faites par le collier engendrent des tumeurs dures toujours longues à guérir.

Les colliers ont parfois besoin de *matelassures* ou *renfonçures* lorsque l'encolure du cheval s'amaigrit et que les épaules soit fatigue, soit à la suite des fortes chaleurs, rentrent et présentent des creux. Le crin doit être préféré à la bourre dans leur établissement; il est moins dur, plus élastique. Les renfonçures qui ne sont pas ajustées avec soin produisent un détestable effet dans l'harmonie du harnachement; elles donnent un air mal soigné, négligé qui choque à première vue.

Dans le cas de blessures occasionnées par le collier, on fait usage de la bricole, qui, en dehors de cette éventualité, n'est guère employée que pour les postiers et lorsqu'il s'agit d'un tirage léger et à une allure vive. L'artillerie, le train et les services administratifs de l'armée ont adopté la bricole, plus rudimentaire, moins compliquée, offrant en campagne de grands avantages, d'une réparation facile; servant encore bien qu'en mauvais état et ne paralysant pas la marche du cheval blessé au poitrail comme le ferait le collier avec ses accessoires.

En dehors de ces exceptions, on s'explique sans peine que la bricole comprimant la poitrine et la respiration, n'appuyant que sur la pointe de l'épaule et en avant de la poitrine, ne prend pas son point d'appui pour la traction dans des conditions aussi favorables que le collier qui, lui, embrassant toute l'épaule, en permet tout le jeu.

Il est encore un autre mode de tirage, heureusement localisé. Nous voulons parler de ce déplorable usage en vertu duquel, dans certaines contrées du midi, on attelle par paire les ânes, mulets, chevaux même, à une sorte de joug inflexible : soit au moyen d'un mauvais collier, soit directement. Cet usage est réprouvé par les plus simples notions de la mécanique et de l'hygiène.

Nous n'entrerons dans aucun détail sur les autres parties du harnachement, offrant moins de particularités importantes. Nous dirons toutefois que la selle de limon est depuis quelque temps moins volumineuse, moins pesante ; on fabrique aujourd'hui des sellettes dites à batines ou à la française, qui réunissent la légèreté à la solidité.

A Paris, le bourrelier a un mode particulier de fourniture ; il traite à l'abonnement pour une durée qui varie de deux ans à cinq ans, plus généralement trois ans, terme moyen d'ailleurs de durée d'un harnachement dans un bon état de service. Il le vend ensuite en province où les travaux de tirage sont moins pénibles. L'abonnement se fait au prix de 80 à 100 francs par an, l'entretien à la charge du bourrelier, les accidents seuls sont au compte de l'abonné.

Les grandes compagnies de chemin de fer, la compagnie des omnibus, les messageries nationales, les principales administrations de camionnage et de transport, le roulage des gros industriels et commerçants ont ou des ateliers de fabrication ou des conventions particulières avec des fournisseurs pour le harnachement de leur cavalerie, ainsi que nous le verrons dans le chapitre spécial que nous leur consacrerons.

La bourrellerie se pratique peu à Paris, elle est surtout en grande réputation dans le Midi, à Lyon, Bordeaux et Perpignan notamment.

On s'accorde à reconnaître que l'on trouve le plus grand nombre de chevaux bien harnachés en Normandie, surtout au pays de Caux et dans toute la Seine-Inférieure ; là on excelle dans l'établissement des colliers très réussis en raison de leur forme évasée du haut, qui n'endommage pas la crinière, ce bel ornement du cheval de trait, comme il arrive trop souvent.

A la Ferme.

Le harnachement du cheval de ferme et de labour relève

du gros trait; il correspond au harnachement, dit à Paris, du *pierreux*, tenant le milieu entre le harnachement dit du *fardier* et celui du camion. Les charrois de foin, paille, fumier, grains, récoltes de toutes sortes, sont en effet généralement très pesants et exigent de la solidité et de la résistance dans l'appareil de tirage.

A la ferme et dans les exploitations agricoles, on a généralement plus d'égards pour les animaux de trait qu'à la ville; ils sont mieux nourris, mieux soignés, moins surmenés, conduits avec moins de brutalité; mais en revanche, le harnachement laisse trop souvent beaucoup à désirer. Il n'est ni ajusté, ni entretenu; rapiécé, primitif, servant depuis des années indistinctement à tous les chevaux qui se succèdent et pour tous les services; jauni, desséché, écaillé, agrémenté de ficelles et envoyé en réparation chez le bourrelier qu'*in extremis*, lorsqu'il craque de partout ou qu'un accident est survenu. C'est pourquoi nous croyons utile de donner au cultivateur quelques indications nécessaires.

A la ferme, le collier est parfois abandonné aux hasards de la fabrication; c'est un tort. Il importe au contraire de bien se pénétrer de sa bonne confection. Le collier du cheval de labour doit reposer uniformément sur l'épaule; il faut que, malgré l'obliquité plus ou moins grande de celle-ci, l'attelle soit fixée plus ou moins haut au collier. A un collier destiné à être porté par un cheval à épaules très obliques, l'attelle sera fixée assez haut pour que le collier bascule en arrière et s'ajuste aussi bien contre l'épaule. Pour un cheval à épaule plus droite, l'attelle sera fixée plus bas. L'emploi du collier coupé est préférable à cause de la facilité avec laquelle on le met. Il est surtout recommandé pour les jeunes chevaux.

Le charretier, à la campagne, sait rarement atteler et dételer comme il convient; il est gauche, maladroit, et aurait besoin souvent qu'on lui fît là-dessus une théorie, comme au troupier à qui l'on apprend à monter et à démonter sa bride en arrivant au corps. Voici à son intention quelques recommendations : Les chevaux étant bien pansés et les harnais suspendus à leur place naturelle, s'il s'agit d'atteler les chevaux destinés à traîner une charrette à deux chevaux ; commencer à habiller le limonier ou cheval de derrière. Pour cela, on prend d'abord le collier ; la partie de la croupière qui s'engage sous la queue est accrochée à l'extrémité gauche de l'attelle ; on l'ouvre à la partie inférieure, on le pose au-dessus du cou et on le ferme. Ensuite on prend la sellette, on la pose sur le dos un peu en arrière, à fleur du garrot, on la fixe en serrant la sangle, on y place la dossière, on y accroche immédiatement l'avaloire, on détache de l'attelle la croupière qui y est accrochée par son extrémité libre ou culeron, on la passe au-dessus de la sellette et de la barre de fesse de l'avaloire, et on l'engage en-dessous de la queue, ayant soin de bien écarter les crins, afin qu'ils ne puissent pas blesser le cheval ; on détache celui-ci soit en lui ôtant son licou, soit en le lui laissant et détachant la longe, on met la bride et on relève les rênes derrière les attelles du collier ; on sort le cheval et on le conduit à la charrette, qui se trouve avec les roues bien fixées par des morceaux de bois ou des pierres que l'on place devant et derrière elles, et les brancards ou timons relevés à hauteur naturelle par des supports qui se trouvent attachés en dessous. On le fait entrer à reculon dans les timons jusqu'à ce que les arrêtes de la dossière soient arrivés au point voulu ; on accroche au collier une des chaînes de tirage qui restent fixées à la charrette. Puis on accroche la chaîne de l'avaloire dans le ragot ou crochet fixé au milieu de la partie supérieure du timon ; on passe de l'autre côté, on accroche l'autre chaîne de tirage et de l'avaloire ainsi que la ventrelle et on fixe la sous-ventrière devant l'anse gauche de la dossière. L'anse de la sous-ventrière est engagée dans le timon droit de la charrette avant l'attelage et se trouve placée derrière l'anse de la dossière de ce timon droit.

On attelle ensuite le cheval de devant, on lui met le collier, comme il a été dit précédemment, on rabat la croupière et on passe le culeron, ensuite on fixe les chaines, on se place à gauche du cheval, on pose sur le dos le surdos et on laisse glisser à sa droite la chaine de droite et la ventrelle, on accroche la chaîne de gauche au collier, on fixe la ventrelle et on passe la partie libre du trait au-dessus des reins ; on passe de l'autre côté, on attache la chaine de ce côté au collier, on passe également l'autre partie libre de cette chaîne au-dessus des reins, la faisant croiser avec celle du côté opposé. On met la bride et l'on sort le cheval qu'on vient placer devant celui qui se trouve déjà attelé, on fixe les traits au bout des timons de la charrette. On défait le cordeau qui se trouve attaché à l'attelle du collier du timonier, on en attache une extrémité à l'anneau de la bride du limonier, et on fixe l'autre extrémité à un anneau qui glisse dans les rênes de la bride du cheval de devant ; si l'on doit atteler un troisième cheval, il est harnaché comme le second, le cordeau passe par un anneau fixé sur le côté gauche du surdos du deuxième cheval et va s'attacher à un anneau glissant dans les rênes du troisième, dont l'un passe entre les deux attelles de son collier tandis que l'autre est libre.

Les chevaux destinés à être attelés au chariot ou à la charrue sont harnachés comme ceux destinés à être attelés à la charrette. On met autour du collier ordinaire un collier formé par une bande résistante en cuir de la largeur de deux à trois doigts, portant à la partie inférieure un crochet destiné à recevoir les chaînettes du timon. On maintient les deux chevaux réunis au moyen d'une courroie en cuir que l'on fixe à l'anneau interne du mors de chacun d'eux.

Pour dételer les chevaux attelés à la charrette, on commence par défaire le cordeau qu'on attache à l'attelle du timonier, on décroche les chaines du premir cheval et on les relève sur le dos. On les reconduit à l'écurie, on décroche la ventrelle et les traits, on les enlève avec le surdos et on les met en place ; on

ôte le culeron et on attache la crouprière à l'attelle, on ôte la
bride et on lie le cheval, puis on enlève le collier.

Pour le limonier, on commence à déboucler la sous-ventrière qui reste fixée d'un côté au timon de la charrette; on
décroche la chaîne de l'avaloire et celle de l'attelage; on passe
de l'autre côté, on y défait de même la chaîne d'avaloire et
d'attelage ainsi que la ventrelle; la chaîne d'attelage pour le
limonier peut rester attachée à la charrette ou au collier; dans
le premier cas on la laisse glisser à terre, dans le second on
la passe au-dessus du dos du cheval; on fait avancer celui-ci
en ayant soin que les deux anses de la dossière avancent en
même temps sur les brancards et qu'aucune pièce ne reste
attachée.

Rentré à l'écurie, on commence par défaire le culeron, qu'on
accroche au collier, on enlève l'avaloire, puis la dossière que
l'on met en place, on revient prendre la sellette, puis on ôte
le cordeau, on le détache de la bride que l'on vient, après cela,
enlever en même temps que le collier.

A la charrue et au charriot on opère de même pour dételer.
On commence par défaire la courroie qui unit les deux chevaux et les rênes, puis on décroche les traits et enfin les chaînettes du timon.

Mais il ne suffit pas dans les exploitations agricoles d'être
familiarisé avec ces notions rudimentaires que doit posséder
à fond tout bon charretier, il faut également qu'il se pénètre
bien des obligations suivantes :

Les véhicules doivent toujours être en bon état de service,
afin que rien ne manque en route. Toute pièce qui est détério-
rée ou perdue doit être immédiatement réparée ou remplacée;
la mécanique ou le sabot seront toujours en parfait état de
service; les roues seront châtrées quand le besoin s'en fera
sentir; les fusées graissées fréquemment. La charrette sera
remisée quand elle ne sert pas ; tous les accessoires, tels que
bâtonnets, câbles, bâches seront rangés, prêts à servir. Pen-

dant les grandes chaleurs les moyeux seront couverts de pail-
lassons ; pendant les gelées on frappe le bout de l'essieu pour
en prévenir la rupture.

Pour un voyage un peu long, le charretier aura son avoine
préparée dans les pochets qu'il suspendra à la voiture. Le coffre
contiendra quelques cordes et courroies en cas d'accident, une
clefs pour les écrous et suivant l'urgence des cas il sera ap-
pendu à la voiture un palonnier de rechange, une pioche, une
chaîne ou pied de tenue.

Quelques Conseils.

Le bon charretier aura bien soin de visiter chaque jour la
partie du collier qui s'applique sur le poitrail du cheval afin
de voir s'il ne s'y trouve pas quelque aspérité, quelque déchi-
rure, quelque pointe de bois ou de fer qui puisse occasionner
de la douleur à l'animal ou même le blesser. Que de fois on
taxe de paresse ou d'entêtement un cheval qui ne refuse de
marcher que par suite de la douleur que lui fait éprouver la
pression d'un collier défectueux?

Quand le charretier s'aperçoit que le collier blesse un cheval, il doit refuser de le faire travailler dans ces affreuses conditions et le propriétaire attentionné et compatissant n'attendra
jamais que le mal arrive à ce point extrême. Il fera réparer et
regarnir le collier et si quelquefois la peau était écorchée, il
laisserait reposer le cheval jusqu'à l'entière fermeture de la
plaie après y avoir appliqué les remèdes nécessaires.

Parfois un cheval ainsi blessé peut être soumis à un travail
léger sans éprouver de la douleur; alors s'en servir comme
cheval de flèche avec une bricole au lieu de collier.

Généralement après avoir bien lavé et nettoyé les plaies, on
y applique de l'acide phénique et l'on y étend de la teinture
d'aloès qui sont des médicaments antiputrides et desséchants.

Le mors doit aussi être examiné, comme d'ailleurs toutes les autres parties du harnachement. Il faudra le nettoyer et le laver chaque fois. Un mors mal poli, rude, inégal, écorche les lèvres, la langue et les gencives du cheval et lui cause une souffrance de tous les instants, et le rend tellement sensible, irritable, ombrageux, qu'on ne peut l'approcher sans qu'il fasse des mouvements désordonnés.

La sous-ventrière est souvent trop étroite, tellement étroite quelquefois que sur les rampes longues le poids de la charge se portant en arrière, elle disparaît presque entièrement dans le sillon qu'elle creuse sous le ventre du cheval ; donc la choisir toujours très large et c'est une bonne habitude que de la garnir d'une bande de peau de mouton.

Nous terminerons ces quelques conseils pratiques en recommandant aux agriculteurs de veiller avec une plus grande attention à l'entretien et au bon état des harnachements, de les faire réparer sans attendre qu'ils soient hors de service ; de ne pas négliger de les faire graisser de temps à autre ; tenir à ce qu'ils soient suspendus dans une chambre bien sèche, près de l'écurie, avec beaucoup d'ordre, de telle sorte que les pièces du même cheval se trouvent réunies les unes à côté des autres, qu'il n'y ait pas confusion ou échange au moment de garnir les chevaux.

L'amour-propre dans le harnachement des équipages de trait est une chose que nous ne saurions trop recommander, aussi bien à la campagne qu'à la ville. Un attelage propre, correct, donne bonne opinion de celui à qui il appartient. Et souvent on juge des idées d'ordre, d'entente et de bonne gestion du simple fermier tout comme d'une grande administration d'après la tenue de ses attelages ; il y a là une première impression produite qui ne se raisonne pas, mais qui frappe et prédispose plus ou moins favorablement l'esprit.

J'avoue, quant à moi, que lorsque je rencontre à travers les rues de Paris, ces grands tombereaux de charbon de la compagnie du chemin de fer du Nord, malproprement attelés, traînés par 3 chevaux de front, fourbus et efflanqués, j'ai besoin de songer que les Rothschild sont dans l'affaire pour ne pas croire à une catastrophe financière prochaine et à une mise en faillite imminente.

III

Conduite ou menage.

La conduite ou menage des équipages de trait, pour être moins compliqué que l'aurigie ou art de diriger les voitures, n'en exige pas moins de la pratique, du goût et une certaine habileté. Aussi le bon cocher de trait est-il, comme le bon cocher bourgeois, une chose rare — *rara avis*. Tout au moins, demande-t-on au dernier quelques garanties professionnelles.

Jusqu'ici le cocher de fiacre seul échappait dans cette dernière catégorie à tout examen d'aptitude, tout comme son collègue du trait; aussi on sait ce qu'en valait l'aune la plus part du temps. Il est à ce sujet question d'une mesure à laquelle nous ne saurions trop applaudir. Un conseiller municipal de Paris, qui a pris en mains la cause de nos automédons à l'heure et à la journée, toujours en lutte contre l'autorité protectrice du client, vient de déposer un rapport spécial où figure en première ligne la création d'un diplôme de cocher.

A la bonne heure! et puisse cette salutaire mesure être adoptée. La création de ce diplôme ne serait d'ailleurs qu'une application du système en usage à Londres. Devant une commission spéciale, composée de manière à donner satisfaction à tous les intérêts, le postulant cocher, après avoir justifié de ses bons antécédents et de sa moralité, subirait un examen constatant son habileté professionnelle et sa connaissance de la topographie de Paris, en même temps que les règlements de police applicables aux voitures publiques. Le diplôme, une fois obtenu, resterait la propriété du titulaire qui n'aurait, à aucun moment, à s'en dessaisir, sauf le cas de déchéance ; ce document remplacerait avec avantage les papiers de cocher qu'il faut renouveler aujourd'hui à chaque changement de place et dont le renouvellement fait perdre, assure-t-on, plus de cent mille journées à la corporation.

Cet excellent conseiller municipal, pendant qu'il y est, devrait bien demander également la création d'un diplôme à l'usage du charretier, roulier ou camionneur.

L'examen d'aptitude ne serait pas long ; il pourrait ne consister que dans l'opération du démarrage. Les abords des grands chantiers, tout comme ceux, d'ailleurs, des grosses fermes et des exploitations agricoles, sont le plus généralement défoncés et en mauvais état.

Que l'on y conduise une charrette chargée et que le postulant soit mis en demeure de la faire démarrer.

Ou il aura la pratique du métier ou ce sera un ignorant.

Dans le premier cas, voici comment il opérera : Il calera d'abord les roues, écartera les cailloux et les plus petits obstacles ; puis, il jettera un coup d'œil sur son attelage pour juger si tout est régulier, si le licol, la bride ou la croupière sont trop lâches ou trop serrés, si les chevaux sont rênés trop courts, si les traits sont bien accrochés et également tendus sur leur plat, s'il n'existe pas de nœuds, d'ardillons relevés, des frottements qui peuvent gêner les chevaux. Tout étant disposé, les chevaux bien en ligne et de façon à ce que les traits soient tendus, le charretier se placera à la main (à gauche), vers la tête du limonier, tenant le cordeau de la main gauche, le fouet de la main droite ; il avertira les chevaux par le mot hue ! ou allons ! en faisant simplement claquer son fouet en l'air sans les surprendre. Si les chevaux ont donné en même temps leur coup de collier et que le véhicule cependant n'est pas enlevé, au lieu d'attaquer brutalement son attelage, il s'arrêtera et, avant de recommencer l'effort, il avisera à faciliter le démarrage par d'autres moyens, tels que de caler tantôt une roue, tantôt l'autre, ce qui lui fera gagner du terrain et lui permettra à un moment donné d'ébranler assez la voiture pour arriver à la mettre en mouvement.

Le charretier inhabile et incapable, au contraire, ne prendra aucune précaution pour démarrer. Il n'apportera aucune attention aux obstacles qui pourraient l'arrêter. Il lancera ses chevaux en les fouettant brutalement et sans les prévenir, sans avoir pris la peine de les mettre bien en ligne et de tendre leurs traits. Les malheureux animaux ne partant pas ensemble ne pourront pas enlever le véhicule, et le plus souvent, par suite de la pression subite et violente du collier, se blesseront aux épaules et au poitrail. Ce charretier inintelligent n'aura pas même le soin de caler les roues qui, par ces faux mouvements, s'enfonceront dans le sol. Loin de reconnaître sa maladresse, il accusera ses chevaux de mauvaise volonté et les maltraitera abusivement. Ce n'est que lorsqu'ils seront exténués, rebutés et que lui-même sera fatigué, qu'il se décidera à prendre des chevaux de renfort pour se tirer d'une position de laquelle serait sorti sans difficulté et simplement avec son attelage un charretier habile et intelligent.

Après cette expérience, vous serez fixé sur la valeur du postulant et vous saurez ce qu'il vous reste à faire.

Le reculer est aussi une excellente épreuve à faire subir au candidat.

C'est d'ailleurs l'une des opérations les plus pénibles à exécuter pour le limonier; n'y avoir recours qu'en cas de nécessité et pour un trajet peu étendu. Les conversions exécutées avec intelligence peuvent remplacer souvent le reculer.

Observez comment s'y prendra votre homme, s'il aura la précaution de caler en avant la roue opposée au côté où il voudra diriger ses chevaux; puis, si après avoir placé ceux de devant tout à fait de ce côté, il a soin de le faire avancer jusqu'à ce que le véhicule ait fait un quart de tour, exécutant ensuite cette manœuvre du côté opposé.

L'incapable, pour reculer, tirera à pleine main sur les rênes sans s'occuper d'autre chose, tapera à hue et à dia sans ménagement et sans discernement, frappera de son manche de fouet le limonier à la tête, et sera fort colère et très étonné de voir que rien ne recule.

Pour guider une charrette ou un chariot, l'homme à *pied* se sert d'un cordeau en manière de guide.

A la charrue, ce cordeau s'attache au côté extérieur de l'embouchure de chaque cheval; les côtés intérieurs sont joints par une corde qui empêche les chevaux de s'écarter ou par un morceau de bois qui les empêche aussi de se joindre et de se battre. Le cordeau, tiré à droite ou à gauche dirige, tandis que tiré des deux côtés il écarte les chevaux, qui, retenus d'autre part au moyen de la quenouille, s'arrêtent. Cela suffit pour les intelligences très bornées.

A la charrette, le conducteur attache son cordeau soit des deux côtés du mors de son cheval de devant et dirige à peu près comme un cavalier ou un cocher; soit encore d'un seul côté.

C'est par l'action du cordeau et par le commandement que le conducteur détermine l'attelage à prendre du terrain ou à tourner à droite ou à gauche. La manœuvre du cordeau est à peu près la même pour la charrette ou le chariot, à cette différence près que, dans l'attelage du chariot, les chevaux accouplés sont réunis : soit par une longe ou courroie, soit par un bâton qui s'attache au collier du cheval de main et à la bride du cheval hors de main, de manière que, quand on veut faire marcher le premier à droite ou à gauche, il pousse ou tire son compagnon. Le conducteur n'a pas toujours le cordeau à la main; il le prend quand il veut donner une direction particulière à l'attelage.

Avec le cordeau français, si le conducteur veut tourner ou prendre du terrain à gauche, il tire à lui en prononçant le mot *dia ;* pour diriger l'attelage à droite, il secoue simplement le cordeau en prononçant le mot *hue* ou *hue-iau!*... Le conducteur doit toujours manier le cordeau avec légèreté, ne pas le tirer brusquement et par saccades. Dans le système flamand il n'y a qu'un seul cordeau, que l'on se contente de tirer ou de secouer sans appel de langue, en prononçant le mot *itch*. Le charretier doit marcher à pied, à la tête de ses chevaux. Il ne peut monter sur la voiture que lorsqu'elle est attelée d'un seul cheval; on tolère cependant qu'il monte sur un cheval lorsqu'il y en a deux. Il doit veiller à ce que tous les chevaux tirent à la fois, stimulant les plus paresseux, retenant ceux qui sont trop ardents, proportionnant l'allure à la charge et à la longueur du chemin.

Dans les montées, ne pas négliger de prendre un cheval de renfort, s'il est nécessaire, ou de *biller* si deux voitures montent de compagnie. On rendra la montée moins pénible en la faisant gravir obliquement; on calera les roues quand on fera un temps d'arrêt. On laissera souffler les chevaux après une rude montée, sans toutefois les exposer à un air trop froid.

Les descentes exigent des précautions d'autant plus grandes qu'elles sont plus rapides. On mettra le sabot, on serrera la mécanique, on placera des chevaux de retraite, s'il est nécessaire. Si l'on n'a pas de mécanique, on *embarre* quelquefois les roues en plaçant une perche qui les traverse entre les rais et fait un point d'arrêt sur la cage, ou encore en faisant traîner sur le sol deux perches engagées d'un bout sur l'essieu. On place la voiture sur la partie la moins roulante du chemin afin d'éviter les détours trop brusques, si surtout la voiture est lancée en pente; en ce cas, on tournera toujours par le côté le plus extérieur de la courbe ou du lacet.

Autres recommandations :

Ne jamais exciter un cheval que par nécessité et ne jamais frapper celui qui donne tout son courage et toutes ses forces. Ne pousser les chevaux mous et lents qu'avec mesure, autrement on les épuise et on finit par ne plus pouvoir rien obtenir.

Il y a des chevaux sensibles qui lancent des ruades chaque fois qu'ils reçoivent un coup de fouet sur la croupe ou sur les jambes de derrière. Le charretier prudent qui aura fait cette remarque, ne les excitera qu'en les fouettant sur les flancs, afin d'éviter qu'ils ne blessent les chevaux qui les suivent ou qu'ils ne se blessent eux-mêmes s'ils sont dans les timons.

On ne doit jamais frapper un animal qui refuse d'obéir, avant d'en rechercher la cause, car le meilleur cheval, s'il est battu sans raison et mal dirigé, devient mauvais en peu de temps.

De même que les hommes, les chevaux ont des caprices, et c'est seulement par la patience et la douceur que le charretier intelligent parviendra à les en corriger.

Lorsqu'on conduit un attelage de plusieurs chevaux, on doit toujours avoir deux guides pour le cheval de flèche afin de pouvoir le diriger à droite ou à gauche, si cela est nécessaire.

Le charretier doit avoir la main légère pour les animaux qui ont la bouche sensible, et, s'il y a un cheval craintif et ombrageux, il doit lui épargner le bruit et les surprises.

Se bien pénétrer que les chevaux comprennent parfaitement le sens et la valeur de certains mots et de certaines paroles qu'ils ont l'habitude d'entendre et font d'eux-mêmes ce qu'on leur a fait exécuter en les prononçant. Ils sentent très bien à l'inflexion de la voix de leur conducteur si celui-ci est satisfait ou non. Malheureusement les pauvres animaux changent si souvent de main qu'ils ne peuvent par suite se plier et obéir instantanément à la voix, aux commandements, aux habitudes de leur nouveau maître. C'est à celui-ci à les étudier, à tirer parti de leur instinct, de leur intelligence et à les dresser à son tour avec douceur et patience. Un des meilleurs moyens de fixer la mémoire des chevaux est de leur donner un petit morceau de pain ou de sucre, dont ils sont très friands, toutes les fois qu'ils ont bien obéi.

Lorsqu'une voiture est chargée, les chevaux ne doivent aller qu'au pas. Il est aussi imprudent qu'inhumain, dans ce cas, de faire courir les animaux, car le limonier, outre les chutes auxquelles on l'expose, reçoit sur les reins, par suite des pressions violentes et réitérées de la dossière, des secousses excessivement douloureuses qui le courbaturent et l'épuisent.

Il ne faut atteler ensemble que des chevaux de même tempérament et de même force, autrement les plus ardents s'exténuent tandis que les autres ne tirent pas.

Les possesseurs de plusieurs chevaux choisiront toujours le plus vigoureux pour cheval limonier et si, parmi les animaux, il s'en trouve plusieurs d'égale force, il mettra ces derniers dans les limons à tour de rôle.

Il y aurait bien des choses à ajouter à ces quelques considérations. Ce n'est là qu'un A B C suffisant toutefois pour apprendre au charretier à épeler les premières syllabes du métier qu'il professe. Qu'il s'en inspire seulement et il comprendra alors que le fouet n'est pas un aide, mais un moyen de châtiment et qu'il ne suffit pas de frapper fort pour gouverner et conduire un équipage de trait.

CHAPITRE VIII

Les bourreaux : Charretiers — Rouliers — Camionneurs.

L'homme qui frappe un cheval attelé
est aussi lâche que celui qui insulte à
un malheureux.

(Sentence arabe.)

Nous avons en France la loi du 2 juillet 1850, dite Loi
Grammont.

Cette loi ne contient qu'une disposition ainsi conçue :

ARTICLE UNIQUE. — Sont punis d'une amende de 5 à 15 fr.
et pourront l'être de 1 à 5 jours de prison ceux qui auront
exercé publiquement et abusivement de mauvais traitements
envers les animaux domestiques. La prison sera toujours
appliquée en cas de récidive. L'article 463 du code pénal sera
toujours applicable.

Sont-ils nombreux ceux que cette loi de justice frappe et
atteint? — Non. — Sont-ils nombreux ceux qu'elle devrait
atteindre? — Oui, ils sont légions.

Pourquoi ne sont-ils pas inquiétés? Ah! c'est que la chose
n'a chez nous qu'une importance platonique; que nous n'y
attachons aucune gravité répréhensible; que nous ne voyons
dans un animal attelé qu'une bête de somme qui doit marcher
coûte que coûte et que son conducteur est tout excusable de

corriger; parce que on a le droit de tout exiger de ces auxiliaires subalternes qui ne peuvent pas se plaindre; parce que
mieux vaut un cheval rossé, martyrisé, assommé, qu'un charretier conduit devant les tribunaux et rappelé aux notions
élémentaires de l'humanité. Oui, voilà comment nous raison-
nons la plupart du temps en France; voilà jusqu'où va notre
amour pour le cheval et tous les animaux de service en général. Nous nous attendrissons parfois sur certains sujets
d'un sentimentalisme éphémère; nous sentons notre cœur
faiblir à l'audition des fadaises de Jenny l'ouvrière et autres
turlutaines idiotes célébrées dans les couplets ineptes de
Louisa Puget; nous pleurons à un drame de l'Ambigu rempli
d'invraisemblances, et quand nous voyons un animal attelé,
impuissant à se défendre, lâchement roué de coups, ça ne
nous dit rien, ça ne nous fait rien...

C'est triste. Aussi les rouliers, charretiers, camionneurs en
prennent-ils à leur aise et ne se donnent-ils pas même la
peine de choisir un endroit désert ou moins fréquenté pour
donner libre carrière à leur brutalité. C'est au grand jour, sur
nos boulevards, dans les rues populeuses, au milieu d'un
flot de passants qu'ils jouent du fouet meurtrier, avec la tranquillité d'esprit de gens qui n'ont pas à se gêner.

J'ai lu, il y a plusieurs années, une petite brochure publiée
par M. de Beaupré, qui m'avait beaucoup frappé, parce qu'elle
contenait d'excellents conseils donnés aux conducteurs de
chevaux. Elle se condensait en sept articles, dont voici la
teneur :

ART. 1ᵉʳ. — Les cochers et charretiers doivent regarder
comme un devoir essentiel, alors que tout le monde cherche à
s'instruire, d'apprendre les principes d'hygiène qui concernent
les animaux qu'ils sont chargés de soigner et de conduire.

ART. 2. — Le charretier doit proportionner le chargement
aux forces de l'animal et tenir compte de la longueur du
trajet, des inconvénients des saisons, de l'état des routes, de

la difficulté des côtes et des descentes. Il aura soin d'équili-
brer sa charge de manière qu'elle n'accable ni n'enlève le
limonier.

Art. 3. — Il est essentiel que les cochers et charretiers se
fassent une règle d'aimer leurs chevaux et de s'en faire aimer
et comprendre. Ils doivent les arrimer sans brusquerie, les
encourager sans vocifération et les guider sans saccades.

Art. 4. — Les cochers et charretiers ne doivent jamais
frapper leurs chevaux par surprise pour les faire partir. Avant
de donner le coup de fouet, il faut, sauf le cas d'encombre-
ment, avertir l'animal, s'assurer s'il a compris l'avertissement
et ne le châtier dans de justes limites qu'autant qu'il aura fait
preuve de mauvaise volonté.

Art. 5. — Les charretiers s'abstiendront toujours de frapper
le cheval de trait quand il tire ardemment. Dans tous les cas,
ils devront s'interdire de la manière la plus formelle de se
servir du manche de fouet et faire des nœuds à la corde.

Art. 6. — Les charretiers prendront un ou plusieurs chevaux de renfort toutes les fois que les voitures seront engagées
dans des ornières, des cailloutages ou montées. Ils feront
souffler les chevaux de temps en temps et toujours sur le
haut des côtes. On ne doit jamais faire reculer le cheval si ce
n'est en cas de nécessité absolue.

Art. 7. — En somme, *le cheval doit être traité comme un
ami intelligent, comme un serviteur fidèle et dévoué, comme
l'auxiliaire le plus puissant et le plus indispensable dans nos
travaux.*

C'est là un véritable guide du conducteur de chevaux de
trait qu'il faudrait faire afficher, à la suite de la loi Grammont, dans toutes les écoles communales de France, de telle
sorte que les instituteurs, déjà invités par une circulaire en
date du 10 juin 1881 à répandre les bienfaisantes doctrines
de la protection parmi leurs élèves, puissent donner à leur
enseignement une base plus large et une direction pratique.

Nous voudrions voir également ces salutaires conseils affichés dans les écuries des dépôts des grandes administrations de transport, roulage, camionnage, entrepositaires, compagnie des petites voitures, omnibus, tramways, messageries, gros industriels, etc.

L'Allemand ne voyage jamais sans sa théorie militaire, le touriste sans un guide Conty, l'Anglais sans un plaid écossais sous le bras et une paire de jumelles appenducs au cou, le prêtre sans son bréviaire ; tout cocher, charretier, roulier, camionneur devrait être tenu d'être porteur de ce *vade mecum* et de le produire à toute réquisition de l'autorité à qui est confiée la police des rues ou d'un membre de la Société protectrice des animaux.

Et à la loi Grammont on devrait ajouter ce corrollaire : Il pourrait être fait remise d'une partie de la peine au délinquant qui s'engagerait à apprendre par cœur et à réciter, devant un juge *ad hoc*, le Guide du vrai charretier dans un délai qui serait déterminé, s'engageant à ne plus l'oublier.

Mais non, on ne fera rien de tout cela. La loi Grammont, dans son application, continuera à être une innocente « fumisterie », une évocation de désœuvré en quête de rodomontade, un passe-temps toléré au flâneur qui a envie de chercher querelle à quelqu'un, et à qui on tolère « l'attrapage » du charretier... et pas autre chose. L'agent requis sur la voie publique pour verbaliser sourit à celui qui lui signale l'auteur de mauvais traitements exercés publiquement et abusivement envers les animaux, il semble dire : — Est-il naïf, celui-là ! ce doit être un provincial fraîchement débarqué à Paris !!

Nos charretiers sont l'étonnement de l'étranger qui nous visite, et qui charmé de notre affabilité, de notre courtoisie, de l'aménité de notre caractère, ne s'explique pas notre indifférence égoïste envers les animaux. Il est stupéfait de voir nos conducteurs de chevaux ne se servir que du fouet comme moyen de conduite au lieu de la voix et du geste qui suffisent pour exciter ces excellents animaux, comprenant avec une rare intelligence qu'ils sont associés à nos travaux et nous doivent leurs services en échange des soins que nous leur donnons? Pour ma part, je suis indigné quand je rencontre et que je toise une de ces brutes qui s'imagine que le cheval de trait est une simple machine dont les ressorts ne peuvent être mis en mouvement qu'au moyen de coups incessants, tandis qu'en réalité ils pratiquent l'énervation de ces utiles serviteurs par la fatigue et le découragement. Quand la vapeur a resplendi de tout son éclat au firmament du progrès et de la civilisation, on a cru que le cheval allait voir des jours meilleurs, être moins martyrisé, jouir de plus de considération, étant employé à des travaux moins pénibles. Erreur. Plus le progrès a multiplié les rapports industriels et commerciaux, plus les emplois de la traction se sont multipliés eux-mêmes, nécessitant un plus grand usage de cheval.

Avez-vous remarqué comment procède le charretier qui sort de l'auberge, aviné et plus abruti que de coutume?

Il surgit, lançant à tour de bras d'énormes coups de fouet, en vociférant à pleins poumons. Quelquefois il tape et, savez-vous pourquoi? parce que la pauvre bête hennit, qu'elle remue ou qu'elle tourne la tête, tourmentée par les mouches. C'est idiot, mais il en est ainsi.

Il y en a qui ont pour principe d'administrer au préalable une volée à leur équipage. C'est ce qu'ils appellent le *prévenir* ou le *préparer*. C'est pour eux comme l'apéritif qui doit disposer l'estomac et exciter l'appétit. A ce compte, les chevaux sont vites ruinés. Il serait pourtant si facile au charretier de rompre avec ces déplorables habitudes, il n'aurait qu'à y mettre un peu d'amour-propre et de dignité et à réfléchir que du moment où il est prouvé que les mauvais traitements abrègent et détruisent la force des animaux et qu'au contraire les ménagements en conservent l'usage, il n'y a pas à hésiter entre la cruauté et la douceur. Si d'autre part, ils ont conscience de la propriété qui leur est confiée, du préjudice causé par les mauvais traitements à un animal de valeur, dont ils n'ont que l'usage, ils devraient s'observer. Car elles sont multiples les conséquences fâcheuses de la brutalité ou de négligence envers les chevaux. En voici un aperçu :

Les coups portés avec le manche de fouet produisent : des boiteries, des contusions, des plaies, des tumeurs, la fièvre, le mal de tête, l'écrasement des chairs et des muscles, des coupures de veine et une foule d'autres maux.

La fatigue, l'exercice outré, la surcharge amènent : la courbature, l'écart, l'effort des reins, l'esquinancie, l'étourdissement, l'apoplexie, la fourbure, la pleurésie, la pousse, les tranchées, etc.

Les mauvais aliments, les eaux de mauvaise qualité, causent : les tranchées, l'indigestion, la dyssenterie, le farcin, le vertigo, les dartres, la gale, etc.

Un refroidissement produit : la toux, la fourbure, la raideur des articulations, etc.

Les chutes amènent : les contusions, les plaies, les entorses, l'écart, les fractures des membres, etc.

Les colliers et les harnais défectueux causent : les écorchures et les plaies.

En 1780, le moraliste Mercier écrivait dans son *Tableau de Paris :* « Rien n'égale la barbarie, la stupidité, la cruauté du charretier. Toujours fouettant et jurant ; si le cheval fait un écart, il le redresse à grands coups de fouet, frappant tout ce qui se trouve dans la ligne circulaire que décrit son bras. »

Depuis, le charretier s'est-il amendé ? Non, répond le docteur Blatin, dans un petit opuscule publié, il y a quelques années, sur la cruauté envers les animaux. Et il appuie son dire par ce croquis peu flatté : « Contemporain des temps de barbarie, il est resté le type de la saleté par son costume, de la grossièreté par ses paroles, de la férocité par ses actions. Pour exercer son métier, il n'a pas besoin des longueurs de l'apprentissage; il n'a pu faire un ouvrier, il s'est improvisé charretier; il ne lui a fallu pour cela qu'une pipe, une blouse et un fouet. C'est une confrérie ouverte au premier venu qu'encombrent les ivrognes et les fainéants dispensés de toute garantie, n'ayant aucune notion ni du cheval, ni de son hygiène. »

Oscar Commettant disait un jour : Le cheval est de tous les esclaves le plus battu et le plus humilié, bien qu'il se livre sans réserve, sert de toutes ses forces, s'excède et meurt pour mieux obéir...

Il est beaucoup question aujourd'hui d'écoles professionnelles, ce qui est une excellente chose; mais pourquoi n'en créerait-on pas pour les hommes qui se destinent à la carrière du menage? Pourquoi ne pas exiger du postulant les notions élémentaires de conduite et d'hygiène? Pourquoi n'y-t-il pas des cours publics où l'on puisse dans les grands centres industriels et commerciaux, au moins, envoyer le jardinier ou le garçon de peine dont on a décidé de faire un charretier ou un camionneur? Comme toutes les professions, celle de conduire les chevaux s'apprend et demande même des aptitudes spéciales, en tête desquelles se trouvent le goût du cheval et la bienveillance envers les animaux. Le vrai charretier doit même être quelque peu vétérinaire.

Dernièrement, je voyais sur les murs de Paris que l'on venait d'ouvrir une école municipale professionnelle d'ameublement à Reuilly. A merveille, l'art du meuble et de la tapisserie mérite encouragement; mais croyez-vous qu'une école municipale professionnelle pour rouliers et charretiers établie à la Villette par exemple, qui réunit une grande agglomération d'entrepreneurs de camionnage de toutes sortes, n'aurait pas autant la raison d'être et ne mériterait point au même degré la protection de la municipalité parisienne?

Tous les charretiers, dont nous blâmons les mœurs brutales, ne sont pas nés méchants; mais ils le sont devenus quelquefois par suite de mauvais exemples, des milieux dont ils ont subi les influences et quelquefois aussi, il faut en convenir, par le fait du patron exigeant, ignorant du cheval et de ses besoins, voulant avant tout que *ça crève ou que ça marche.*

Quelquefois le charretier reçoit d'utiles leçons du passant et ce n'est pas dommage.

Une fois, le célèbre peintre Géricault rencontre près du Louvre un charretier qui, ne sachant plus à quel saint se vouer, daubait ses chevaux avec une véritable rage. D'abord, il fit à l'homme de sages remontrances, mais il fut reçu par une bordée d'injures qui le décidèrent à lui administrer une maîtresse tripotée, et comme il avait le biceps solide, il l'envoya rouler à quelques pas plus loin. Le charretier s'inclinant devant la force — la seule supériorité que ces gens-là admettent — se releva tranquillement et dit à son interlocuteur : — Puisque vous êtes si fort, vous devriez bien pousser à la roue. Géricault ne se fit pas prier et bientôt l'équipage eut franchi la pente de la rue.

Disons aussi qu'il y a d'honorables exceptions dans la corporation, et le nombre de ces exceptions tend à s'accroître. Cette année encore, la Société protectrice des animaux a décerné plusieurs prix à des charretiers, rouliers, camionneurs, cochers de toutes sortes qui lui avaient été signalés comme traitant avec beaucoup d'humanité et d'attention les chevaux qui leur étaient confiés, leur achetant même sur leurs économies un supplément d'avoine. Espérons que ces encouragements porteront leur fruit.

Services pénibles.

Il est pour le cheval de trait condamné aux services industriels des grandes villes des fonctions plus particulièrement pénibles.

A Paris, les chevaux de gros camionnage sont les plus vites ruinés. Les compagnies Cotté et Delannoy frères, qui ont la spécialité des lourds charrois, en savent quelque chose, ainsi d'ailleurs que la compagnie Lesage avec son pesant matériel de vidange.

Pour traîner les lourds véhicules à deux roues, il faudrait des éléphants aux lieu et place du limonier dont le service est très dangereux. Car quand l'équipage, qui se compose ordinairement de 4 ou 5 chevaux vigoureux, tire sur les traits, la charge mal équilibrée pèse lourdement sur le brancard; quand la traction cesse, la voiture bascule en arrière et la sous-ventrière soulève le cheval attelé.

On devrait exiger pour ces dangereux véhicules : mollonnières, fardiers, diables ou trinqueballes un tuteur ou jambe de force qui préserverait les jambes du cheval s'il vient à s'abattre et garantirait les passants, comme en ont par exemple les nombreux équipages des moulins de Corbeil.

De même pour les camions servant au transport des lourds colis, exigeant d'énormes efforts de traction, les roues souvent ont un rayon de 15 à 20 centimètres, s'engagent dans les creux du pavé et la limonière violemment secouée, heurte et meurtrit l'épaule du cheval. Si la facilité du chargement exige que le tablier du chariot soit si bas, pourquoi ne pas adopter un essieu coudé qui permettrait de donner aux roues un plus grand diamètre sans exhausser le camion?

Car quelle tâche plus pénible que celle de limonier!

C'est bien le plus à plaindre. Si la charge est trop en avant, elle l'écrase et le brise; si elle trop en arrière, elle l'enlève en lui comprimant la poitrine; aussi semble-t-il étouffer parfois sans une douloureuse pression. Il glisse, son pied ne trouve aucun point d'appui; il reçoit à chaque tour de roue sur les pavés qui cèdent une secousse qui le jette tantôt à gauche, tantôt à droite de la voiture; vaincu par la douleur, la fatigue, les coups et le découragement, il finit par se laisser choir à bout de force et de courage.

Avez-vous observé quelquefois, aux époques des termes à

Paris, les vastes fourgons où sont entassés des meubles, us-
tensiles, matériel de ménage, pesamment chargés, dans les
brancards desquels se meut péniblement un pauvre cheval
efflanqué, étique, essouflé, la peau percée par les os aigus,
flétrie par les stigmates des coups, l'œil éteint, les jambes
tuméfiées, tremblant sur ses jarrets amaigris que conduit un
conducteur d'occasion : c'est le paria de l'espèce du trait, c'est
le cheval du déménageur.

Il n'est pas, je crois, pour celui qui aime le cheval, de
spectacle plus pénible. On se demande pourquoi tolérer d'aussi
réalistes exhibitions, et quels sont les maîtres assez dénués de
pitié pour prolonger une aussi misérable existence. Le mot de
l'énigme le voici : ces pauvres bêtes sont destinées à l'équar-
rissage, et sont souvent louées *in extremis*, pour quelques
francs par l'équarrisseur lui-même. C'est une indignité.
M. Roche, qui a publié un intéressant ouvrage : *Les martyrs
du travail*, honoré de plusieurs diplômes d'honneur par les
sociétés protectrices et dont nous nous sommes quelquefois
inspirés dans ce chapitre, dit à ce sujet : « Le propriétaire
d'animaux de trait, pour peu que son cœur soit accessible à
la pitié, ne voudra pas réserver une fin aussi atroce aux êtres
qui lui auront rendu tant de services. S'il les vend à l'équarrisseur, il les nourrira jusqu'au dernier moment et exigera
qu'ils soient mis à mort aussitôt leur arrivée au clos d'équar-
rissage. Bien plus, s'ils sont tellement faibles qu'il ne les suppose pas capables de fournir la course, il les fera abattre dans
sa maison pour éviter cette dernière souffrance. Mais un acte
plus rationnel, plus humain et en même temps plus lucratif,
serait de ne pas attendre que le cheval fût arrivé à cette dernière limite de l'épuisement et de le livrer à la consommation
aussitôt qu'il commencerait à faiblir. Le sort du pauvre animal
serait moins affreux, le propriétaire en retirerait plus d'argent
et de pauvres familles se nourriraient de cette chair saine et
réparatrice. »

Considérations pratiques.

Une question aussi complexe et aussi sujette aux interprétations que celle qui fait l'objet de ce chapitre, demande pour être bien comprise à être complétée par des considérations pratiques, destinées à en éclaircir le sens. C'est pourquoi nous avons groupé quelques recommandations nous semblant les plus utiles.

Le charretier doit veiller sur son équipage, serrer et desserrer la sous-ventrière du limonier, suivant les accidents du terrain. Il visitera les harnais, le mors, la ferrure. Il empêchera en les nattant que les poils du toupet ne descendent sur les yeux de l'animal, et aussi que ces mêmes organes ne soient pressés ou frappés par les œillères mal assujetties. Il aura soin de bien graisser les boîtes des roues de sa voiture et de toujours serrer le frein dans les pentes. Il maintiendra toujours son attelage sur la meilleure partie du chemin. S'il doit entrer dans un chemin défoncé, aller avant d'avancer étudier les lieux. S'il rencontre un ruisseau le traverser toujours de biais afin d'éviter un choc qui a souvent pour résultat la rupture d'un essieu et une secousse douloureuse pour l'animal. S'il arrête pour quelque temps, il enchaînera les roues de sa voiture, puis il détachera et assujettira la chambrière afin de soulager le cheval de timon. Il se tiendra toujours pendant la marche à la tête de son attelage, ne laissant jamais ses chevaux livrés à eux-mêmes. Le charretier prévoyant aura toujours dans sa voiture deux coins en bois pour caler les roues aux pentes longues et rapides. Il emportera aussi deux traits supplémentaires qui lui serviront à porter secours aux camarades et à se faire aider lui-même dans les passages difficiles.

Lorsqu'on dételle un cheval de limon, veiller à ce que les petites chaînes d'avaloire ou de recul ne viennent pas frapper le ventre de l'animal. Quand on l'attelle, autant que possible enlever la voiture au-dessus de son dos pour éviter le frottement des brancards ; il importe que les limons dépassent toujours son collier afin de lui donner de la force pour tourner à droite ou à gauche. Bien se pénétrer que le rôle de limonier est plutôt de porter que de tirer ; lui épargner, eu égard à son état permanent de gêne et de souffrance, toute fatigue inutile, toute sensation douloureuse. Dans la décharge des tombereaux, lorsque l'on fait basculer la voiture, préparer le cheval au recul qui va avoir lieu.

Un cheval de trait bien construit, bien portant, marchant d'un pas lent, peut travailler cinq à six heures de suite pourvu que la charge de la voiture ne soit pas au-dessus de ses forces et que la température ne soit pas trop élevée. Il est imprudent de se servir d'un cheval aussitôt après son repas, et l'on doit éviter de lui donner à manger après l'exercice.

Il faut au cheval de temps à autre du repos et nous approuvons beaucoup les cultivateurs et les industriels qui font donner aux animaux deux jours de repos par semaine.

Veiller soigneusement à la ferrure. Le dicton populaire est à méditer : *Faute d'un clou on perd le fer, faute d'un fer on perd le cheval, faute du cheval...* De la ferrure dépend la santé du cheval et aussi le service plus ou moins long qu'on attend de lui. A cet effet on conduira de temps en temps les chevaux à la forge pour changer les fers usés, pour remettre des clous où il pourrait en manquer, enfin pour raccourcir les cornes et parer le pied.

Pendant l'été, les souffrances du cheval sont extrêmes. Outre la fatigue provenant du tirage et de la chaleur accablante, les taons qui le harcèlent et dont il ne peut se débarrasser lui font endurer un supplice de tous les instants. Chasser autant que possible les mouches importunes, se servir des volettes ou filets, des oreillettes en étoffes légères ou mieux introduire dans la conque de l'oreille des chevaux une ou deux

gouttes d'huile de genévrier cade (matière tout à fait inoffen-
sive); on répète l'opération chaque semaine et jamais les
mouches n'approchent même de la tête des animaux. Dans
cette saison, graisser chaque jour le cuir des colliers, harnais,
et les laver avec un soin plus particulier, en raison de la crasse
produite par la transpiration.

Plusieurs fois par jour, dans les grandes chaleurs, faire boire
ses bêtes, leur bassiner les tempes, les naseaux et la bouche,
leur laver les yeux pour les débarrasser de la poussière.

Un mot sur la musette étroite et fermée, dans laquelle on
fait manger l'avoine aux chevaux dans les moments d'arrêt
ou de stationnement. Elle amène parfois les plus graves inconvénients, attendu que l'animal ne peut respirer librement et
est suffoqué par l'accumulation des vapeurs produites par la
respiration. Un ami des chevaux a inventé une musette en
forme d'auge supportée par une armature s'appuyant sur le
collier du cheval. A son défaut, nous conseillons des sacs très
larges et percés de trous nombreux au-dessus du niveau de
l'avoine. Les Américains, ont depuis quelque temps remplacé
la musette-sac par une boîte posée sur trois pieds qui se
replient, de façon à tenir peu de place sur la voiture. Le
problème se trouve ainsi heureusement résolu.

Le cheval qui tombe est toujours un triste spectacle. Aussi
y a-t-il lieu de le secourir au plus vite. Il faut l'aider à se
relever, et bien peu de personnes savent comment s'y prendre.
Voici ce qu'il importe de faire :

Dégager autant que possible les limons en reculant ou en
soulevant la voiture ou en déplaçant l'animal avec les plus
grandes précautions. Alors seulement l'exciter doucement à
se relever en le maintenant et en le soutenant par la bride.
Ensuite regarder s'il n'est pas contusionné ou blessé. Puis le
rassurer en lui parlant et le caressant, lui bassiner le front,
les naseaux et la bouche, lui donner à boire, ce qui le remettra
tout à fait et ne l'atteler de nouveau qu'au bout de quelques

(Les races de trait).   12

instants. Si le cheval s'est fait quelques écorchures, il faudra laver délicatement les plaies pour en faire sortir le gravier et les ordures qui auraient pu s'y introduire, puis étendre sur ces plaies de la teinture d'aloès pour les faire sécher et fermer plus vite.

Qu'ajouterons-nous encore? Que les principales qualités du charretier, roulier ou camionneur sont la compassion, la patience, la prudence, le sang-froid, l'attention, l'obligeance, la sobriété. Si avec cela il est propre, bien tenu, ne vociférant pas à tous propos, intelligent et doué d'un raisonnement juste, il sera un charretier accompli.

Conclusions.

Maintenant posons nos conclusions, comme l'on dit au Palais.

Nous avons dit, au début de ce chapitre, que la promulgation de la loi du 2 juillet 1850 était venue combler une lacune — puisque jusque-là il n'existait dans notre législation française aucune pénalité contre les cruautés commises envers les animaux, tant qu'elles ne portaient pas atteinte à la propriété d'autrui. — Tout homme avait le droit d'user et d'abuser de son animal, de le torturer, comme il avait le droit de briser son meuble.

La loi Grammont a donc consacré un principe éminemment civilisateur; elle a flétri la cruauté en constatant que l'immoralité, la culpabilité de l'acte se doivent apprécier en dehors de la considération du dommage et de la possession. Mais cela suffit-il?

Non; d'une part, la loi est trop laconique, n'a pas établi de classification pour les délits qu'elle désigne sous le nom de contravention, elle ne les a pas définis, de sorte que les magistrats se trouvent souvent embarrassés sur quel cas ils doivent sévir. Il n'y a qu'à se reporter au *Recueil périodique de juris-prudence, de législation et de doctrine* de Dalloz, pour s'en rendre compte. Le juge, y est-il dit, doit examiner si le mauvais traitement lui a été infligé parce qu'il ne voulait pas marcher, si la nécessité ne le justifiait pas ; si les actes ne sont que des précautions ou des violences nécessaires, etc. C'est laisser un champ libre, vaste aux interprétations invoquées par la défense.

D'autre part, la pénalité n'est pas assez sévère pour des actes révoltants qui témoignent chez les auteurs une profonde perversité. Des pétitions nombreuses ont été adressées au Parlement à diverses époques pour reviser cette loi et la rendre plus efficace. De son côté, la Société protectrice des animaux a signalé dans un remarquable mémoire, publié par le docteur Blatin, les modifications que l'expérience lui a indiquées dans l'intérêt public. Nous en extrayons les desiderata suivants ayant rapport au cheval de trait :

Obligation pour les maîtres et entrepreneurs, d'entretenir dans un degré de viabilité convenable les chemins intérieurs et les abords des usines, chantiers de matériaux, construction ou de terrassement.

Interdiction aux équarrisseurs : de faire travailler d'une manière quelconque les animaux destinés à être abattus et de faire sortir ces animaux de leur établissement ; de les vendre, louer ou prêter et généralement de faire le commerce ou la location des chevaux, ânes, mulets, etc.; de les conserver plus de 18 heures et de pourvoir pendant ce délai à leur nourriture. Ils seront astreints à donner aux commissaires de police le signalement des chevaux qu'ils emploient pour l'exercice de leur industrie.

Doivent être compris et spécifiés dans les mauvais traitements passibles de la loi Grammont : les coups abusifs de cravache ou de fouet; l'emploi abusif d'animaux malades, exténués ou blessés ; l'abandon sans secours d'animaux malades, exténués ou blessés, et la négligence à les pourvoir de nourriture suffisante.

Seront reconnus passibles d'une amende de 16 fr. à 200 fr. et d'un emprisonnement de 6 jours à 2 mois les personnes reconnues coupables du fait de frapper un animal avec un objet aigu, tranchant ou contondant et de nature à le blesser, avec faculté d'infliger l'affichage du jugement.

Les agents voyers, gardes champêtres, préposés aux douanes ou octroi, pourraient, indépendamment des agents de la force publique, dresser les procès-verbaux de contravention à la présente loi.

CHAPITRE IX

Les Stud-Books.

<table>
<tr>
<td>

Fortes creantur fortibus et bonis :
Est in juvencis, est in equis, patrum
Virtus, nec imbellem feroces
Progenerant aquilæ columbam.

HORACE. *Odes*, liv. IV. *Ode* IV.

</td>
<td>

Le courage est engendré par le courage et la valeur ; on retrouve dans le taureau, dans le cheval le mérite de leurs ancêtres, et l'aigle belliqueux ne donne point le jour à de timides colombes.

</td>
</tr>
</table>

La tendance du jour est à la spécialisation des races et à son complément obligé : le Stud-Book.

Partout, aussi bien dans les races canines, bovines, ovines, asines, mulassières que chevalines, on se préoccupe de la reconstitution ou de l'affirmation des races. Et, comme pour arriver à ce résultat, une sélection judicieuse s'impose, il s'ensuit que le Stud-Book est apparu au premier plan des besoins nouveaux.

Cette fois, l'engouement n'est pas une affaire de mode : il est rationnel.

Ce n'est pas d'ailleurs d'aujourd'hui que les livres généalogiques sont en faveur.

On a cité ce mot d'un vieux Grec à un jeune athlète qui lui demandait quelles chances avaient les coursiers qu'il présentait dans la lice :

« Demandez-le à leur mère », répondit-il.

Chez les Grecs, toutes les races de chevaux étaient distin-

guées par des marques différentes. « Les chevaux sont marqués à la cuisse d'un fer chaud », dit Anacréon. Les marques
les plus ordinaires étaient une tête de bœuf ; les chevaux ainsi
marqués s'appelaient Βούκεφαλοι ; c'était la première race de
Thessalie et un souvenir des anciens Centaures ; c'est là ce qui
fit appeler Bucéphale, le cheval d'Alexandre. D'autres étaient
marqués du T (tau), ou du Σ (sigma), ou enfin du K (kappa).
Aristophane, dans les *Nuées*, représente un jeune Athénien endormi qui prononce en rêvant le nom de ses chevaux : *Copa-
tias*, *Samphoras*, ainsi appelés à cause du kappa et du sigma
imprimés sur leurs cuisses.

Ces marques, que l'on peut appeler le blason de la race
équestre, se retrouvent chez tous les peuples anciens et même
chez les peuples modernes. L'usage de marquer d'un fer chaud
les diverses races de chevaux à telle ou telle partie du corps
s'est répandu dans le monde entier ; il existe encore en Allemagne, en Russie, chez les peuples à demi-sauvages de
l'Ukraine, en Espagne, en Italie et même chez les peuples
orientaux où de tous temps les plus grands soins ont été employés pour constater la descendance des races chevalines. On
sait que les peuples de l'Orient y attachent une importance qui
se lie à leurs rites religieux. Aussi non seulement les marques
de fer chaud, mais encore les certificats faits sous l'invocation
de Dieu, les témoignages traditionnels, les généalogies consi-
gnées dans les poésies et les livres spéciaux appelés « Hudgé »
sont-ils employés journellement pour éviter toute fraude à cet
égard.

Les tables généalogiques des Arabes n'ont pas le caractère
officiel du Stud-Book européen ; mais elles n'en sont pas
moins certaines. Elles témoignent de l'importance absolue
qu'attachent tous les peuples pour lesquels le cheval est l'objet
d'une étude spéciale et d'un goût particulier à l'origine et à la
filiation non interrompue d'une certaine race, par conséquent
à sa supériorité sur toutes les autres.

Les Circassiens, qui sont grands amateurs de chevaux, ont une marque pour chaque race particulière à laquelle ils attribuent un mérite spécial. Cette marque a tant d'importance à leurs yeux, que celui qui s'aviserait d'imprimer ce signe de noblesse à un cheval de race commune pourrait payer de sa vie cette infraction aux vieilles coutumes nationales.

En Italie, on a de tout temps attaché la plus haute importance aux marques des Haras et plusieurs auteurs n'ont pas dédaigné d'en faire l'objet d'ouvrages savamment écrits. Je citerai, entre autres, il signor Aloïse Morosini, da Pietro Franc, et plus récemment Dufourny.

Nous ne pousserons pas plus loin nos investigations dans le domaine de l'histoire, tendant à prouver les efforts des divers peuples tant anciens que modernes pour constater la filiation des chevaux. Il est certain que tous ont attaché une grande importance à la conservation du sang, principe éternel de l'amélioration des races. Et d'ailleurs en économie agricole la théorie concernant la valeur du bétail à pedigree tracé est partout admise.

Passons maintenant à l'étude du Livre généalogique que les Anglais ont ouvert à leur race pure et auquel ils ont donné le nom de *Stud-Book*, livre des Haras, ou mot à mot : *stud*, écurie, *book*, livre.

Les Anglais, comme on sait, ont perfectionné, depuis quelques siècles, une famille particulière de chevaux, dont la spécialité est les courses de vitesse. Cette race, qui procède du sang oriental à un degré plus ou moins éloigné, avait bien une filiation reconnue, mais qui pendant longtemps fut enveloppée d'une sorte d'auréole mystérieuse; cela ne sortait pas du monde des grooms et des turfistes, et beaucoup de fraudes et d'erreurs se commettaient.

Ce fut pour y remédier que, vers le milieu du siècle dernier, on résolut d'ouvrir un registre d'inscription à la noblesse chevaline de l'Angleterre. Ce registre, qui ne fut d'abord qu'un

extrait du registre des morts des principaux Haras, porta différents noms. Le premier, en date de 1750, fut désigné sous
le nom de : *An Historical list of Horse matches;* le second fut
édité sous le nom de: *The sporting Calendar;* le troisième sous
celui de : *The Racing Calendar.* Mais ce ne fut qu'en 1791 que
paru le Stud-Book actuel, sous le titre de : *The general Stud-
Book coutaining pedigrees of race Horses.* Cet ouvrage, publié
aujourd'hui par MM. Weatherby, à Londres, également éditeurs
du *Racing Calendar*, fait remonter les familles de race pure
aussi haut que possible et jusqu'aux premiers temps de l'importation, et il continue à transmettre leurs descendances à
mesure des naissances qui s'opèrent.

L'étude du Stud-Book anglais est des plus nécessaires à
l'homme qui veut connaître la science chevaline. C'est là beaucoup mieux que dans les plus volumineux ouvrages, on peut
comprendre la question du pur sang; que l'on peut se
convaincre que le *racing-blood* est la descendance presque
pure du sang oriental; car si quelquefois la tête généalogique
présente à côté d'un cheval oriental le mot *inconnue* au lieu
de celui d'une *barbe-mare*, cela n'est pas une raison pour
affirmer que la jument dont il est question est de race commune, mais seulement que la filiation n'a pu être suivie.

Les Anglais, grands partisans de l'élevage spécialisé, ont
plusieurs autres Stud-Books, tels que, par exemple, pour les
chevaux de service et de trait : le Stud-Book des Clydesdale,
des Shire-Horse, le Suffolk-Punch Stud-Book, sans compter les
Herd-Books propres aux races bovines, ovines et porcine, etc.

Nous entrons dans tous ces détails, qui peuvent paraître de
prime abord sortir du cadre de notre sujet et relever plutôt du
sport, parce qu'il importe de mettre sous les yeux des créateurs de Stud-Books nouveaux le prototype dont ils déclarent
s'inspirer et dont ils inscrivent le nom, comme une épigraphe,
au frontispice de leurs statuts.

Ce qui tend à prouver que peu de personnes en France se

préoccupent d'approfondir la contexture du Stud-Book, c'est
que les écrivains spéciaux n'ont pas jugé utile d'entrer, à
son sujet, dans de grands développements. Quelques-uns
même, en parlent en gens qui ne l'ont jamais ouvert, et à qui
il a suffi de savoir qu'il existait un registre généalogique de
la race pure. C'est pourquoi, voulant en connaître les origines
exactes, nous avons dû aller consulter les archives du ministère de l'agriculture.

Voici d'abord, au point de vue administratif, ce que nous
avons relevé :

Ce fut une ordonnance du 3 mars 1833 qui créa le registre
matricule des chevaux de la race pure existant en France et
institua une commission spéciale pour la tenue du registre
d'inscription, qui ne fut terminé et ne put être publié qu'en
1838. Cette commission, transformée en commission centrale
des courses et du Stud-Book, fut rétablie en commission spéciale par arrêté en date du 17 mars 1860.

C'est cet arrêté qui régit encore la matière aujourd'hui, et
qui décide que la commission sera nommée par le ministre
de l'agriculture et présidée par lui, qu'elle statuera sur l'inscription des chevaux de race pure au Stud-Book, conformément aux dispositions de l'ordonnance du 3 mars 1833.

Aux archives du ministère se trouve également la collection
complète du Stud-Book ; nous avons donc pu parcourir les
deux premiers volumes parus. Le premier porte la date de
1838, on y lit en première page : — Conformément à l'ordonnance royale du 3 mars 1833, il a été établi au ministère des
travaux publics, de l'agriculture et du commerce, un registre
matricule pour l'inscription des étalons et juments de race
pure existant en France. Sont reconnus comme de race pure
et admissibles à l'inscription :

1° Les étalons de race pure anglaise ;

2° Les poulinières de même race et leurs produits ;

3° Les étalons de race pure arabe ;

4° Les poulinières de même race et leurs produits.

On remarquera que la race anglo-arabe ne figure pas encore ; elle ne prit date en France et ne fut reconnue et acceptée que lors de la création de la jumenterie de Pompadour.

L'exposé du premier volume constate en outre la disposition suivante : Les produits de croisement d'une race avec l'autre suivent l'état de la mère ; la race du père est toujours désignée. Après le pedigree ou généalogie de chaque étalon, on indique les localités où il a fait la monte et le nom du propriétaire actuel.

Suivent les conditions qui établissent le droit à l'inscription, qu'il serait trop long d'énumérer ici. Le nombre des animaux figurant dans ce premier volume est de 402 étalons, 214 poulinières et 842 poulains ou pouliches ; soit 1458 inscriptions. Il y est dit également que, tous les deux ans, à la date du 1er janvier 1838, il serait publié un supplément et que les demandes devraient être adressées au ministère de l'agriculture. La première commission désignée se composait de MM. le duc Decaze, président ; Tourton, comte de Flahaut, marquis de Pange, marquis de Marmier, comte d'Harcourt, Henri Lacaze, comte de Cambis, comte de Montendre.

Tel a été, dans son organisation primitive, le Stud-Book français.

Voici maintenant quelle est sa contexture actuelle : il contient, dans sa première partie, les noms de tous les étalons de pur sang appartenant à l'État ou à des particuliers. La seconde et la plus grande partie du livre est consacrée à la nomenclature de toutes les juments poulinières nées en France ou importées. Le nom de la jument est inscrit en lettres majuscules et suivi de son origine, c'est-à-dire du nom de son père et de sa mère et de leurs auteurs, de la date de sa naissance et du nom du propriétaire chez lequel elle est née et de celui auquel elle appartient. Puis au-dessous, année par année, le nom et la désignation du sexe et de la robe des produits qu'elle a donnés, et en regard, le nom du père de chacun de ses poulains.

La commission a, pour la représenter au ministère de l'agriculture, un secrétaire, qui est M. du Hays, un aimable fonctionnaire de l'administration des Haras. C'est à lui que les éleveurs sont invités à envoyer la liste de leurs juments, celle des naissances des poulains qu'ils ont obtenus avec le nom de chacun d'eux. Ils doivent également mentionner les animaux à eux appartenant qu'ils ont vendus et le nom des acquéreurs. Si ces instructions étaient ponctuellement suivies, on pourrait alors suivre sans interruption un poulain de pur sang depuis sa naissance jusqu'à sa mort. Malheureusement, il n'en est pas ainsi, un grand nombre d'éleveurs apportent une négligence impardonnable à l'accomplissement des formalités et causent la seule lacune que l'on puisse reprocher au Stud-Book français. La commission publie chaque année un volume corrigé, avec addition de tous les nouveaux documents qui lui sont parvenus.

En étudiant la descendance de certaines juments, on peut se rendre compte de la sûreté de reproduction de certaines familles et de l'incertitude de plusieurs autres. Le Stud-Book démontre mieux qn'un raisonnement l'importance qu'il faut attacher à l'ascendance et à la race confirmée des reproducteurs que l'on emploie. C'est une certitude qui peut varier du plus au moins, mais ne trompe jamais ; et l'on reste convaincu de la vérité mathématique de ce vieil axiome : *Bon sang ne peut mentir*. Il faut seulement être certain de la filiation des deux lignes paternelle et maternelle; le Stud-Book est à cet égard le plus sûr et le meilleur moyen de ne pas s'écarter de cette règle.

Il est un point sur lequel nous voulons insister, c'est celui des difficultés qui se présentent pour l'établissement d'un Stud-Book et des erreurs ou surprises qui ne peuvent être évitées au début. Il a fallu cinq ans au Stud-Book de race pure pour prendre corps et offrir toutes les garanties de légalité et d'authenticité qui lui donnent aujourd'hui l'autorité incontestable et incontestée qu'il possède. Il n'y a donc pas lieu d'être trop exigeants à l'apparition d'un nouveau Stud-Book, pourvu toutefois qu'il soit établi sur des données propres à inspirer confiance et à justifier et son titre de registre généalogique et son but de guide dans l'amélioration d'une race indigène que l'on veut fixer et dont on veut perpétuer les qualités et transmettre les aptitudes.

Tous les hippologues célèbres ont fait grand cas du Stud-Book. Le baron de Curnieu affirme que la lecture du Stud-Book est indispensable à tout homme de cheval, et qu'il doit bien s'en pénétrer et y chercher des enseignements.

M. Magne, le savant professeur, s'exprime ainsi dans un de ses plus récents ouvrages : « Le Stud-Book est le nom du registre sur lequel sont inscrits les chevaux de race. Tenu par l'État, ce livre fait connaître la généalogie, l'origine de ces animaux. En France, l'administration des Haras y inscrit, après le nom de chaque reproducteur mâle et femelle, la liste des descendants produits. On peut voir ainsi, de suite, le mérite de chaque étalon et les espérances qu'on peut fonder sur ses descendants. Un livre généalogique n'ajoute rien au mérite des animaux qui y sont inscrits ; il ne constitue pas la fixité des races, mais en faisant connaître les ascendants des animaux, il facilite le choix des reproducteurs et peut, jusqu'à un certain point, donner le moyen de l'établir. Dans tous les cas, les possesseurs de races perfectionnées, de races employées à l'amélioration d'autres races, ont intérêt à pouvoir démontrer l'origine de leurs animaux. »

Et il ajoute : « Des producteurs de la Beauce ont proposé d'établir un livre généalogique pour la race percheronne. Mais qu'ils sachent bien qu'au début les indications qu'ils donneront dans leur Stud-Book seront sujettes à erreur ; car comment commencer ? Comment choisir dans la vaste contrée où la race est produite et avec le commerce auquel elle donne lieu, les individus, les familles à inscrire comme types? Mais après quelques années, un Stud-Book bien tenu aurait l'avantage d'offrir aux acheteurs un moyen sûr de s'assurer de l'origine des étalons percherons, de s'assurer qu'ils n'achètent pas pour percherons, des producteurs venus de la Flandre, de la Franche-Comté, de la Picardie ou du Poitou. Un Stud-Book donne une garantie de race aussi complète que le comportent les conditions dans lesquelles se trouvent les animaux domestiques. »

Aujourd'hui, le Stud-Book percheron existe, le premier volume a paru en 1883.

Avant d'entrer dans les développements que comportent les polémiques qui se sont élevées autour de cette création spéciale, dont le succès très grand s'accentue de jour en jour, nous allons résumer et condenser les statuts et règlements qui nous ont servi de base à l'établissement du plus grand nombre de Stud-Books.

Ils diffèrent peu les uns des autres. S'inspirant d'ailleurs du même but améliorateur, il ne pouvait guère en être autrement. Tous sont l'œuvre d'une société hippique régionale, et comme son annexe, et assurément le meilleur moyen qu'elles qu'elles aient eu l'heureuse idée de mettre en pratique pour multiplier leurs débouchés, rendre les prix de vente plus rémunérateurs et augmenter le mérite de leurs produits par une attestation d'excellente origine.

Voici les articles principaux de ces Stud-Books :

Voulant améliorer notre race de trait et perpétuer les qualités qui la distinguent, nous avons arrêté ce qui suit :

Art. 1er. — Pour constater l'identité des animaux de notre race chevaline de trait et de leur descendance, nous avons établi un livre généalogique ou Stud-Book pour l'inscription desdits animaux, soit qu'ils existent dans le département ou qu'ils aient été exportés ailleurs.

Art. 2. — Seront inscrits au Stud-Book :

Les étalons départementaux ;

Les étalons, pouliches, juments et poulains primés ou mentionnés aux concours de la Société ou soumis à l'examen de la commission spéciale et acceptés par elle ;

Les produits desdits animaux provenant de père et de mère inscrits ;

Les animaux qui, à partir d'une époque déterminée, seront primés ou mentionnés dans les concours de la Société. (L'inscription, pour ceux-là, est obligatoire dans la quatrième année.)

Les descendants des animaux dont il est question ci-dessus, mais provenant de père et mère inscrits.

Art. 3. — Tous les animaux désignés devront être déclarés par le propriétaire au secrétariat de la Société, afin d'obtenir leur inscription au Stud-Book dans un délai fixé.

Art. 4. — Un exemplaire du règlement est envoyé de droit aux propriétaires des animaux primés et mentionnés antérieurement, afin que nul n'en ignore.

Art. 5. — Une commission spéciale est chargée de procéder à l'examen des animaux proposés à l'inscription ; elle est chargée de la rédaction et de la tenue dudit registre généalogique. Elle prononce sur l'admission des diverses demandes d'inscription et statue en dernier ressort. Elle peut exclure tous les animaux ne présentant pas les caractères et le type de la race indigène.

Art. 6. — Les éleveurs sont tenus : de déclarer les animaux dans les trois mois de leur naissance. Cette déclaration sera accompagnée de la carte de saillie, afin de constater que le produit est issu d'une jument et d'un étalon inscrits au Stud-Book ; d'envoyer, du 1er au 15 octobre de chaque année, un état constatant la liste des morts survenues dans l'année, les noms et adresses des acheteurs de leurs animaux, ainsi que les noms et numéros d'inscription des animaux qui cesseraient d'être consacrés à la reproduction.

Art. 7. — Inscription, dans les trois mois qui suivront les concours, des animaux qui y auront été primés ou mentionnés par la Société.

Un volume sera publié chaque année contenant : un index général par ordre alphabétique et donnant le numéro d'ordre, les noms des animaux, ceux des éleveurs et possesseurs et les pays dans lesquels sont inscrits les animaux, etc.; la généalogie des juments suivie du tableau de leurs produits ; les généalogie des pouliches.

Il sera tenu pour la déclaration d'inscription un registre à souche dont il sera délivré un extrait au déclarant, après l'approbation de la commission.

Tels sont les statuts et règlements adoptés par les sociétés hippiques du Boulonnais, du Nivernais, par la société d'agriculture de Niort pour son Stud-Book de l'espèce mulassière et par les sociétés normandes, bretonnes, etc.

Voilà quelle est la table de ce livre utile d'élevage spécialisé qui a le don de mécontenter si fort certains zootechniciens en chambre, rêvant de centraliser le disparate et le dissemblable, de « noyer dans le tas » nos races de trait les plus caractérisées, d'en faire un assemblage confus, véritable tour de Babel de la production chevaline nationale, dont l'abâtardissement et la promiscuité constitueraient toute l'architecture.

Les Belges ont eux aussi désormais un *Stud-Book pour les races de trait.* Il y avait longtemps que cette création était réclamée. Dès 1880, le comte de Beauffort, un hippologue distingué, dans une fort remarquable étude sur le brillant concours de l'espèce chevaline organisé à Bruxelles, en signalait l'urgence.

« La nécessité de ce livre d'origine, écrivait-il, est mani» feste aujourd'hui. Depuis quelques années plusieurs pays,
» notamment l'Autriche, la Suède et l'Allemagne viennent

« chercher ici des étalons et des juments, soit pour repro-
» duire nos races, soit pour améliorer celle de ces divers
» pays. Les États-Unis et le Canada, où le besoin du cheval
» de gros trait se fait vivement sentir, commencent à suivre
» cet exemple. Un Stud-Book bien tenu, garantie de la valeur
» de la marchandise, est donc une nécessité urgente, et une
» exposition annuelle en est la sanction, le complément
» obligé. »

D'autre part, le savant professeur de zootechnie, M. Reul,
écrivait en 1885 : « ... Le *modus faciendi* que nous préconi-
» sons aurait un corollaire indispensable : l'institution d'un
» Stud-Book provincial, d'un livre des origines, où figureraient
» successivement les noms et les performances de ces repro-
» ducteurs d'élite et de leurs ascendants et descendants. La
» Société des éleveurs belges, fondée en 1879, dans le but
» d'obtenir désormais des animaux de pure race, pourrait se
» charger de ces inscriptions généalogiques, de la confection
» de ces pedigrees. Et pourquoi ne créerait-on pas un Stud-
» Book? La Belgique, qui dépense chaque année environ
» 100,000 fr. pour encourager l'élève du cheval, ne devrait
» pas tarder à instituer ce Stud-Book. Elle pourrait par la
» même occasion créer un Herd-Book ou livre de bétail ou
» bien, ce qui serait plus simple, reconnaître la Société des
» éleveurs belges, en lui laissant la direction de cet état civil
» spécial. »

S'inspirant de ces conseils, la Société nationale du cheval
de trait belge récemment constituée, décidait au mois de juillet 1886 qu'il y avait lieu de créer un Stud-Book, attendu
disait le rapport : « Qu'il importe de perfectionner nos races
par une sélection judicieuse et que, pour arriver à ce but, le
moyen le plus sûr est la tenue d'un Stud-Book. »

Le Stud-Book a pour but l'inscription des chevaux de trait
appartenant aux races belges et dont la généalogie aura été
établie. Il comprend trois variétés : 1° race flamande ; 2° race

brabançonne (gros trait); 3° race ardennaise (trait léger). Une commission centrale, composée de sept membres, est chargée de sa rédaction.

Au moment de clore ce chapitre nous recevons le premier fascicule du *Stud-Book de la race boulonnaise,* publié à la date du 31 décembre 1886.

Nous y trouvons l'historique de son établissement qu'il nous paraît intéressant de reproduire, d'autant que l'on y verra quels sont l'esprit et les tendances de cette création nouvelle et l'avenir qui peut lui être réservé.

Le Boulonnais a été de tout temps un centre d'où est sortie une exportation considérable de jeunes sujets, dirigés vers les régions voisines, telles que la Picardie et la Normandie. C'est dans ces pays, où on se livre surtout à l'élevage des jeunes sujets importés pour les conserver jusqu'à l'âge où ils sont propres au service, que les commerçants viennent s'approvisionner. Dans le Boulonnais, où la production est abondante, on comprend facilement qu'on ne puisse faire une grande part à l'élevage; il faut faire de la place aux nouveaux arrivés, et les cultivateurs n'élèvent que les chevaux qui leur sont nécessaires.

Quand les chevaux ainsi exportés sont revendus à l'âge adulte, le sont-ils toujours sous le nom de leur pays d'origine? Il est permis d'en douter. L'appellation de cheval boulonnais n'est pas toujours employée, notamment à Paris, où les chevaux prennent le nom du pays d'où ils sont tirés par les marchands, quelle que soit la région qui les a produits. C'est ainsi qu'on appelle *Cauchois* le cheval acheté dans le pays de Caux (Normandie); or, le cheval cauchois n'est autre que le Boulonnais d'origine, importé et élevé dans le Vimeux et le pays de Caux.

La Compagnie des omnibus, dont la cavalerie est montée avec tant de soins, tire une notable partie de son contingent dans les chevaux d'origine boulonnaise qu'elle désigne du nom de *Cauchois*.

Mais si cela importe peu, au point de vue de la réputation de la race qui est aujourd'hui assez fortement établie pour n'avoir pas besoin d'être défendue, néanmoins il existe un intérêt de premier ordre à ce que les éleveurs du Boulonnais recueillent eux-mêmes les fruits de leurs efforts, et à ce qu'on puisse aller directement chercher chez eux des produits qui sont appréciés au loin et qu'on achète cependant, ou sous d'autres noms ou sans aucune certitude d'origine.

Il faut noter que les jeunes chevaux achetés dans le Boulonnais, pour être élevés ailleurs, sont soumis parfois à des méthodes d'élevage, à un entraînement et à une nourriture qui, dans bien des cas, ne sont pas d'accord avec leur tempérament. Il en résulte une dégénérescence du caractère et quelquefois même des tares qui ne sont nullement imputables à la race.

Cette considération, toute d'intérêt, devait conduire à se servir du moyen employé depuis longtemps par nos voisins d'outre-Manche : à tenir un Livre généalogique de la race locale. Mais cette méthode a d'autres avantages, ceux-là plus importants au point de vue de l'avenir. Le Stud-Book permettant, en effet, de connaître l'ascendance et la descendance des sujets de choix, les éleveurs, qui tiennent à améliorer la race, sauront à quel sang s'adresser pour la perpétuer et lui donner les qualités qu'ils recherchent. Ce sont ces considérations qui ont guidé la Société d'agriculture dans l'établissement de ce livre.

L'exemple de l'établissement de Livres généalogiques dans les contrées d'élevage les plus importantes en Angleterre, et en France, dans la région du Perche, devait s'imposer aux éleveurs boulonnais.

Une première commission de 19 membres fut désignée pour examiner la proposition ; de cette commission, présidée par M. Boulanger-Bernet, nous ne dirons rien, sinon que ses travaux ne purent aboutir.

L'année suivante, les élections ayant amené à la tête de la Société un nouveau bureau, la proposition fut reprise par le nouveau président, M. Madaré, avec une persistance qui devait en amener le succès; et une commission nouvelle, nommée dans la séance du 6 mai 1885, entreprit l'étude de la question. Cette commission tint plusieurs séances, entendit d'abord un rapport de M. de Méricourt, contenant des aperçus judicieux sur notre race locale, et décida la création du Stud-Book, en chargeant une sous-commission de préparer un projet.

Les conclusions des travaux de la commission furent les suivantes : La Société d'agriculture devait confier l'établissement et le fonctionnement du Stud-Book à une société spéciale qui pourrait plus facilement lui consacrer son temps et ses soins, et qui serait placée sous le patronage de la Société d'agriculture.

Le Stud-Book pourrait s'étendre aux régions voisines limitativement désignées, où l'élevage de la race boulonnaise est en honneur. Cette extension se ferait au fur et à mesure, et lorsque le fonctionnement serait bien organisé dans l'arrondissement de Boulogne-sur-Mer.

Des commissions cantonales seraient chargées, à des époques déterminées, de recueillir les inscriptions.

Enfin la commission prit connaissance des indications et des renseignements que M. Brunet-Roche, président du syndicat de Calais, voulut bien lui adresser sur ce sujet (*Bulletin de la Société*, 1885, p. 171), et entendit le rapport élaboré au sein de la sous-commission, et rédigé par M. Achille Adam fils. Ce rapport, très concluant, contenait un projet de règlement. Nous en extrayons les lignes suivantes, qui reflètent exactement la pensée des auteurs du projet :

« En ouvrant un Stud-Book dans les conditions qui viennent d'être énoncées, nous ne prétendons offrir d'autres garanties que celle de l'exactitude dans la tenue du Livre généalogique, et celle qui résulte d'un contrôle matériel de nature à imposer, dans la plus grande mesure possible, la sincérité des déclarations. »

Dans la séance de novembre 1885, la Société d'agriculture avait, sur l'initiative de M. Madaré, président, et sur le rapport de M. Furne, secrétaire de la Société, décidé en principe la création d'un syndicat agricole. Ce syndicat fut définitivement fondé le 3 février 1886.

Le bureau du syndicat est ainsi composé : *Président d'honneur*, M. Madaré, président de la Société d'agriculture; *Président*, M. le baron de Saint-Paul, propriétaire-cultivateur, à Hames-Boucres ; *Vice-présidents :* MM. de Bournonville, Léonard Calais, Parenty-Sy, Féramus, Henri Martinet, Fayeulle ; *Secrétaire*, M. C. Furne; *Trésorier*, M. Paul Moleux; *Bibliothécaire*, M. H. de Méricourt.

L'article 8 des statuts portait qu'entre autres attributions, le syndicat aurait pour mission : « d'organiser et faire fonctionner tout Livre généalogique aidant au développement et à l'amélioration des races d'animaux spéciales au pays et à la sûreté des transactions y relatives. »

En conséquence, la commission de la Société remit ses pouvoirs entre les mains du syndicat, et le règlement fut rédigé et voté sur les bases précédemment arrêtées.

Dans sa séance du 2 juin 1886, le syndicat nomma une commission chargée du fonctionnement. Cinq membres du syndicat et quatre de la Société d'agriculture furent désignés :

MM. Delattre-Bernet, de Méricourt, Vampouille, Jules Verlingue, Célestin Duchateau, Ismaël Hamain, de Lamarlière, Cugny, Longuemaux, présidés par le président du syndicat et les vice-présidents de chaque canton où la commission opère.

Dès lors, le Stud-Book existait en réalité, et son fonctionnement, à l'aide des commissions cantonales, va permettre de pouvoir faire paraître, au fur et à mesure des inscriptions, les fascicules qui le composeront.

Le premier travail, un peu hâtif, qu'a nécessité la publication de la présente édition, est aussi la cause de quelques lacunes au sujet de l'ascendance. Nous avons l'espoir que MM. les éleveurs nous adresseront des renseignements plus complets qui nous permettront de livrer au public une nouvelle édition revue et augmentée.

D'après ce que nous venons de dire, et comme on s'en rendra compte en prenant connaissance du règlement, le syndicat agricole du Boulonnais s'est attaché à faire une œuvre durable, utile à tous et absolument désintéressée.

Règlement.

Pour l'espèce chevaline, il est créé, par le syndicat agricole du Boulonnais, un Livre généalogique permanent, sur lequel ne seront inscrits que les sujets de la race boulonnaise.

Le soin de procéder aux inscriptions est confié à une commission unique de 9 membres.

Cette commission se composera de quatre membres désignés par l'assemblée générale de la Société d'agriculture, et les cinq autres par le bureau du Syndicat.

Cette commission sera renouvelée par rotation, à la suite d'un tirage au sort auquel le bureau du syndicat devra procéder dans le mois de la constitution de la commission. Le renouvellement par rotation s'effectuera tous les trois ans, savoir : pour la Société d'agriculture, à raison de deux membres chaque fois, et pour les membres du Syndicat, à raison successivement de deux et de trois.

La commission sera présidée par le président du Syndicat, à son défaut, par le vice-président du canton où siègera la commission, et si ce dernier est lui-même empêché, par le plus âgé des autres membres présents de la commission.

La commission fonctionnera à Boulogne-sur-Mer, et en cas de besoin pourra se transporter en tous autres lieux. Dans ce dernier cas, des frais de déplacement pourront lui être alloués.

En cas d'épizootie, cette commission est autorisée à se faire assister d'un vétérinaire.

Pour être valables, ses décisions devront être prises au moins par trois membres et à la majorité absolue. En cas de partage, la voix du président de la commission sera prépondérante.

Seront de droit inscrits au Stud-Book :

1° Les sujets de la race boulonnaise qui ont été primés en 1884 et 1885, ou qui le seront à l'avenir dans les concours organisés par la Société d'agriculture et des beaux-arts de l'arrondissement de Boulogne-sur-Mer ;

2° Et les produits de tous père et mère inscrits.

Pour l'inscription de ces produits, la carte de saillie devra être représentée.

Sur la demande des propriétaires, tous autres sujets appartenant à la race boulonnaise pourront également être inscrits.

Cette demande sera adressée au secrétariat du Syndicat, avec l'engagement, de la part du propriétaire, de présenter le sujet à la commission.

L'inscription n'aura lieu qu'après cette présentation.

Afin d'éviter toute confusion, la commission pourra ajouter le nom du propriétaire à ceux du sujet.

Les produits exceptés, il ne sera plus fait d'inscriptions après le 31 décembre 1891.

Au mois de juillet de chaque année, il sera fait un état des changements et produits survenus.

A cet effet, et par l'entremise des vice-présidents de chaque canton du Syndicat, il sera adressé, aux propriétaires des sujets inscrits, des feuilles sur lesquelles ceux-ci seront appelés à faire connaître les naissances, les décès, les mutations concernant les sujets inscrits.

Ces feuilles seront renvoyées remplies par le propriétaire du sujet au vice-président du canton, qui les fera parvenir dans le plus bref délai au secrétariat du Syndicat.

En cas de fraude constatée, la commission pourra provoquer, et le bureau du Syndicat prononcer l'exclusion et la radiation du Livre généalogique.

Toutes décisions prises en exécution de ce règlement, soit par la commission, soit par le bureau, seront votées au scrutin secret ; elles seront souveraines et ne pourront donner lieu à aucun recours.

Les inscriptions au Livre généalogique, et les mutations, se feront gratuitement.

Sur la demande du propriétaire, l'inscription donnera lieu à la délivrance d'un brevet ou certificat qui sera détaché d'un registre à souche, et dont le prix est fixé à 5 francs pour les propriétaires faisant partie du Syndicat, et à 10 francs pour tous autres.

En cas de perte de ce brevet, il pourra en être délivré un *duplicata* au même prix.

Toute mutation de propriété emportera cession de brevet ; la mention de transfert sur le brevet sera effectuée par les soins du Syndicat, qui percevra un droit de 2 francs.

Aussitôt que le nombre des inscriptions sera suffisant, le syndicat publiera un volume reproduisant toutes les indications du Livre généalogique.

Le prix de chaque volume sera fixé au moment de la publication.

Lorsque les ressources le permettront, le Syndicat se réserve d'organiser des saillies gratuites.

Nous arrivons au *Stud-Book percheron*.

Le Stud-Book percheron ! Ce cauchemar qui trouble les nuits et hante le sommeil d'un de nos plus éminents zoologistes agricoles, ce livre maudit que M. Gayot, se transformant pour la circonstance en congrégation de l'index, a réprouvé comme

nuisible, malfaisant et entaché d'hérésie. Dans son entourage,
parmi les fidèles de la petite Église qui s'inspire de sa noto-
riété, le mot d'ordre est donné : Plus de Percheron! Et tous
de répéter : Plus de Percheron! Le maître va plus loin, il clame
en se tournant vers les quatre points cardinaux : Le Percheron
n'existe pas et n'a jamais existé. La chose va vous paraître
exorbitante. Comment? vous direz-vous, M. Gayot professe à
l'heure actuelle une semblable doctrine? lui qui pendant
30 ans, a consacré sa plume féconde et voué son énergie te-
nace à la classification et à la spécialisation des races? lui qui
a rompu des lances à tous propos et avec une ardeur juvénile
en l'honneur de la race boulonnaise, de la race percheronne, des
Bretons, des Limousins, des Navarrins, etc., etc.? lui qui s'est
déclaré l'avocat convaincu du léporide? lui qui jetait l'anathème au plus érudit des hippologues français, au baron de
Curnieu, le savant traducteur de Xénophon qui, dans un de ces
jours de boutade paradoxale qui lui étaient familières, s'écriait :
« De quoi nous parlent MM. Magne, Huzard, Moll, Gayot et
» *tutti quanti* de races distinctes et caractérisées, pour moi je
» prétends qu'en dehors du pur sang, il n'existe autre chose
» qu'une multitude confuse, composée de tous les chevaux du
» globe et qui a pour caractère commun de s'éloigner plus ou
» moins du type primitif. »

Oui, lui-même. L'ancien grand-prêtre du temple des Haras
a jeté le froc au chou, il a renié son passé célèbre, brûlé ce
qu'il avait tant adoré pour bâtir un sanctuaire à sa dévotion
où comme le trop fameux père Hyacinthe, dans sa solitaire
chapelle de la rue d'Assas, il risque fort d'être tout à la fois
l'officiant, le répondant et l'assistance.

Et ce qu'il y a de curieux, c'est que cette conversion a
surgi inopinément. Il y a un an à peine, dans la séance du
conseil supérieur des Haras, dont il fait partie, comme ancien
directeur de cette administration avant 1850, — on voit que
nous précisons.—M. Gayot terminait une motion sur la question

des chevaux de trait, regrettant la préférence qui est généralement accordée aux reproducteurs d'un trop gros volume, par ce souhait caractéristique : *Le beau cheval percheron se refera peu à peu sous l'influence du sol.*

Une année à peine s'est écoulée... et M. Gayot ne se souvient plus de rien... Le voilà parti en guerre armé de pied en cap, la plume en sautoir prêchant la croisade sainte contre l'infidèle, le Percheron qu'il veut chasser des lieux saints limités pour la circonstance, dans le pays communément appelé : le grenier de la France. L'entreprise est hardie, il le sait, Le musulman de la race chevaline occupe de formidables positions, son prestige est grand, son empire comprend quatre départements parmi les plus riches et s'étend sur soixante autres, où le Percheron est recherché et acclimaté. Mais qu'importe ! il a confiance dans son habileté à déloger les batteries de ses adversaires. C'est le lutteur rompu au savoir-faire de l'arène.

C'est le stratège qui sait perdre son ennemi dans les mille détours d'une poursuite interminable. C'est l'écrivain dont le style facile et imagé, souligné de temps à autre par des phrases d'une technicité recherchée et voulue, se complait dans les détails où s'oublie l'écheveau de l'argumentation. Et puis... il a regardé autour de lui... Ils ont disparu ceux qui lui portaient jadis de si rudes estocades, ces géants de la science chevaline; plus que des jeunes... que des pseudo-écrivains hippiques... il ne les craint pas ceux-là et leur en impose !

Mort le baron de Curnieu, mort aussi Éphrem Houël, mort le comte de Lagondie, mort Dittmer, morts ou disparus tant d'autres !..

Ah! si le baron d'Étreillis (Ned Pearson) était encore de ce monde ! Que penserait-il de cette abdication du plus redoutable et du plus implacable de ces adversaires, de l'ennemi juré de sa foi dans le pur sang? Lui au moins est mort enroulé dans les plis de son drapeau, conduit à sa dernière demeure par le Jockey-club en deuil...

Je me souviens comme si c'était d'hier de ces rencontres mémorables, de ces tournois fameux, où les deux irréconciliables protagonistes descendaient dans la lice pour se défier en combat singulier. Ils n'y allaient pas de main morte, je vous en réponds. A peine tombés en garde, ils engageaient le fer à fond, menaçant la poitrine, rien que la poitrine, dédaigneux du « touché » au bras ou à la main, liant l'épée, parant et ripostant avec une égale ardeur, cependant toujours dans la ligne droite, en tierce ou en quarte, cherchant la blessure grave qui devait mettre l'adversaire hors de combat.

J'en frisonnai parfois, car j'assistai de près au combat, ces luttes homériques ayant pour champ clos le *Moniteur de l'élevage* et le *Journal officiel des courses au trot* dont je fus successivement de 1871 à 1874, le secrétaire de la rédaction et le rédacteur en chef.

Donc M. Gayot était mon collaborateur et son manuscrit me passait par les mains avant d'aller à l'imprimerie; mais d'Étreillis, qui appartenait alors à la rédaction du *Sport*, était mon ami particulier.

C'était un rude jouteur que d'Étreillis. Écrivain distingué, auteur du *Dictionnaire de Sport* et d'un grand nombre d'études hippiques fort remarquables, cavalier accompli, montant chaque jour quatre ou cinq pur sang, il n'estimait que ceux-là, les autres il les appelait des « chèvres ». Starter pendant quelque temps des hippodromes de Longchamps et de Chantilly, ayant sur son adversaire l'avantage de la pratique et de la fréquentation des milieux où l'on cultive avec goût et passion le cheval. Homme de bonne éducation, ancien attaché d'ambassade, d'une politesse exquise, il apportait dans la polémique une courtoisie qui faisait quelquefois défaut à son fougueux contradicteur. Il nous disait un jour : « Je parie que votre « bourru » n'a jamais mis le cul sur une selle (*sic*). »

Que dirait cet aimable cavalier et éminent confrère, s'il voyait aujourd'hui M. Gayot excommunié à son tour par les jansénistes de l'administration des Haras, dont il fut jadis le diacre Pàris? Ah! comme il en rirait de bon cœur!

Donc le Stud-Book percheron n'est pas reconnu par M. Gayot.

Ce qui ne l'empêche pas d'être très accrédité, d'avoir une grande vogue et de compter près de 3,000 inscriptions. Voici quels en sont les principaux statuts :

Le propriétaire (qui doit être membre de la Société hippique percheronne) doit faire sa déclaration sur un bulletin détaché d'un livre à souche contenant le signalement de chaque animal, la généalogie, de façon à prouver qu'il est né Percheron ; ce bulletin doit être visé par le maire de la commune qui légalise la signature du déclarant en y apposant son cachet et sa signature et être renvoyé au secrétaire de la Société pour être transcrit sur la souche à son numéro d'ordre et par les soins du secrétaire ; il est ensuite renvoyé à son propriétaire pour lui servir de quittance et d'inscription.

Toutes inscriptions illégales, notamment celle de vouloir faire inscrire comme Percherons des chevaux qui seraient d'une autre origine, sont refusées ; et s'il est prouvé qu'il y a mauvaise foi, le délinquant est exclu de la Société.

Les déclarations pour le Stud-Book de l'année, imprimé le 1er mars, devront être faites avant le 1er février.

Aucun cheval ou jument n'est inscrit sur les livres de la Société ou du Stud-Book percheron, si le père et la mère n'y sont inscrits eux-mêmes. Toutefois, si par suite de l'âge avancé d'une jument poulinière, on ne pouvait découvrir l'origine du père ou de la mère, cette jument pourrait être inscrite sur une attestation signée du propriétaire et de deux témoins, cultivateurs voisins, reconnaissant que ladite jument est bien née dans le Perche.

Dans l'assemblée générale du 6 avril 1886, il a été décidé que tout produit né en France de père et de mère inscrits au

Stud-Book percheron aura droit à l'inscription, mais pour la première génération seulement. MM. les propriétaires desdits animaux devront dans ce cas, en dehors des conditions générales imposées par le règlement : 1° Produire un certificat complet de l'origine du produit sur une feuille de renseignements que la Société délivre gratuitement sur demande affranchie; 2° Un ou plusieurs certificats des propriétaires éleveurs constatant l'époque où le père, ou la mère, ou le grand-père, ou la grand'mère du produit, s'il y a lieu, ont quitté le Perche et par quelles mains les sujets ont passé avant d'arriver dans la possession de celui qui demande l'inscription de leur produit; 3° Les pièces devront être revêtues de signatures légalisées ; 4° Pour être admis à l'inscription, le sujet ne devra pas avoir plus de 4 mois ; 5° En cas de difficultés dans l'admission des sujets à l'inscription, le conseil d'administration de la Société seul statuera en dernier ressort. La Société se réserve le droit d'envoyer, chaque fois qu'elle le jugera convenable, un ou deux membres de la commission pour examiner la véracité des déclarations.

Une décision de la commission de la Société hippique percheronne, en date du 8 mars 1884, a limité aux cantons suivants, la faculté d'inscription des chevaux et juments au Stud-Book.

Eure-et-Loir : Nogent-le-Rotrou — Authon — Cloyes — Brou — Thiron — La Loupe.

Loir-et-Cher : Droué — Mondoubleau — Morée — Savigny-sur-Bray — Montoire.

Orne : Mortagne — Bellême — Nocé — Le Theil — Rémalard — Longny — Tourouvre — Laigle — Moulins-la-Marche — Courtomer — Le Mesle-sur-Sarthe — Pervenchères — Mortrée — Séez — Alençon — Bazoche-sur-Hoêne.

Sarthe : La Fresnaye — Mamers — Marolles-les-Braux — Bonnétable — Tuffé — La Ferté-Bernard — Montmirail — Vibraye — Saint-Calais — Bouloire — Montfort — La Petite-

Châtre — Le Grand-Lucé — Ballon — Saint-Paterne — Beau-
mont-sur-Sarthe.

A la suite d'une pétition, quatre autres cantons ont été
compris parmi les ayants droit à l'inscription au Stud-Book,
ce sont ceux de : Vimoutiers — Gacé — Exmes — La Ferté-
Fresnel.

Tel est le Stud-Book percheron.

Il y aurait plusieurs points à relever; nous pourrions faire
ressortir, par exemple, les inconvénients et l'anomalie d'une
corrélation avec un Stud-Book percheron antérieur, publié à
Chicago, par MM. Syders; nous pourrions aussi lui reprocher
sa localisation trop absolue; mais à quoi bon! Le principe
admis, le Stud-Book créé, ces erreurs de détails ne peuvent
manquer de disparaître avec le temps et l'expérience ainsi que
le disait M. Magne; donc attendons avant de porter un jugement définitif. Il existe, cela nous suffit pour l'heure.

M. Gayot, qui veut la mort du pêcheur et non sa conversion,
a dû lui substituer autre chose; aussi a-t-il proposé à la puissante Société des agriculteurs de France, dont il est le président de la section hippique, un Stud-Book de sa façon.

Voici quelle est la circulaire qui en a annoncé sa publication :

SOCIÉTÉ DES AGRICULTEURS DE FTANCE

21, avenue de l'Opéra, Paris.

Stud-Book des chevaux de trait français.

Dans sa séance du 1er avril 1886, le conseil d'administration de la Société des agriculteurs de France a décidé de placer
sous son patronage la confection et la publication du Stud-
Book des chevaux de trait français.

Cette décision ne fait aucun obstacle à l'établissement ou à
la continuation de livres généalogiques provinciaux, particuliers ou spéciaux à l'une quelconque des mères branches de
la grande race française des chevaux de trait.

Pour donner autorité au Stud-Book publié sous les auspices et avec son attache, le conseil d'administration a nommé une commission de 25 membres appartenant tous à la Société des agriculteurs de France et aux départements où la production, l'élevage et le commerce des chevaux de trait ont le plus d'activité et de renommée.

La commission du Stud-Book des chevaux de trait français a pour mission de vérifier l'authenticité des titres des chevaux, des juments et des produits présentés à l'inscription et charge de veiller avec une scrupuleuse attention à ce que ni erreur ni fausse déclaration ne puisse s'introduire dans la composition du livre.

Tout à fait spécial aux chevaux de trait, leur livre d'origine n'admettra à l'inscription aucun produit issu du croisement d'une jument de trait par un étalon de sang ou de demi-sang, ni aucun autre qui serait né du croisement invserse d'une jument de sang ou de demi-sang par un étalon de trait.

La commission juge souverainement pour l'inscription et la radiation au cas où celle-ci devrait être prononcée. Elle fonctionnera de tous points, en vue des intérêts qui lui sont confiés, comme fonctionne au ministère de l'agriculture la commission du Stud-Book des races arabe, anglaise et anglo-arabe. Elle a mêmes attributions et même pouvoir; à ses décisions s'attachera la même autorité.

Elle rendra compte chaque année au conseil, avant la session annuelle de la Société, des travaux qu'elle aura accomplis et des résultats auxquels ils auront abouti. Ci-joint le modèle-type du certificat délivré.

SOCIÉTÉ DES AGRICULTEURS DE FRANCE
Avenue de l'Opéra, 21, Paris.

———

La Commission du STUD-BOOK
des Chevaux de trait français

CERTIFIE qu'en date du **23 juillet 1886**, après vérification exigée, elle a admis à l'inscription du *Stud-Book des Chevaux de trait français,* sous le n° 20, un ÉTALON nommé *Moricaud,* né en 1883, de robe *noir-franc* et de marques particulières *néant* (*1ᵉʳ prix concours régional d'Évreux*), issu de père de *trait* et mère de *trait* et comme propriété de M. PESTEUR.

CONDITIONS D'ADMISSION :

Le STUD-BOOK n'est ouvert à aucun produit né du croisement entre chevaux de trait français et chevaux d'autres races.

Ce Certificat doit suivre l'animal dans tous ses changements de propriétaires.

Vendu à   le   18   .

Le Président de la Commission du Stud-Book :

(Signé) Eug. GAYOT.

Cachet de la Société des Agriculteurs de France et Cachet du Stud-Book de Chevaux de trait français.

Nous regrettons de ne pouvoir donner notre approbation à une œuvre qui est sous le patronage de la Société des agriculteurs de France; d'autre part, nous ne voulons pas raviver d'ardentes polémiques soulevées jusque dans le sein de la docte assemblée, par d'éminentes personnalités du monde agricole, qui ne partagent pas, en cela, les vues de la majorité du 8 juin.

Nous croyons que le temps — ce grand niveleur des opinions moyennes — amènera bien des modifications et de plus grandes exigences d'inscription dans la tenue du Stud-Book des chevaux de trait français, et que la classification qui semble admise en droit, mais que l'on ne veut pas accepter dans l'application, s'imposera comme elle s'est imposée en Belgique où les races de trait sont moins dissemblables que chez nous.

Quoi qu'il en soit, nous sommes non pour la confusion, mais pour la spécialisation des races avec les Anglais, ces maîtres incontestés dans l'art de l'élevage spécialisé, ces créateurs infatigables de races et de sous-races qu'ils s'empressent de doter d'un Stud-Book particulier dès qu'ils en ont fixé et déterminé les caractères typiques et la virtualité; nous partageons également, sous ce rapport, la manière de voir des

Allemands, des Belges, des Américains eux-mêmes. Nous sommes pour la spécialisation et la classification des races avec ces maîtres de la science naturaliste, ces agronomes distingués, ces écrivains et ces hippologues de haute envergure, dont les noms suivent :

Bourgelat, qui, après avoir été avocat, mousquetaire, écuyer, ami de Voltaire, fut le fondateur des écoles vétérinaires en France, directeur de tous les Haras de la Couronne, membre de l'académie de médecine, et publia quantité d'ouvrages remarquables d'hippiatrique, d'anatomie comparée, d'équitation ;

Magne, directeur de l'École d'Alfort, membre de l'académie de médecine, auteur de l'*Amélioration des races chevalines*, écrivain toujours cité et reproduit avec profit ;

Dittmer et le comte de Montendre, tous deux directeurs des Haras, y ayant laissé des traces profondes de savoir et une réputation méritée ;

Huzard (père) et Huzard (fils), vétérinaires très érudits, membres de l'académie de médecine, auxquels on doit l'ouvrage fort apprécié : *Haras domestiques et Haras de l'État ;* — Ephrem Houël, qui succéda au baron de Curnieu dans la chaire d'hippologie à l'École des Haras, et laissa de nombreux écrits du plus haut intérêt ; — Sanson, le savant zootechnicien ; — A. Moll, agronome, professeur d'agriculture au Conservatoire des Arts-et-Métiers, collaborateur de M. Gayot ; — M. Gayot lui-même (première manière) ; — MM. Bouley ; — Chauveau, inspecteur général des Écoles vétérinaires, membre illustre de l'Institut ; — Guy de Charnacé ; — Richard (du Cantal) ; — Eug. Ayrault ; — Bocher, etc.

Et en Belgique :

MM. Leyder, Reuil, comte de Beauffort, Douterbuigne (père), comte de Ribeaucourt, etc., etc.

C'est pourquoi si celui qui fut notre collaborateur et que nous tenons, si ce n'est pour un homme de cheval dans la véritable acception du mot, au moins pour un érudit zootechni-

cien et un maître en zoologie agricole, tentait quelque jour
notre conversion, nous lui répondrions : — Que voulez-vous!
il se peut que nous fassions fausse route, mais nous y sommes
en si brillante et si illustre compagnie!

CHAPITRE X

Les Américains dans le Perche.

Go ahead! Caveant consules !

Lors du deuxième concours annuel de la Société hippique percheronne, tenu le 20 juin 1886, à Nogent-le-Rotrou, le ministre de l'agriculture, après avoir félicité chaudement les lauréats, formulait les réserves suivantes :

« Ce n'est pas sans éprouver un certain sentiment de tris-
» tesse que nous voyons tous vos *plus beaux étalons*, vos *plus*
» *belles juments, passer l'Atlantique*, car votre Société s'est
» proposé en même temps un double but, celui de favoriser
» un grand courant d'exportation. Je me garderai bien de l'en
» blâmer, puisque ces transactions sont pour vous la source
» de larges bénéfices ; mais en réclamant aujourd'hui dans
» vos chevaux le *gros* et la *corpulence*, on les *rend absolument*
» *dissemblables de nos postiers d'autrefois*. Je n'y vois pas
» d'inconvénient si toutefois vous agissez avec une grande
» réserve, si vous avez résolu de maintenir à tout prix votre
» race et de ne pas vous laisser enlever trop tôt vos belles
» juments.

» Mais j'ai tort d'exposer ces réserves à la Société hippique.
» Elle connaît le danger : elle saura l'éviter. »

C'est pour préciser ce « danger » que nous avons jugé utile

de consacrer un chapitre spécial à l'étude de la question per-
cheronne-américaine.

Le Perche, en ce moment, nous rappelle la Bourse affolée
aux beaux jours de l' « Union générale », subjuguée par les
cours fantastiques qui miroitaient devant ses yeux, vaincue,
soumise, confiante; puis se réveillant un beau matin enten-
dant sonner le glas fatal du Krach... trop tard!... puisqu'elle n'a pu s'en relever depuis...

Le Yankee est aujourd'hui, pour l'éleveur de la Beauce et
du Perche, ce qu'était l' « Union générale » aux gogos de la
coulisse, la panacée universelle, la poule aux œufs d'or pour
laquelle on dédaignait les valeurs moins exubérantes, mais
plus solides et plus sûres, celles qui se maintiennent sans
variation sensible, qui donnent un petit profit, mais qui ne
sont point sujettes à faire la culbute. A lui la suprématie sur
le marché de Nogent-le-Rotrou; à lui de faire la cote, d'établir les cours, de parler en maître; il paye à caisse ouverte le
double, le triple des prix habituels; il écrase à coups de dollars l'acheteur français, auquel il ne laisse que ses restes. Il
fait table rase de l'élite des reproducteurs, écrème, émonde,
enlève les étalons et poulinières qui ont quelque valeur, tant
et si bien que les esprits les moins prévenus commencent à
s'inquiéter, demandent ce qui leur restera pour maintenir la
race percheronne à hauteur de sa réputation par une sélection judicieuse, lorsque tous les procréateurs d'élite lui feront
défaut. Puis, le Yankee veut du *gros;* il lui faut du gros; il
paye pour avoir du gros; il ne s'inquiète pas si le gros dé-
forme le type percheron, lui enlève son cachet natif de distinction, sa virtualité, son énergie, ses aptitudes de postier, de
trait léger, qui constituent sa supériorité et font sa réputation.

Quand le Perche ne pourra plus lui procurer le gros qu'il
désire, il ira porter ailleurs ses dollars et sa pratique; mais le
Perche sera ruiné, ses produits seront dépréciés, démonétisés,
il n'aura plus à offrir que des simili-percherons, dont on ne

voudra plus, ce sera de la falsification, de l'imitation, du ruolz, du plaqué, de la margarine, que l'on s'empressera de lui laisser pour compte. C'est pourquoi, pendant qu'il en est temps encore, nous croyons devoir rappeler à la Société hippique percheronne, le *Caveant consules !* des anciens.

Ce n'est pas toutefois d'aujourd'hui que les Américains font des achats dans le Perche. Nous lisons en effet dans un numéro de la *Revue des Haras* du mois de janvier 1884, la petite notice suivante :

« M. Morgan, riche capitaliste des États-Unis, était venu
» aux fêtes qui suivirent la restauration des Bourbons. Dé-
» barqué au Havre, il prit le courrier pour se rendre à Paris,
» et aux environs de Bolbec ou d'Yvetot, on lui donna un
» relai de quatre chevaux percherons si vigoureux, si bons
» trotteurs, qu'il en fut émerveillé, à tel point qu'à son re-
» tour, il demanda à les revoir, les acheta et les fit embarquer,
» sans plus attendre, sur le paquebot qui le ramenait dans
» son pays.

» Arrivé en Amérique, il les employa aux travaux agricoles,
» leur fit faire souche en les croisant avec les meilleures
» juments indigènes, et obtint ainsi une race de trotteurs
» célèbres connue sous le nom de race Morgan... »

Voici d'autre part des renseignements qui furent publiés par le journal le *Temps*, lors du grand concours international de Chicago, et qui ont dû être puisés à une source officielle et autorisée :

« Au nombre des milliers de touristes qui encombrent à cette époque de l'année les gares de Paris, en route pour les villégiatures, on pouvait voir hier aux abords de la gare de l'Ouest, une armée de voyageurs qui allaient franchir l'Océan et goûter les délices de la vie américaine.

» Ces voyageurs venaient du Perche et n'étaient autres que les superbes étalons achetés au dernier concours de Nogent-le-Rotrou par les grands éleveurs américains, qui s'appellent

MM. Dunham, Jolidon, Degan, de l'Illinois ; Benson, de Topeka
(Kansas) ; Péterson, du Minnesota ; Farnham, du Michigan ;
Bowles, du Wisconsin, etc, etc.

» Chaque été, ces maquignons yankees viennent visiter le
Perche et se procurent les meilleurs produits de la région —
au prix moyen de 10,000 francs — qu'ils revendent quatre
fois plus cher aux fermiers américains.

» L'introduction des Percherons aux États-Unis ne date pas
d'hier ; il y a de longues années que ce trafic se fait sur une
grande échelle, et il est incontestable que la race chevaline,
en Amérique, doit sa célébrité aux beaux étalons normands et
du Perche, qu'on a accouplés aux frêles et délicates cavales
du Nouveau-Monde.

» Il n'est pas sans intérêt de rappeler que les premiers
chevaux français qui traversèrent l'Atlantique, furent exportés
par un M. Edouard Harris, de Moorestown, New-Jersey, en 1839.
C'étaient un étalon et une pouliche ; le premier avait été bap-
tisé Philippe-Égalité, et son fils, qu'on appela Louis-Philippe,
a été un des plus beaux produits de son époque, dont les
descendants sont encore très haut cotés.

» Après l'essai de 1839, il ne fut plus importé de chevaux
français aux États-Unis avant 1851, lorsqu'un M. Fullington
acheta en France un poulain qu'il appela Louis-Napoléon et
que ses camarades surnommèrent Fullington's Folly.

» Cette « folie », cependant, lui rapporta une centaine de
mille francs, et les descendants de Louis-Napoléon sont actuellement les rivaux les plus redoutables de ceux de Louis-
Philippe.

» C'est de préférence aux concours de Nogent-le-Rotrou que
les éleveurs américains font leurs achats. Ils se guident
d'après le Stud-Book du Perche.

» M. Mark Dunham, de l'Illinois, qui vient régulièrement
en France depuis vingt ans pour visiter nos concours régionaux, dînait l'autre jour avec le ministre de l'agriculture et

le préfet d'Eure-et-Loir; il les invitait à visiter ses propriétés dans l'Illinois, qui ont une étendue fantastique. On en aura une idée lorsque j'aurai dit qu'à chaque étalon français importé par lui, il offre une quarantaine de gracieuses pouliches; or, comme il importe dans une année plus de trois cents Percherons, ses haras contiennent parfois plus de vingt mille bêtes à la fois.

» D'après les dernières ventes, on peut évaluer à douze cents le nombre des étalons français qui iront cette année aux États-Unis. »

On le voit, ce sont les États-Unis, c'est New-York et Chicago qui font usage et trafiquent de notre cheval percheron. A New-York, il est employé au tirage des *cars* et des omnibus.

Le *car* a servi de modèle aux tramways de Bordeaux, dont l'organisation, confiée à une compagnie anglaise, est mieux comprise et mieux appropriée aux commodités des voyageurs que celle qui a présidé à l'établissement des services similaires à Paris. Les chevaux librement attelés, arrêtés et mis en mouvement au moyen du frein, sont munis de clochettes à la façon des mules espagnoles. Les voitures et les piétons se garent, grâce à ce mode avertisseur, avec une grande facilité; aussi les accidents sont-ils rares. Le *car* est fait pour 24 places, ce qui ne l'empêche pas d'emmener quelquefois jusqu'à 60 voyageurs; jamais on n'y refuse du monde et le *complet!* ironique, scandé d'une si tonitruante façon par les conducteurs parisiens les jours de pluie battante, ne retentit jamais dans les rues de New-York.

Les omnibus ou *stages*, familièrement et laconiquement appelés les *buss*, desservent surtout l'interminable rue de Broadway. Ils sont de forme ventrue, archaïque, ornés au dehors et au dedans de peintures voyantes, têtes de femmes enluminées, paysages fantastiques. Bien qu'ils soient plus petits que le *car*, on paie le double; aussi le regarde-t-on comme

plus aristocratique. Dans Broadway, il passe à chaque minute
3 ou 4 omnibus à la fois. La voiture va lentement cahotée sur
un pavé inégal. Le cocher, le chef protégé en été d'un vaste
parasol blanc fixé à demeure et orné de réclames, vous fait
signe de monter, et lâchant une courroie attachée à son pied
laisse la porte s'ouvrir. Le métier est rude et demande une
grande pratique. Inutile d'ajouter que ce genre d'entreprise
est libre, et qu'aucune ordonnance ne les régit et ne limite le
nombre des omnibus.

Mais c'est surtout à Chicago que le Percheron fait florès.
Au mois de septembre 1886, il s'y est tenue une *Exposition
percheronne* qui a eu un très grand succès, ainsi qu'on peut en
juger par cet extrait de la *Breeder's Gazette* du 16 septembre :

« Immense est le mot qui exprime l'idée de quiconque a vu
l'exposition percheronne au concours de Chicago, la semaine
dernière. Elle n'était pas seulement immense : elle était tout
à fait sans précédent dans son immensité. En quel lieu du
monde a jamais été réunie, dans un seul concours, une représentation d'une seule race de chevaux de trait comme les
303 Percherons qui se voyaient à Chicago ? Et c'étaient les
plus beaux spécimens de la race percheronne, car, ainsi que
l'a dit M. l'Inspecteur délégué des haras du gouvernement
français, il y avait à ce concours une grande quantité de Percherons qui avaient été primés dans les concours français
depuis cinq ans. En effet, étaient présents presque tous les
chevaux récompensés au concours percheron de Nogent-le-
Rotrou en juin dernier.

» En résumé, les éleveurs percherons de l'Est avaient résolu
de faire un concours qui éclipsât tous ceux qui ont pu jamais
exister en ce genre dans le monde entier, *et ils ont réussi*. Il y
avait 303 chevaux de tous âges, présentés par quarante et un
exposants divers, représentant six États différents et le gouvernement du Canada ; le jury était composé de personnages
désignés officiellement dans trois contrées différentes. C'était

un heureux début, et le résultat a comblé et au delà les plus confiantes espérances.

» Les principaux exposants étaient, suivant l'ordre des numéros d'inscription : M. W. Dunham (Wayne, Ill.); W. L. Ellwood (de Kalb, Ill.); Daniel Dunham (Wayne, Ill.); Savage et Farnum (Détroit, Mich.); R. B. Kellogg (Green Bay, Wis.); Hon. T. W. Palmer (Détroit, Mich.); L. Johnson (East Castle Rock, Minn.); Bowles et Hadden (Janesville, Wis.); D. H. Vandolah (Lexington, Ill.); Dr. Ezra Stetson et fils (Neponset, Ill.); Capt. Fred. Pabst (Milwaukee, Wis.); Capt. T. Slattery (Onarga, Ill.); et R. Nagle et fils (Grand Ridge, Ill.); etc., etc.

» Essayer de mentionner individuellement tout ce qu'il y avait de bon dans cette exposition de 303 chevaux, ou même appeler l'attention sur ceux d'entre eux qui étaient, d'un commun accord, considérés comme des meilleurs dans leurs classes respectives, c'est là une tâche trop grande pour l'espace dont nous pouvons disposer; force nous est de nous contenter de généralisations. Il nous est même impossible de comparer entre eux les mérites des chevaux primés depuis trois ans, de l'autre côté de l'Atlantique, dans les concours percherons, ni de les comparer avec certains chevaux classés ici au-dessus d'eux; nous ne saurions, faute de place, le faire cette semaine; nous pouvons seulement tracer quelques larges traits.

» Dire que les décisions du jury ont contenté tout le monde, ce serait aller trop loin. Dans bien des cas on les a critiquées, il fallait s'y attendre; parmi tant de sujets excellents, qui eût pu trouver le meilleur? Et parmi ces centaines de connaisseurs qui se trouvaient là, combien n'eût-on pas rencontrer d'opinions différentes? Si même deux personnes s'accordent sur la valeur relative de deux points précis, qu'est-ce en proportion de tous les points constitutifs de la perfection? Un exemple : Dans la classe de l'État pour les étalons de quatre ans et au-dessus, il y eut *cinquante-trois* forts étalons que l'on sortit; les jurés ne parurent pas trop embarrassés pour placer le ruban bleu, mais, quand on en vint au rouge, l'un des jurés fit remarquer à celui qui écrit ces lignes qu'il n'y avait à peu près qu'une question de pile ou face entre sept des concurrents dans l'estimation du jury.

» Les jurés du concours de la Société percheronne étaient le vicomte de la Motte-Rouge, inspecteur général des haras du gouvernement français, désigné par le ministre de l'agriculture de France; le professeur Andrew Smith, président du Collège vétérinaire de l'Ontario, désigné par le ministre de l'agriculture du Canada; le Dr. Loring, nommé par notre Commissaire de l'agriculture, agissant comme arbitre.

» Nous ne pouvons donner aujourd'hui la liste complète des récompenses accordées par la Société d'agriculture. Disons, cependant, que M. Ellwood a remporté la part du lion dans cette lutte, obtenant le premier prix et la prime d'honneur avec *Chéri*, 5079; et que le Capt. Slattery a obtenu le second pour les étalons d'âge. »

C'est de ce centre, un des plus commerçants et des plus animés du globe, autour duquel s'étendent ces luxuriantes provinces de l'ouest des États-Unis, aux riches cultures agricoles, qui se sont adonnées avec tant de succès à l'élève du bétail, que le Percheron est centralisé, croisé, modifié, approprié aux besoins et aux nécessités de la demande; c'est à Chicago que réside la Société hippique percheronne américaine, que se tiennent les grandes foires et les concours internationaux de chevaux de trait, que sont publiés les principaux organes d'élevage et d'industrie chevaline, que viennent prendre langue les courtiers yankees et d'où partent les ordres et les commandes qui déciment avec un entrain, — commençant à devenir inquiétant, — l'élite des étalons-types de notre race percheronne.

Je n'ai pas l'honneur de connaître les éleveurs yankees, qui furent les hôtes de notre ministre de l'agriculture; mais : ou ils étaient triés avec le plus grand soin sur le volet, ou les salons officiels ont dû être témoins de bien curieuses « mises à son aise, » dont sont si coutumiers les plus opulents et les plus haut cotés de ces étranges grands seigneurs américains. Le *Western man*, qui est le prototype du genre, est l'être le moins gêné qui soit au monde. En chemin de fer, si ses bottes le gênent, il les enlève devant tout le monde, montre des bas de couleur douteuse et oublie le plus généralement de garnir son pied d'une pantoufle. S'il garde sa chaussure, il l'appuie sans façon, fut-elle boueuse, sur le dossier du siège qui lui fait vis-à-vis, et quand vous le priez de renoncer à cette position qui vous incommode, il vous regarde avec étonnement. Dans les compartiments pour « homme seul » il descend encore de quelques crans l'échelle du sang-gêne national. Là il fume, il mâche éternellement du tabac, se mouche... avec les doigts. Muni de son inséparable bouteille de wisky, il avale des rinks tout le long de la route, se grise si le trajet est long et alors gare aux coups de révolver, — ce cher révolver qui a sa place obligatoire dans une poche dissimulée que le tailleur ne manque jamais de ménager derrière le pantalon.

Dans ce pays où se trafique sur une si vaste échelle notre belle race percheronne, on professe le plus grand dédain des formes reçues et des conventions sociales que la morale a consacrées, et le code de l'honneur reçoit souvent, très souvent de sérieux accrocs. Aux États-Unis, à Chicago, comme à New-York, comme à Saint-Louis, comme à Cincinnati, on se fait courtier, commerçant, marchand, banquier, manufacturier, financier, éleveur, inventeur d'affaires; on joue sur les cours des terrains; on joue sur les fonds publics, sur les actions des sociétés industrielles et de crédit; on monte une opération quelconque, une exploitation, une ligne de chemin de fer : bref on s'ingénie de toute façon pour gagner de l'argent, *make money*. Le dieu dollar est celui que tout le monde sert. A voir tous ces gens dépensant les *greenbacks* et les jetant au vent, on dirait qu'ils n'ont qu'à frapper du pied pour

les faire sortir de la terre. Un jour l'affaire montée s'écroule...
la caisse est vide... on suspend ses payements... et l'on fait
faillite... Mais le créancier est clément, il ne poursuit guère,
sachant que pareille aventure peut lui arriver... C'est pourquoi
nous ne saurions trop recommander aux éleveurs percherons
d'être d'une excessive prudence et de ne jamais lâcher la proie
pour l'ombre!

A propos de ces importations dans l'Amérique du Sud, nous
avons souvent entendu émettre cette opinion : Mais en changeant de climat, en allant plus au nord, le cheval percheron
se transforme rapidement et perd ses qualités et ses aptitudes
originelles. Erreur. Cuvier a dit que les races vont du midi au
nord et non pas du nord au midi, principe confirmé par toutes
les expériences faites sur les animaux et sur les plantes.
Ainsi on obtient dans les ménageries des générations de tigres,
de singes, de perroquets et une foule d'autres animaux des
régions tropicales, tandis que l'ours blanc végète et meurt au
bout de peu de temps. Le zébu des Indes se multiplie et se
croise avec les vaches domestiques et on n'a jamais pu naturaliser l'élan et le renne. Nos terres produisent abondamment
les ananas, les plantes grasses et les cannes à sucre, tandis
que nous ne pouvons faire vivre le lichen de Laponie.

La relation qui existe entre la chaleur et le froid se retrouve
pour l'humidité et la chaleur dans les terres fertiles et peu
productives. Ainsi, il est reconnu que les pépinières ne doivent
point être établies dans un sol beaucoup plus riche que celui
qui attend leur production. Les semences envoyées d'un bon
pays dans un mauvais dégénèrent; les grains venus d'une
terre aride et sablonneuse se développent et s'améliorent dans
une contrée plus riche.

Il en est de même du cheval, parce que la nature ne procède pas par anomalies et par caprices; sa patrie est dans un
pays tempéré, sec, situé plus près des tropiques que du sol;
plus susceptible de s'avancer vers le midi, il se modifie au

nord par diverses influences auxquelles il est soumis, mais une fois transformé et naturalisé par un ensemble de circonstances, il ne revient plus au type primitif aussi facilement qu'il l'a quitté. L'opinion que le cheval percheron transporté en Arabie redeviendra arabe en quelques générations ne peut être adoptée que par un homme étranger non seulement à tout ce qui a rapport à la science hippique, mais à toute notion de physiologie. Les trois lois naturelles établies par Cuvier se résument ainsi : Tout animal a une patrie ; tout individu doit ressembler à ses ascendants ; les migrations du nord au midi ne sont pas suivant le vœu de la nature. Essayez de naturaliser le Percheron dans la Sologne paraîtra une entreprise ridicule à tout homme de sens.

Mais dans l'Amérique du Nord, ce même Percheron s'acclimate à souhait et réussit à merveille. Il se croise avec un rare bonheur avec les juments du pays.

Le cheval américain indigène est en général petit et long de corps, avec une croupe avalée, beaucoup d'énergie et de sang ; son allure est douce, mais souvent désunie et mêlée d'amble. Quand les Anglais s'établirent aux États-Unis et s'emparèrent du Canada, ils y trouvèrent des descendants de nos races françaises ou peut-être même de la souche espagnole. Depuis, les Américains ont importé dans ces mêmes contrées très favorables à l'élevage les meilleurs types de pur sang anglais. C'est ce qui expliquerait leur goût actuel pour l'ampleur et la corpulence des étalons reproducteurs qu'ils demandent du Perche, gros avant tout, au détriment de la virtualité qui est leur caractéristique ; le sang des mères rétablit l'équilibre dans l'échelle de l'amélioration.

Nous avons vu, d'autre part, quel avait été le point de départ de la race des trotteurs connue sous le nom de race Morgan. Ce succès obtenu, les importations de chevaux français cessèrent jusqu'au moment où un spéculateur yankee, à l'affût d'un lièvre à lever sur le territoire français, relança l'affaire des

Percherons après avoir découvert, dans un voyage à Paris, un petit livre sans prétention, peu connu, intitulé : *Le Cheval percheron*, qui lui révéla les noms et adresses de tous les éleveurs de la région et l'importance de leur Stud. Grâce aux précieux renseignements qu'il y trouva, grâce à la traduction en anglais qu'il en fit faire à son retour à Chicago, ce qui lui permit d'agir dans un sens favorable à ses intérêts sur l'opinion publique, il monta une grosse affaire et put revenir en France quelque temps après procéder à de grands achats : telle fut l'origine de la reprise des achats dans le Perche.

Ce qu'il y eut de curieux, c'est que l'auteur du livre ignorait ce qui se passait; on n'avait pas même songé à le prévenir qu'il avait là-bas les honneurs d'une quantité considérable d'éditions. Notre Yankee eut toutefois, à son retour à Paris, quelque remord... il en était temps. Il alla voir celui à qui il devait une fière chandelle, s'excusa... c'était — et c'est encore — un excellent homme que cet auteur, fonctionnaire, attaché à un ministère, il « la trouva mauvaise... » mais oublia de lui montrer la porte.

On nous dira que depuis que le *Go ahead* des Yankees a retenti de l'Atlantique au Pacifique, il s'est produit un courant d'opinion qui leur est favorable. Que l'on remarque bien que nous ne faisons pas ici acte d'hostilité systématique. Nous savons que depuis un demi-siècle environ la marche exceptionnellement rapide du développement économique des États-Unis de l'Amérique du Nord sollicite de plus en plus vivement l'attention de l'Europe; que non seulement l'industrie et le commerce, mais aussi l'agriculture y sont pratiqués avec une énergie, une entente des vraies conditions du progrès qui ont pour le citoyen de notre vieux monde quelque chose de stupéfiant. En ce qui concerne plus particulièrement l'élevage, nous reconnaissons bien volontiers que l'Amérique a donné des preuves incontestables de son savoir-faire, bien que s'occupant beaucoup moins de créations de races nouvelles que de la reproduction et quelquefois de l'amélioration des races importées d'Europe. Ceci n'est pas contestable. L'Amérique s'est surtout alimentée tout d'abord aux riches sources anglaises; mais depuis quelque temps elle s'adresse au continent, auquel elle demande ses reproducteurs, ainsi que l'atteste entre autres une très active importation de bétail hollandais. Lors de la grande exposition internationale d'Anvers, ils achetèrent, à des prix variant de 4,000 à 10,000 francs, 17 étalons flamands et brabançons, puis plus tard firent de nouvelles acquisitions.

Mais souvenons-nous que ces importateurs entreprenants, ces libres-échangistes à tous crins, sont, à l'instar des Anglais, des protectionnistes renforcés à l'occasion et de vigilants gardiens de leur industrie nationale, quand ils jugent qu'il y a péril à laisser s'introduire la concurrence étrangère.

A chaque instant vous entendez parler d'une récente circulaire aux termes de laquelle l'administration des douanes des États-Unis vient de décider que désormais ne bénéficieraient de l'introduction en franchise que tel ou tel article, mais que les autres — les concurrents, les gêneurs — seraient fortement imposés.

Dernièrement, on apprenait ainsi que seuls les animaux destinés à l'élevage ou à la reproduction avaient carte blanche et que ceux importés pour servir d'animaux de travail étaient désormais taxés de façon à ne pas entraver les petites affaires des éleveurs et marchands indigènes.

Très malins les marchands qui trafiquent du bétail étranger dans ce pays de la liberté illimitée. Dans un rapport adressé au ministre de l'agriculture en Belgique, je lisais un jour cette phrase : « Serait-il vrai que les Yankees débaptisent nos che-
» vaux là-bas, les recevant et les propageant sour le nom de
» Percherons, comme ils ont l'habitude d'appeler *Holsteinoises*,
» les nombreuses bêtes bovines qu'ils importent de la Hol-
» lande? Nos éleveurs belges protesteraient certainement avec
» autant d'énergie que ceux du Perche contre cette confusion. »

Mais le Perche ne proteste pas. Il y a à Chicago une Société américaine-percheronne, un Stud-Book américain-percheron et l'entente n'a jamais cessé de régner. L'Américain est pour l'heure trop bon client, arrive avec trop d'à-propos au milieu de la crise agricole qui sévit de tout côté et dans la Beauce notamment, pour que l'on songe à le mécontenter. Il commande, on exécute; il paie largement, on fabrique à sa mesure et à son pied.

Ce sont-là assurément des raisons d'ordre supérieur devant lesquelles nous nous inclinerions s'il ne s'agissait pas de conserver intacte une de nos plus pures gloires nationales agricoles, si le Percheron n'était pas l'honneur de la production hippique française, le cheval de trait par excellence, celui qui répond le mieux aux besoins de nos services publics et aux exigences du commerce et de l'industrie.

Un jour viendra — prochain, peut-être — où l'Américain désertera le Perche; il ne faudrait pas que ce jour-là nous ne trouvions que des ruines et une population chevaline déformée, grossie à plaisir, ayant perdu les caractères typiques d'énergie, de correction et d'élégance qui sont son plus bel apanage.

Caveant consules!

CHAPITRE XI

Au pays de l'Industrie mulassière.

C'est le Poitou.

Nulle autre part, cette branche de l'élevage agricole n'est aussi florissante et aussi spécialisée. Il y a bien nombre de départements français où les mulets sont plus en usage que les chevaux; il y a bien l'Espagne et le Piémont, dont les mules sont justement réputées. Mais l'industrie du Poitou est la seule qui soit vraiment digne d'un grand intérêt parce qu'elle réunit toutes les conditions d'un succès assuré.

Quels ont été les premiers importateurs de la race mulassière dans le Poitou?

M. E. Ayrault, qui s'est fait principalement connaître du public agricole par ses travaux spéciaux sur l'industrie mulassière du Poitou, ne semble pas avoir des données bien précises à ce sujet. Voici ce qu'il en dit :

« Cette race a été primitivement importée par les Maures en
» Espagne, d'où elle aurait été introduite clandestinement
» dans le midi de la France par le golfe de Gascogne, et dans
» le Poitou par les petites portes de la Vendée. Il est même
» assez logique d'admettre que dans cette contrée montagneuse
» où les mulets sont utilisés plus que dans aucun autre pays,
» non seulement au service du bât et du gros trait, mais encore
» comme attelage de luxe, ils aient dû être d'abord produits
» sur place. Si aujourd'hui cette industrie est presque aban-
» donnée en Espagne, c'est parce que les juments espagnoles

Race Mulassière.

» étaient trop fines et trop légères pour donner aux mulets
» qui naissaient de leur accouplement avec le gros baudet,
» l'ampleur de formes qui constitue la valeur réelle de ces ani-
» maux et qu'on rencontrait au contraire chez ceux issus des
» mêmes baudets et des juments poitevines, que le commerce
» conduisait sur les marchés. D'autre part, les relations que
» l'Espagne a constamment entretenues avec ces deux pro-
» vinces pour son approvisionnement de mulets plaide en
» faveur de l'origine ibérique de la race des baudets en Poitou.
» Quoi qu'il en soit de la date, de l'origine, de l'importation
» du baudet en Poitou, constatons qu'à l'heure actuelle c'est
» cette province qui produit les plus beaux baudets du monde
» et c'est avec les juments poitevines qu'il engendre les mu-
» lets les plus estimés. »

L'industrie mulassière comprend trois branches : le baudet
mulassier, la race chevaline mulassière et le mulet.

Un bel étalon baudet est un animal rare et cher; les animaux hors ligne se vendent de 4 à 6,000 francs, mais le prix
moyen dépasse peu 3,000 francs. Le haut prix des baudets
tient à ce que l'élevage est peu répandu et qu'il réussit avec
peine. Les qualités qu'on demande à un baudet, sont : des
formes trapues, des membres forts, des genoux et des jarrets
larges, un cou fort, un poitrail, des reins et une croupe larges,
le système musculaire développé, des oreilles longues, dont le
poil tombe en *cadenettes*, des yeux saillants et vifs; un poil
long et fourni sont encore des qualités auxquelles on attache
de l'importance; ajoutons à ces conditions les qualités d'un
bon reproducteur : les organes générateurs développés et bien
conformés, de la vigueur et l'absence de tares héréditaires, de
la fluxion périodique surtout. La taille des baudets de race
poitevine varie entre 1ᵐ40 et 1ᵐ48. Leur robe, comme celle de
la race de Gascogne, est communément d'un noir plus ou
moins foncé. Ils ont souvent le bout du nez, le dessous du

ventre et le plat des cuisses d'un gris cendré plus ou moins clair ou encore d'une nuance moins foncée que celle de la robe. Ceux qui sont dans le dernier cas sont dits bais bruns. Ils sont d'ailleurs plus estimés lorsqu'ils ont le poil fin, long et frisé, au lieu de l'avoir ras comme ceux de race de Gascogne.

C'est dans le département des Deux-Sèvres, notamment dans l'arrondissement de Melle, que s'élèvent les plus beaux baudets de l'espèce.

On estime approximativement à 50,000 les juments poulinières qui sont employées à la production mulassière : soit par leur croisement avec le baudet, pour faire des mules; soit par l'accouplement avec le cheval pour l'entretien du cheptel mulassier. Quelques auteurs ont prétendu que la jument poitevine était seule *intérieurement mulassière*, parce que les ascendants maternels auraient reçu de leurs propres accouplements avec le baudet une sorte d'imprégnation qui le rapprochait de l'espèce de celui-ci. C'est là de la haute fantaisie, dit M. Joigneaux. Nous avons vu, en effet, en décrivant les diverses races chevalines, que la race picarde était très propre, en raison de son tempérament lympathique, à l'industrie mulassière, et que de nombreuses juments bretonnes étaient chaque année importées dans le Poitou pour suppléer souvent avantageusement aux juments de pure race poitevine, laide, disgracieuse, avec sa grosse tête carrée, ses formes massives, son ventre volumineux, le bassin large, l'encolure forte, ses membres chargés de crins et ses pieds larges et plats. D'ailleurs, dans le choix de la bonne jument de production, il faut moins s'occuper de la conformation que des qualités que l'on peut appeler morales et qui en font ce que l'on appelle une bonne mère, telles que la douceur, la patience pour se laisser teter et rester tranquille dans les pâturages. Une jument plus étoffée, à membres fins, à sabot étroit, à encolure grêle, donnerait des produits dans lesquels domineraient les défauts du père. On conserve dans le Poitou des étalons dits mulassiers destinés à reproduire la jument telle que l'exige l'industrie à laquelle on la destine.

Le mulet participe des qualités et des défauts de l'âne; il est robuste, sobre, dur à la fatigue, mais souvent peu docile, entêté, vindicatif. Plus alerte et plus fort que l'âne, il est appelé à rendre plus de services; sa voix, qu'il fait rarement entendre, est sourde et se rapproche un peu du hennissement du cheval. Le mulet est infécond, quoiqu'il manifeste souvent des désirs; ces ardeurs le rendent même rétif et dangereux et nécessitent la castration.

La mule est moins forte et dure moins longtemps que le mulet, mais elle est plus douce et plus docile; ses formes sont généralement plus développées, plus rondes et plus gracieuses; ces qualités lui assurent une valeur plus élevée d'un tiers environ sur les marchés. La mule est également inféconde; cependant on cite des cas, extrêmement rares il est vrai, de production par les mules.

Le mulet est employé comme animal de trait, quelquefois de selle et très souvent de bât; il convient essentiellement aux pays de montagne, en raison de la sûreté de sa marche et de sa sobriété. M. Lefour, inspecteur général de l'agriculture, qui a publié un petit ouvrage fort intéressant : *Le cheval, l'âne et le mulet*, estime qu'un cheval de bât peut porter par jour, à une distance de 28 kilomètres, la moitié de son poids, et que l'âne et le mulet, dans les mêmes conditions, portent les deux tiers de leur poids. Le pied plus étroit et en même temps plus sûr du mulet, le rend très propre au service du bât dans les chemins étroits et rocailleux; son aptitude à supporter les chaleurs et sa sobriété le prédestinent également aux contrées les plus chaudes et les moins riches en pâtures; dans ces contrées, le prix de revient du travail du mulet est évidemment inférieur à celui du cheval. Comme bête de trait, il convient aux services qui exigent un travail continu et régulier, le roulage, la traction d'un manège, le labour. Si un couple de chevaux laboure dans le Midi 33 ares, un couple de mules en laboure 28 à 30. C'est à sa grande dureté, à sa rusticité et son aptitude à supporter les températures les plus variées qu'il doit d'avoir été adopté pour la plupart des services de traction de l'armée. Les mulets du Poitou s'exportent non seulement dans la plupart de nos départements français méridionaux, mais encore dans toutes les contrées du midi de l'Europe, en Amérique et jusqu'en Australie. Les autres centres de production, à beaucoup près moins importants, sont dans les montagnes du Centre, dans celles de l'Est, dans la Gascogne et les Pyrénées.

Les haras de la race mulassière offrent de très curieuses particularités.

Ce sont des établissements privés qui portent le nom d'*ateliers*. L'installation d'un atelier est fort simple; elle consiste en une grange ou un simple bâtiment; on établit sur l'un des côtés, à l'intérieur, un rang de cellules en planches, de trois mètres sur chaque face, non fermées par le haut, avec une porte ouvrant sur le reste de la grange, qui forme alors un vaste corridor où on peut déposer les fourrages. Une petite lucarne pratiquée dans la porte même ou à côté permet de voir dans l'intérieur. Le baudet est libre dans ce box garni d'un petit râtelier; il porte seulement un licol de cuir auquel on fixe une longe; quand on veut le faire saillir, on y ajoute une bride pour mieux le maintenir. Le baudet reçoit peu de soins de pansage, on ne le ferre jamais, on rogne de temps en temps la corne des pieds qu'on laisse toujours fort épaisse. On dispose ordinairement près de l'atelier une place pour la saillie; c'est un petit espace un peu en contre-bas où on place les juments à taille trop élevée; deux petites barrières parallèles, écartées de 1ᵐ50 environ, protègent deux côtés. On peut offrir à la saillie de chaque baudet de 50 à 80 juments dans la saison. Chaque baudet fait par jour 5 à 6 saillies qu'on nomme *bridées* dans le Poitou; un baudet étalon peut durer jusqu'à 20 et

25 ans. Le prix par jument est de 10 à 15 francs, plus un pourboire de 60 centimes.

Lorsque la jument refuse l'approche du baudet, on laisse venir près d'elle un cheval boute-en-train qui ne saillit pas, mais qui sert à vérifier les dispositions de la femelle. On est quelquefois également forcé de présenter une ânesse au baudet pour le mettre en train; on la retire pour y substituer la jument. Le baudet reçoit 3 à 4 kilog. de foin; pendant la monte il reçoit en sus 2 à 3 litres d'avoine et un demi-litre à chaque saillie. La jument poulinière vit l'été à l'herbage, elle est nourrie l'hiver au foin à l'écurie, souvent insuffisamment; le son, le pain sont ajoutés quelquefois à la nourriture au moment de la gestation. La jument saillie par le baudet porte 11 mois environ. La parturition a lieu depuis le mois de février jusqu'à la mi-juillet.

Les ateliers sont au nombre de 160 dans le Poitou. Le seul département des Deux-Sèvres en compte 94 pour son compte. En général, chaque atelier se compose de 4 à 8 baudets étalons, d'un ou de deux chevaux mulassiers, d'un boute-en-train et de plusieurs ânesses. Il exige une mise de fonds considérable pour l'achat des animaux et leur entretien, et ne procure pas des bénéfices en rapport avec ces déboursés; aussi sont-ils le plus généralement des propriétés de famille se conservant par une sorte de tradition héréditaire.

Commerce.

Le commerce des mules et mulets en Poitou mérite une étude spéciale.

Nous dirons d'abord avant toute autre chose que la France est la seule nation qui exporte de ces animaux. Ils ne passent pas directement de nos départements du Centre et de l'Ouest à l'étranger, du moins pour le plus grand nombre. Il règne à cet égard une division du travail de l'élevage, en vertu de laquelle le Poitou fait naître beaucoup et n'élève guère au delà de la première année. On évalue aux deux tiers de la production au moins le nombre des mulets poitevins vendus à cet âge. Ceux-ci vont achever leur développement dans les départements du Midi et du Sud-Est, dans le Lot, le Tarn-et-Garonne, l'Ariège, les Pyrénées-Orientales, l'Aude, l'Hérault, l'Aveyron, le Tarn, la Lozère, la Haute-Loire, le Gard, la Drôme, l'Isère où la production a également lieu, mais sur une moindre échelle.

M. Ayrault donne sur le commerce des mules et mulets en Poitou les très intéressants renseignements qui suivent :

Le commerce, écrit-il, se divise en deux catégories : le commerce local et le commerce avec l'intérieur. Le premier a lieu de ferme à ferme, de commune à commune, de canton à canton. C'est ici le fermier de la Saintonge et des contrées limitrophes, ainsi que du Marais, qui font naître et n'élèvent pas. Là l'éleveur des plaines de la Vendée, où les naissances sont insuffisantes pour les besoins de son exportation, va acheter dans les plaines des Deux-Sèvres, à l'époque du carême, de belles jetonnes qu'il gardera jusqu'à 4 ans. A telle foire on ne trouve que des mules d'un an, à telle autre des mulets entiers de 2 ans ou des mules d'âge, ou enfin tous ces groupes réunis. Le cultivateur du Poitou aime par dessus tout les spéculations sur le bétail. Beaucoup achètent des jeunes bêtes aussitôt le sevrage, les nourrissent de son, de pain, de farine, de quelques racines, et les vendent aux maquignons en mars ou en février. Il y a aussi des maquignons qui amènent aux foires de véritables convois composés de 30 à 40 mulets de l'année. Ces jeunes bêtes sont attachées par le licol ou *accouées* les unes à la suite des autres devant une jument, sur laquelle est monté le conducteur. Rétives au départ, tirant en tous sens, elles finissent par marcher tranquillement. En arrivant aux foires, elles sont logées sous des hangars en toutes saisons. Les affaires se font beaucoup par

relations, et telle famille achète de père en fils depuis moult
d'années au même producteur. La valeur des animaux est
subordonnée aux demandes et à l'activité du commerce dans
le midi de la France et à l'étranger. Aussi le fermier se tient-il
sur une grande réserve lorsqu'on vient acheter ses mules, si
les cours n'ont pas été établis par de nombreux achats à une
grande foire. Il préférera manquer la vente s'il n'est pas suffisamment édifié.

Le commerce des mules d'âge n'a lieu qu'avec des étrangers. Les acheteurs se divisent en : Languedociens, Albigeois,
Béarnais, Gascons et autres marchands du Midi, qui emmè-
nent les mules les plus fortes et les plus chères. Les Espagnols,
eux, choisissent au contraire, les plus légères, les plus
grandes et les plus distinguées : les plus belles de ce groupe
atteignent de hauts prix. Il y a aussi la mule d'exportation,
dont les amateurs de Nantes faisaient de grandes expéditions
pour l'île Bourbon, au temps où cette colonie était prospère.
Celle-là est plus petite, trapue et bien membrée. Les principales foires de grandes mules ont lieu dans les Deux-Sèvres,
à Sainte-Néomaye, Champdeniers, Niort, Celle, Melle, et à
Fontenay, en Vendée. On livre rarement la mule le jour de la
vente ; presque toujours l'éleveur la garde chez lui plusieurs
semaines, sans aucune rétribution de l'acquéreur. Cet usage a
donné souvent lieu à des contestations, quand une mule
vendue vient à mourir de maladie ou d'accident ; mais les
tribunaux ont toujours tranché la question en faveur du fermier qui n'agit que par complaisance pour obliger son acquéreur, et par conséquent ne doit pas avoir à sa charge les
risques et périls qui peuvent subvenir.

L'industrie mulassière emploie en Poitou 50,000 juments
environ, dont 38,000 sont livrées au baudet. En portant à la
moitié le chiffre des naissances, on arrive à une production
annuelle de 18,000 animaux livrés au commerce. A la fin
d'une campagne il ne reste plus une seule mule engraissée

pour la vente. Quelques-unes atteignent le prix énorme de 13, 14 et jusqu'à 15,000 francs, la plupart sont vendues de 900 à 1,000 francs. En établissant une moyenne de 600 francs, on arrive au chiffre énorme de dix millions 800,000 francs que les étrangers versent dans le Poitou en échange de ses mules. Si l'on pouvait calculer les roulements amenés par les ventes sur place des jeunes animaux de un et deux ans, on verrait que cette industrie est peut-être la plus productive qui soit en agriculture.

Société centrale d'agriculture des Deux-Sèvres. — Stud-Book

Toutefois il manquait à l'industrie mulassière du Poitou une direction, un guide sûr et éclairé, une protection efficace.

Jusqu'à ces derniers temps les éleveurs piétinaient sur place, tâtonnaient, cherchaient une plus-value à leurs produits, et chacun suivait sa propre inspiration, souvent mécontent des résultats, mais ne sachant comment orienter sa voile.

C'est alors que la Société centrale d'agriculture des Deux-Sèvres a jugé utile de prendre franchement la tête du mouvement, d'imprimer à cette importante industrie, balottant comme un navire sans boussole, une direction raisonnée. Elle l'a dotée du plus puissant moyen qui soit pour favoriser l'amélioration et le développement des races, et donner, par là même, une plus-value aux produits : *un Stud-Book.*

La Société centrale d'agriculture des Deux-Sèvres n'en est pas d'ailleurs à son coup d'essai; plusieurs fois déjà elle s'est portée aux avant-postes pour combattre l'ennemi, et l'Administration, dont l'immixtion dans le Poitou a été plus d'une fois funeste, l'a rencontrée au premier rang de ses irréconciliables adversaires. Sa nouvelle création est le couronnement de l'édifice.

C'est d'ailleurs ce qu'ont compris les Sociétés agricoles des quatre autres départements intéressés : Vendée, Vienne,

Charente et Charente-Inférieure. Le Stud-Book compte en conséquence aujourd'hui, parmi les membres de sa commission, des représentants des comices agricoles de Fontenay-le-Comte, de la Société d'agriculture de Poitiers, Société centrale d'agriculture de la Charente.

Mener à bonne fin une semblable entreprise n'était pas chose facile. Que l'on songe, pour s'en rendre compte, à cette ténacité et à cette indifférence qu'apporte constamment dans le Poitou, comme partout du reste, le cultivateur pour tout ce qui constitue une innovation et un progrès.

Avec un Stud-Book, c'est une ère nouvelle qui s'ouvre pour l'industrie mulassière dans le Poitou, c'est un rayonnement qui luit au firmament de l'avenir, c'est l'espoir qui renaît, la confiance qui apparaît sur le seuil des ateliers, c'est la supériorité des races asines et chevalines mulassières du Poitou qui signe un long bail avec la faveur publique. *All right!*

Les éleveurs poitevins ne seront pas longtemps avant d'en comprendre l'utilité et les avantages; ils en sauront gré aux intelligents promoteurs; ils verront que c'est à eux maintenant de faire disparaître, par une sélection bien entendue, certaines parties défectueuses de la conformation, de fixer et de perpétuer ces caractères types qui font les reproducteurs par excellence de ces grandes et belles mules, précieuse marchandise en qui réside actuellement, sinon l'unique, au moins le principal profit des exploitations poitevines.

C'est dans sa séance du 26 juin 1884 que la commission spéciale a arrêté le règlement du Stud-Book mulassier, dont voici les principaux articles :

Pour constater l'identité des races asines et chevalines mulassières et de leurs descendants, il est établi, à Niort, sous le patronage et la surveillance de la Société centrale d'agriculture des Deux-Sèvres, un registre généalogique pour l'inscription desdits animaux, soit qu'ils existent dans les Deux-Sèvres, soit qu'ils aient été exportés ailleurs.

Sont inscrits au Stud-Book mulassier : les étalons, pouliches et juments, les baudets et ânesses de la race mulassière, qui auront été soumis à l'examen de la commission spéciale du Stud-Book et acceptés par elle, et les produits desdits animaux provenant de pères et mères inscrits.

Une commission spéciale composée des membres du bureau de la Société centrale d'agriculture des Deux-Sèvres, de trois membres de ladite Société élus par elle et de deux délégués de chacune des Sociétés agricoles suivantes : la Société d'agriculture de Poitiers, le Comice de Fontenay-le-Comte, le Comice de Saintes, et la Société centrale d'agriculture de la Charente, est chargée de procéder à l'examen des animaux présentés à l'inscription, en même temps que de la rédaction du Livre généalogique. Elle prononce l'admission des diverses demandes d'inscription et statue souverainement et en dernier ressort sur toutes les contestations ou réclamations qui peuvent se produire.

La commission peut exclure tous les animaux chez lesquels il serait survenu des défauts ou des vices héréditaires, ou tous les animaux qui ne présenteraient pas les caractères et les types des races asines et chevalines mulassières.

Les éleveurs sont tenus de déclarer les animaux dans les huit mois de leur naissance. Cette déclaration doit être appuyée de la carte de saillie de l'année précédente, afin de constater que le produit est issu d'un baudet et d'une ânesse, d'un étalon et d'une jument inscrits au Stud-Book ; d'envoyer du 1er novembre au 1er janvier de chaque année un état contenant la liste des morts advenues dans l'année, les noms et adresses des acheteurs de leurs animaux, ainsi que les noms et numéros des animaux qui cesseraient d'être livrés à la reproduction.

Le registre généalogique comprend deux parties ; la première consacrée à la race asine et la seconde à la race chevaline. Chaque partie contient elle-même : un index général indiquant le numéro d'ordre, les noms des animaux, ceux des éleveurs et possesseurs ; une liste des éleveurs ; la généalogie des étalons et des baudets ; la généalogie des juments et des ânesses, suivie du tableau de leurs produits.

Tel est en substance le Stud-Book mulassier, dont la commission permanente et inter-départementale est composée comme suit :

Pour les Deux-Sèvres : MM. P. Lhomme, D. Sayot, O. Déniau, P. Lévrier, F. Birault, A. Laugeron, S. Plantiveau.

Pour la Vendée : MM. P.-N. Ayraud, H. Beaussire, E. Guinandeau.

Nous avons dit qu'il y avait bien des abus à combattre, des préjugés à déraciner. L'erreur des éleveurs poitevins a été et est encore de trop négliger l'hygiène de la population femelle, d'en agir avec elle avec une parcimonie regrettable. Autant, en effet, les mâles depuis leur naissance jusqu'à l'âge adulte sont entourés de soins minutieux et de sollicitude, autant les ânesses sont systématiquement négligées. Cette hygiène défavorable qui exerce une influence fâcheuse sur la fécondité, n'est pas même modifiée durant le temps de la gestation ; au contraire. A mesure que le temps de celle-ci approche, l'alimentation devient plus parcimonieuse ; les auteurs, que nous avons cités dans le cours de ce chapitre, se sont élevés contre cette malheureuse coutume, à laquelle ils attribuent une des principales causes de la difficulté de l'élevage des baudets du Poitou, qui demeure restreinte par ce fait, expliquant les hauts prix atteints par ces animaux. Il est incontestable que cette vie de misère est peu propre à mettre les femelles de l'espèce asine en état de conduire à bonne fin le fruit qu'elles ont conçu. Aussi les avortements sont-ils excessivement fréquents, les parturitions souvent laborieuses et les premiers jours de la vie des produits toujours très précaires.

Grâce aux nouvelles tendances imprimées par les sociétés protectrices et dirigeantes, un progrès sensible se manifeste dans la réglementation de l'hygiène des animaux qui peuplent les fermes du Poitou. Les éleveurs commencent à comprendre que les avortements, que les mortalités et les maladies diminueront quand ils nourriront mieux les mères, et que la jument aussi bien que l'ânesse ne doivent pas être soumises au régime de la maigre pitance.

L'industrie du Poitou est une des branches les plus importantes de la fortune agricole de la France. Nous applaudissons en conséquence à tous les efforts tentés pour la maintenir au haut rang qu'elle occupe depuis longtemps déjà dans notre production nationale.

CHAPITRE XII

Les Sociétés de trait.

———

ANGLETERRE. — BELGIQUE. — FRANCE.

> Il y a différentes opinions sur
> l'éducabilité des races. C'est parce
> que chacun veut faire triompher la
> sienne, au profit de son amour-
> propre, qu'il en résulte l'infériorité
> de nos hommes de cheval et de
> nos chevaux.
>
> Bon de Curnieu *(Leçons de
> science hippique).*

La question d'élevage découle naturellement de l'étude des races. Il n'existe pas en effet de méthode plus rationnelle que de procéder de l'observation à la pratique ; c'est par une collection de faits qu'on arrive à l'expérience, qui peut guider dans les connaissances naturelles : tel est le but des Sociétés qui se sont donné pour mission d'encourager l'élevage et la production animale.

Se mettre d'accord. Réunir les capacités et les spécialités ; condenser, fondre dans un même creuset les opinions contraires pour en dégager un métal pur de tout alliage, un principe améliorateur généralisé ; combattre la routine, les préjugés, les tendances funestes, et planter sur leurs ruines le drapeau du progrès. L'initiative privée marche toujours à tâtons dans le demi-jour des habitudes locales, elle s'égare dans les sentiers obscurs des traditions héréditaires; il lui faut, pour évoluer librement, un guide, une boussole, le phare lumineux, qui lui indique la route à suivre. C'est là le rôle des Sociétés.

En Angleterre. — Les Sociétés d'encouragement et d'élevage sont très nombreuses. Dès qu'une race est bien distincte et bien fixée, aussitôt une Société se fonde, s'organise, cherche des points d'appui dans la presse spéciale, fonde au besoin un organe à sa dévotion; elle jette les bases d'un Stud-Book, se fait admettre et cataloguer à la Société royale d'agriculture, crée des expositions particulières et... la race nouvelle est lancée. C'est ce qui a eu lieu pour le Shire-Horse. Après avoir produit le Clydesdale et le Suffolk, comme races de gros trait bien caractérisées, le cheval pesant continuant son évolution dans la Grande-Bretagne, s'est présenté sous une troisième forme : le Shire-Horse; une Société d'éleveurs l'a pris sous sa protection, se donnant pour mission d'en fixer la race et de la propager à l'état de pureté. Cette Société, vite florissante, compte actuellement 1,500 membres; elle a pour président M. Walter Gilbey, dont les spécimens d'élevage ont été fort remarqués aux expositions d'Amsterdam, Anvers et Bruxelles. Elle tient, avec la Société du Clydesdale, la tête des associations d'élevage du trait en Angleterre. Toutes deux ont un Stud-Book spécial, des expositions particulières et concourent aux expositions centrales organisées par la *Royal agricultural society of England.*

Toutefois voilà huit ans que la Société du Shire-Horse a fondé son Stud-Book. A cette époque, nous en convenons, il eut été difficile de décrire exactement les caractères de cette race nouvelle; mais maintenant on devrait en être arrivé à se former une idée de ce que doit être un Shire-Horse pour être parfait. La Société n'a cependant pas déterminé les caractères spécifiques qui constituent l'idéal pour un specimen de ce cheval de gros trait par excellence. Il serait cependant temps de le faire, pour que les éleveurs sachent dans quel sens ils ont à faire l'elevage, et surtout pour que les juges soient définitivement d'accord pour les classer.

C'est grâce à ce patronage de Sociétés puissantes, singulièrement soutenues par une presse influente, que l'élève du gros trait en Angleterre s'est depuis longtemps signalé, au point d'échapper à toute comparaison.

En Belgique. — La Belgique est entrée depuis 1880 dans une ère nouvelle; la production et l'élevage ont progressé. Mais c'est surtout depuis 1882 que l'élève du gros trait est devenu en honneur; nombre de grands agriculteurs qui ne s'étaient jamais sérieusement occupés de cette industrie, se sont adonnés avec zèle et ardeur à cette spéculation agricole. C'est pour répondre à ce courant que s'est fondée la *Société nationale du cheval de trait belge.*

Cette Société est donc de création récente. Son premier concours annuel a eu lieu au mois de juillet 1886. Son but est de développer et d'améliorer les races de chevaux de trait que possède la Belgique, d'encourager la production du cheval de travail, qui constitue une branche importante de l'économie rurale du pays. Pour atteindre ce but la Société, dont le siège social est à Bruxelles, a arrêté les mesures suivantes :

1º Organiser à Bruxelles une exposition annuelle de chevaux de gros trait.

2º Tenir un livre d'origine ou Stud-Book dans lequel sont inscrits les chevaux de gros trait appartenant aux races belges et dont la généalogie est établie.

La Société se compose de membres fondateurs et de membres permanents.

La direction et l'administration de la Société sont confiées à un conseil administratif de quarante-deux membres, élus par l'assemblée générale ordinaire. Le comité exécutif a les pouvoirs les plus étendus : il rédige les règlements et les programmes des concours annuels; il tient le Stud-Book d'après les règles établies par lui.

La Société est constituée comme suit :

Conseil administratif. — Comte E. de Hemricourt de Grunne, *président.* — Comte de Ribaucourt, sénateur, *vice-président.* — Comte de Kerchove de Denterchem, membre de la Chambre des représentants, *vice-président.* — Comte François van der Straten-Ponthoz, agronome à Bruxelles, *vice-président.* — Chevalier de Menten de Horne, président de la commission provinciale d'agriculture du Limbourg, *vice-président.* — Baron Frédéric de Crombrugghe de Picquendaele, conseiller provincial de la Flandre occidentale, *vice-président.* — M. Van de Poele, propriétaire à Gand, *vice-président.* — M. Paul Tiberghien, conseiller provincial du Hainaut, *trésorier.* — Chevalier G. Hynderick, capitaine d'état-major, *secrétaire.* — M. Bernard, directeur au ministère de l'agriculture. — M. H. Crombez, propriétaire éleveur à Taintegnies. — M. F. Coppée, propriétaire éleveur à Mons. — M. Chevalier, membre de la députation permanente du Hainaut. — Comte de Beauffort, conseiller communal à Ixelles. — Comte Adrien d'Oultremont, membre de la Chambre des représentants, à Bruxelles. — Comte Louis de Liedekerke, propriétaire à Saint-Fontaine-Paihle. — M. Florimont Duchateau, agronome à Quévaucamps. — Baron Charles de Rosen, prop^{re} à Tongres.—Comte Ferd. d'Aspremont-Lynden, propriétaire à Barvaux.—M. Dumont de Chassart, agronome à Sart-Dames-Avelines. — Baron de Mévius, conseiller provincial à Rhisnes. — Baron H. de Pitteurs, membre de la Chambre des représentants. — Baron de Steenhault de Waerbeek conseiller provincial du Brabant, Vollezeele.—Comte S. de Limburg-Stirum, propriétaire à Lumay. — Prince de Rubempré-Mérode, membre de la Chambre des représentants à Bruxelles. — M. Geelhand, conseiller provincial à Anvers. — M. Paul Gilbert, chef de division au ministère de l'agriculture. — M. Hubert, agronome à Ochamps. — M. Jourez, agronome à Braine-l'Alleud. — M. Leyder, sous-directeur à l'Institut agricole de l'État, à Gembloux. — M. Merghelynck, commissaire d'arrondissement à Ypres. — M. Ed. Orban de Xivry, propriétaire à La Roche. — Baron Léon Peers, propriétaire à Oostcamp. — M. Joseph Piers de Raveschoot, à Olsene. — M. Reul, professeur à l'école de médecine vétérinaire de l'État, à Cureghem. — M. Roussille, propriétaire à Jamoigne. — Baron Maurice Snoy, propriétaire à Soiron. — M. Léon T'Serstevens, membre du conseil supérieur d'agriculture, à Bruxelles. — M. Victor Van Volsem, industriel à Genappe. — M. Van Bevere, notaire à Bruxelles. — M. Van Derton, propriétaire à Bruxelles.

COMITÉ EXÉCUTIF. — Comte Eugène de Hemricourt de Grunne, *président*. — M. Paul Tiberghien, *trésorier*. — Chevalier G. Hynderick, *secrétaire*. — M. Bernard. — Comte Adrien d'Oultremont. — Chevalier de Menten de Horne. — Comte de Kerchove de Denterghem. — Baron de Steenhault de Waerbeek. — M. Em. Dumont de Chassart. — M. Leyder. — Baron Léon Peers. — M. Reul.

COMMISSION CENTRALE DU STUD-BOOK. — Comte de Ribaucourt, *président*.—M. Reul, *secrétaire*.—Baron de Steenhault de Waerbeek. — M. Leyder. — M. E. Mercier. — Baron Léon Peers. — M. P. Tiberghien.

La première exposition de chevaux de trait de race indigène, organisée par la Société nationale de trait belge, au parc de l'ancienne plaine des manœuvres, à Bruxelles, a été un véri-

table succès pour la jeune Société. On lisait, en effet, dans le très complet et très intéressant organe belge d'élevage et d'acclimatation, *Chasse et Pêche*, sous la signature du comte de Beauffort, hippologue et écrivain cynégétique d'une égale compétence, le compte rendu suivant : « Notre premier essai a
» réussi à merveille, et notre nouvelle Société a tout lieu de
» s'en montrer fière. On comptait 496 étalons et juments di-
» visés en trois catégories, suivant les variétés du cheval
» de trait élevé dans nos provinces. La race brabançonne, de
» bien la plus nombreuse à l'exposition comme dans notre
» élevage, était la mieux représentée. La médaille d'or du
» championnat est échue, avec le prix de 1,200 francs, au
» magnifique étalon bai marron de 4 ans de cette race, *Sultan*,
» à M. Louis Boden, à Bettincourt (Liège). Nous dirons peu
» de chose de la race flamande moins en progrès. Quant à
» l'Ardennais, ici, comme à tous les concours précédents, il
» nous a fait éprouver une véritable déception. »

Parmi les éleveurs qu'il y a lieu plus particulièrement de féliciter, nous citerons :

MM. L. Boucquéau, à Thisnes-lez-Nivelles ; Crousse-Godefroid, à Houtain-le-Mont-et-le-Val ; H. Delchevalerie, à Sombreffe ; comte de Ribaucourt, à Perck ; baron de Steenhault de Waerbeek, à Vollezeele ; E. Dumont, à Sart-Dames-Avelines ; J. Hazard, à Leers-et-Fosteau ; L. Jourez, à Braine-l'Alleud ; A. Lengrand, à Hautes-Wihéries ; E. Losseau fils, à Gozée ; M. Losseau, à Givry ; V. Losseau, à Thuillies ; N. Mathieu, à Foy-Bastogne ; Nerinckx-Cloquet, à Breethoudt-lez-Hal ; E. Nerinckx, à Hal ; Nerinckx frères, à Vieux-Genappe ; L. Nerinckx, à Brages ; J. et fils Stévenart, à Branchon ; P. Tiberghien, à Manage ; R. Vanderschueren, à Vollezeele ; C. Vanderschueren, à Appelterre ; Vermoesen, à Lennick-St-Martin ; N. Warnant, à Finnevaux, etc.

Très remarqués aussi, dans les Brabançons, les chevaux de M. Squilbeck, ainsi que ceux de M. Delfosse, tous deux avantageusement connus des principaux éleveurs de la Belgique et de l'étranger.

En France. — En France, les Sociétés d'agriculture et les comices agricoles subventionnent et encouragent, au moyen de primes et de prix dans les concours, la production chevaline.

Nous aussi, nous sommes en progrès. Le cheval commun a vécu... dans la considération publique. On commence à ne rechercher que les animaux appartenant à des races distinctes et classées, et l'on a mille fois raison. Le cheval commun est un animal défectueux, inégal, sans formes et sans proportions : ici trop massif, trop lourd, là trop grêle et trop chétif; il n'a pas d'origine connue, de famille établie; il vient de toute part et s'implante partout; partout il remplit la même tâche, mais n'est pas capable d'en remplir d'autre, et, au delà de l'étroite spécialité à laquelle son imperfection le réduit, il est sans utilité et sans valeur.

Grâce aux encouragements des associations agricoles, aux primes plus largement étendues, l'action amélioratrice a pénétré les diverses couches de la population équine; le relèvement s'est imposé. La généralité de l'espèce mieux née, mieux éduquée, mieux nourrie, objet de plus de ménagements et de soins, tend à dépouiller son extérieur vulgaire pour en revêtir un plus approprié à d'autres destinations.

Nous félicitons les hommes d'initiative qui ont pris la tête du mouvement, s'inspirant de cette pensée éminemment patriotique que l'industrie, qui s'adonne à la production et à l'élève des espèces de trait, en raison de son importance, formait une des plus précieuses richesses de notre industrie agricole et méritait à ce titre d'être entretenue dans toute sa valeur. En dehors des associations agricoles, il y a en France un certain nombre de Sociétés spécialement hippiques, qui consacrent toutes leurs ressources à la production chevaline.

La plus importante, pour l'espèce du trait, est la *Société hippique percheronne.*

Au 10 août 1886, elle comptait 650 membres. C'est un brillant résultat, obtenu après 3 années seulement d'existence. Combien de sociétés chevronnées, ayant à leur actif plusieurs congés, peuvent envier le sort de ce conscrit !

Nous lisons en tête de ses statuts et règlements : *Article premier.* — « Il est fondé dans le Perche entre les agriculteurs,
» éleveurs et étalonniers, sous le nom de *Société hippique*
» *percheronne*, dont le siège est fixé à Nogent-le-Rotrou, une
» Société dont le but est d'assurer à cette précieuse race son
» origine, au moyen de l'inscription de chaque animal avec la
» généalogie du père et de la mère, du grand-père et de la
» grand'mère. »

La Société a donc pour but d'encourager et de perfectionner l'élève du cheval percheron et de lui ouvrir de nouveaux et productifs débouchés. Pour arriver à ces fins, elle a eu tout naturellement recours aux deux leviers indispensables : un Stud-Book et des concours annuels.

Nous avons vu quel avait été le succès croissant de son Stud-Book. Le premier volume publié en 1883 comptait 1,500 inscriptions ; le second publié en 1885 s'enrichissait de 1,350 autres noms, et dans le dernier volume, paru en septembre 1886, on voit figurer 3,000 inscriptions.

Les concours annuels, qui se tiennent à Nogent-le-Rotrou, n'ont pas eu jusqu'ici un moindre succès.

Le premier a eu lieu au mois de mai 1885. Voici ce qu'en dit un témoin oculaire : « Toute personne qui aurait voyagé dans le Perche, il y a seulement quatre ou cinq ans, n'aurait jamais voulu croire que l'on pût réunir dans un concours un aussi grand nombre de magnifiques étalons. Depuis quelques années les étalonniers du Perche se sont mis à l'élevage avec énergie et connaissance ; ils ont compris que, pour avoir de beaux et bons chevaux, il fallait de bonnes origines ; ils ont travaillé judicieusement et ont su produire ces beaux étalons qui ont fait que le concours de Nogent est un des plus remarquables que j'ai vus ».

La Société tenait le 20 juin 1886 son deuxième concours.

Ce concours a été des plus remarquables. Jamais on n'avait vu une aussi nombreuse et aussi belle collection de reproducteurs de la race du Perche. Il a été démontré péremptoirement que d'incontestables progrès ont été réalisés depuis la création du Stud-Book fondé par la Société. Les sujets, au nombre de 252, étaient presque tous des sujets d'élite : l'Orne en exposait 145 ; l'Eure-et-Loir, 75 ; la Sarthe, 32. D'importants achats ont eu lieu au prix moyen de 10,000 francs ; quelques étalons de tête ont été payés jusqu'à 22,000 francs.

Les principaux lauréats ont été : MM. Ernest Perriot, de Nogent ; Sagot, de Coudray ; Auguste Tacheau, de La Ferté-Bernard ; Fleury fils, de La Ferté - Bernard ; Laurent Leguay, de Nogent ; Henri Poussin, d'Avézé ; Honoré Desprez, de Godisson ; François Miteau, de Saint-Julien-sur-Sarthe ; Charles Rigot, de Saint-Bomer ; Charles Colas, de Nocé ; Aimé Goupil, de Souancé, etc.

Le premier prix d'ensemble a été décerné pour les étalons à M. A. Tacheau, et pour les pouliches et poulinières à M. Ch. Rigot.

On voit par ces surprenants résultats quelle situation importante a su prendre, presque à ses débuts, la Société hippique percheronne. Cette situation prospère, au lieu d'exciter le mécontentement et la verve de certaines personnalités turbulentes qui la jalousent, devrait bien plutôt engendrer l'émulation. Car, enfin, le Perche n'est pas le seul centre de production et d'élève des races équestres françaises, il y a aussi la Bretagne, vaste pépinière, fond presque inépuisable, qui, au point de vue des services usuels, n'a encore été exploitée que d'une manière incomplète ; il y a au nord et à l'ouest d'autres contrées ou la production chevaline des espèces de trait est une des branches principales de l'économie rurale.

Si le Perche est arrivé à se grouper d'une façon aussi compacte, aussi résistante autour d'une œuvre commune et impersonnelle, c'est que, mieux que d'autres, il a compris ses intérêts et fait taire les petites compétitions locales ; c'est que la Société, qu'il a créée, répondait à un besoin d'ordre général et a été constituée et organisée comme il convenait ; c'est que les mandataires auxquels ont été délégués les pouvoirs administratifs ont été à la hauteur de leur mission.

Le conseil d'administration de la Société est composé comme suit :

BUREAU. — *Président*, M. Fardouet, à Nogent-le-Rotrou ; *vice-présidents*, MM. Louis Perriot, à Nogent-le-Rotrou ; Moulin, à Brunelles ; *secrétaire-trésorier*, M. Boulay-Chaumard, à Nogent-le-Rotrou ; *délégués :* MM. Vinault (Théodore), Sagot, Miard (Anatole), Magloire Poulain, Lucas, Launay (Ferdinand), Tacheau (Auguste), Caget (Célestin), Bajeon père, Colin, Bourdin, Gautier (Louis), Ducœurjoly (Désiré), Rigot (Charles), Goupil, Jousset père, Aveline (Charles), Thompson.

Dans le Boulonnais, la production chevaline, ainsi que nous l'avons vu, est placée sous le patronage de la Société d'agriculture de Boulogne-sur-Mer. Cette Société a créé récemment le *Syndicat agricole du Boulonnais* qui a eu pour mission l'établissement du *Stud-Book de la race boulonnaise*.

A Paris, la *Société des agriculteurs de France* et la *Société nationale d'agriculture* ont chacune une section hippique encourageant la production chevaline.

A la Société nationale d'agriculture (section des animaux), le candidat élu en décembre 1886, en remplacement de M. H. Bouley, décédé, a été M. Lavalard, membre du conseil supérieur d'agriculture, membre des conférences à l'Institut national agronomique et directeur de la cavalerie de la Compagnie générale des Omnibus.

La section hippique à la Société des agriculteurs est composée comme suit :

MM. Eug. Gayot (Seine), Ponsard (Marne), de Scitivaux de Greische (Meurthe-et-Moselle), le baron de Ladoucette (Ardennes), le baron de Saint-Paul (Pas-de-Calais), le comte de Diesbach (Pas-de-Calais), le baron de Lamotte (Somme), de la Morvonnais (Finistère), d'Aillières (Sarthe), Meslay (Maine-et-Loire), Bailleau (Eure), le comte de Bouillé (Nièvre), Weber (Seine), de Vanssay (Orne), le comte de Kersauson (Finistère), le comte de Montlaur (Loir-et-Cher), Honoré Pinel (Seine-et-Oise), Namur-Fromentin (Ardennes), de Douhet (Seine-Inférieure), P. Le Breton (Mayenne), Ch. Guiet (Vendée), N..., (Côtes-du-Nord), de la Roche-Brochard (Deux-Sèvres), Houdaille de Railly (Yonne), le comte de Juigné (Loire-Inférieure).

CHAPITRE XIII

Compagnie générale des omnibus de Paris.

———

OMNIBUS DE PARIS.

La cavalerie des omnibus de Paris est la plus nombreuse, la plus complète dans son ensemble qu'il y ait en Europe, c'est là un fait acquis et universellement reconnu.

En a-t-il toujours été ainsi? Non. Il fut même un temps où les attelages des vénérables « citadines », qui véhiculaient les petites bourses parisiennes, prêtaient fort le flanc à la verve mordante des caricaturistes. Sans la première Exposition de 1855, il en serait peut-être encore ainsi! Les Compagnies existantes eurent alors la pudeur de l'étranger. Ayant conscience de leur pitoyable matériel, elles abdiquèrent entre les mains d'une riche Société, plus en mesure qu'elles de recevoir dignement les hôtes de Paris.

C'est qu'en effet elles avaient une bien pauvre cavalerie, ces Compagnies plus vaillantes que fortunées pour la plupart! Chevaux de toutes provenances et de tout acabit : postiers ne trottant plus, carrossiers démodés, ramassis des réformes de l'armée; il y en avait des gros et des maigres — des maigres surtout — appareillés au petit bonheur des disponibilités du jour. Car chaque matin, c'était rude besogne, pour le vétérinaire de semaine, que de pouvoir mettre en ligne un nombre

suffisant de « disponibles » pour assurer le service. Bien souvent, il fallait demander aux moins éclopés un supplément
d'attelage indispensable. Et on les campait dans les brancards
comme l'on pouvait... Le public n'était pas cependant à cette
époque névrosé et mal endurant comme il l'est aujourd'hui. Il
acceptait sans se plaindre d'être entassé dans des voitures
étroites, mal suspendues, sans air, ayant des petites fenêtres
hautes comme des lucarnes — restées le privilège des wagons
enfumés de la ligne de Vincennes. Ces voitures n'avaient que
15, 16 et 17 places, toutes à l'intérieur. Seule l'Entreprise générale des omnibus avait des places à l'impériale. Le pas était
la seule allure en usage; on considérait le trot comme une
excentricité de cocher « éméché ». Il ne fallait pas être pressé
pour y monter, je vous en réponds.

Quand l'heure de la fusion sonna, ces Compagnies étaient :
Les *Constantines*. — L'*Entreprise générale*. — Les *Favorites*. —
Les *Hirondelles*. — Les *Dames réunies*. — Les *Citadines*. — Les
Batignollaises. — Les *Béarnaises*. — Les *Parisiennes*. — Les
Excellentes. — Les *Tricycles*. — La *Gazette*. — Le *Service d'Orsay*.
L'effectif total de la cavalerie de ces diverses Compagnies
s'élevait à 3,285 chevaux, qui furent estimés au prix moyen
de 475. Mais il fallut réformer et revendre peu après, au prix
moyen de 252, ces invalides de travail. — Il était trop tard
pour en tirer parti, — même avec une meilleure alimentation.

L'Exposition obligea d'ailleurs la Compagnie à ses débuts à
d'importants achats. En 1856, elle possédait 339 voitures à
24 places, 223 à 17 places et 192 voitures de banlieue. En 1862
deux places furent ajoutées sur l'impériale et tout le matériel fut transformé en voitures à 26 places, pesant de 1650 à
1700 kilos. En 1865, on tenta d'ajouter encore deux places en
plus sur l'impériale, et un certain nombre de voitures furent
transformées en voitures à 28 places.

Les achats de chevaux devinrent réguliers et la commission
n'accepta plus, avec ce nouveau matériel, que des chevaux un

peu plus forts et ayant un minimum de $1^m 56$ à $1^m 60$. La Compagnie acheta dans le Perche, dans le Berri, dans les Ardennes, en Normandie, dans le Bourbonnais, en Angleterre même. Mais elle dut bientôt renoncer à s'approvisionner dans ce dernier pays, les 502 chevaux hongres et juments qu'elle alla y chercher en 1871 furent jugés impropres au service; pas un de ces chevaux ne présentait de caractères bien définis, ils étaient tous vieux et sortirent de l'effectif dans les années 1871 à 1873. Il demeura bien avéré que le cheval de trait français est le seul apte à bien faire le service des omnibus et des tramways. Pour s'en convaincre, la Compagnie fit étudier à maintes reprises les ressources de la production chevaline étrangère. Ainsi en 1866, M. Riquet, alors directeur de la cavalerie, visita l'Allemagne du Nord, le Hanovre, le Holstein et le Danemark pour y acheter à des prix avantageux un certain nombre de chevaux provenant des réductions d'effectif de la cavalerie prussienne et des chevaux neufs employés à la culture. Dans les villes de Coblentz, d'Aix-la-Chapelle, de Cologne où se vendait des chevaux d'artillerie, M. Riquet reconnut de suite que tous ces chevaux sans exception n'étaient vendus par le gouvernement prussien que parce qu'ils étaient usés et impropres à aucun service. Il visita ensuite un très grand nombre d'écuries, de marchands et d'éleveurs et constata que tous les animaux qui s'y trouvaient provenaient du Hanovre, du Oldenbourg, du Mecklembourg et du Danemark. Si quelques-uns de ces chevaux, surtout ceux du Danemark paraissaient pouvoir convenir au service des omnibus, ils laissaient cependant beaucoup à désirer, surtout à cause du trop de longueur de la colonne dorsale et du peu de développement des masses musculaires. Leur prix était supérieur à celui des chevaux français, il fallait compter 1050 à 1150 francs et y ajouter les frais de voyage et des douanes qui pouvaient s'élever à 150 francs. M. Riquet concluait qu'en comparant avec la plus scrupuleuse impartialité les chevaux danois et hanovriens qui peuvent convenir pour les omnibus, avec les percherons et les bretons que possède la France, ces derniers sont incontestablement supérieurs; ils sont moins longs des reins, plus solidement charpentés, mieux musclés et plus fortement‡membrés. Cet avis donné par M. Riquet, il y a 20 ans, est prouvé aujourd'hui par les achats nombreux que font en France toutes les Compagnies de tramways du nord de l'Allemagne et même de la Hollande.

La Compagnie des omnibus est pour l'industrie chevaline française un gros client.

Depuis 1871, c'est-à-dire pendant ces quinze dernières années, elle a acheté 33,085 chevaux. Aussi, dans les pays d'élevage, s'est-on efforcé de réaliser le type adopté définitivement par la commisson de remonte, qui est le *type façon percheron* répondant au signalement suivant : taille moyenne, 1^m62; corps cylindrique, bien proportionné, côte ronde, garrot épais, encolure forte, tête également un peu forte, mais expressive; pieds bien faits, poil généralement gris pommelé, cependant depuis quelques années il y a augmentation croissante des robes sombres; actuellement elles entrent pour 25 % dans l'effectif total. Après avoir longtemps fermé ses écuries aux juments et recherché de préférence les chevaux entiers, la Compagnie semble vouloir se remonter désormais plutôt en hongres et en juments. Ainsi, dans ses achats de 1885, nous trouvons 395 entiers, 343 hongres et 297 juments.

Les achats s'effectuent par l'intermédiaire de marchands de Paris dans vingt départements à peu près. Le Perche représente à lui seul 65 % de l'effectif total. Le pays Cauchois vient ensuite.

Le rapport présenté au conseil d'administration dans la séance du 10 mars 1886, par M. Lavalard, le directeur actuel de la cavalerie, contient à ce sujet, d'intéressants détails.

Dans l'EURE-ET-LOIR, le chiffre moyen des achats annuels est de 437 chevaux. Ils ont lieu plus particulièrement aux foires suivantes :

Aux deux foires de Bonneval; aux deux très importantes foires de Chartres, le 10 mai et à la Saint-André, le 10 novembre; aux deux foires principales de Chassant; aux foires de Courtalain, Illiers, Châteaudun, Nogent-le-Rotrou, Courville, La Loupe, Senonches.

Comme importance numérique, l'EURE marche immédiatement après l'Eure-et-Loir, avec un chiffre moyen annuel de 412 chevaux, la plupart entiers, bien faits, de bonne conformation, ayant de bons pieds et résistant bien au dur travail de l'omnibus. Ils sont achetés aux principales foires qui ont lieu cinq ou six fois par an à Louviers, Bernay, Evreux, Vernou, les Andelys, le Neubourg.

Pendant la période de 1871 à 1885, ces deux départements ont fourni à eux seuls plus de la moitié de l'effectif total. « Cependant, dit M. Lavalard dans son rapport, le nombre » des animaux achetés va en décroissant de la première à la » deuxième période, cela tient, non à ce que les chevaux » sont moins bons et moins nombreux, mais à ce que l'on y » produit et qu'on y élève plus de chevaux entiers et peu de » juments, et qu'en introduisant celles-ci dans les effectifs » en 1871, le nombre des chevaux entiers a été en diminuant » d'année en année. »

Ce que M. Lavalard eut pu ajouter, c'est que les éleveurs du Perche, aujourd'hui, grâce à leur Stud-Book, ont haussé le niveau de la production chevaline, qu'ils ont définitivement constitué et fixé la belle race percheronne, que leurs chevaux entiers, ou mieux leurs étalons de tête sont enlevés couramment au prix de 10,000 francs, et qu'il n'est pas un Percheron bien caractérisé qui ne trouve acquéreur au prix de 3 à 4,000 francs. Il faudrait donc en vérité que ces éleveurs soient bien naïfs de renoncer à ces avantages acquis pour briguer le privilège de la fourniture des omnibus, n'achetant chez eux qu'au prix moyen de 974 fr. 96!

Mais pour 974 fr. 96 on n'a que des Percherons de troisième ordre, des contrefaçons, des imitations, du ruoltz, on ne peut pas avoir la prétention d'aborder les grands crus. Il y a du Bourgogne et du Bordeaux à tout prix, et dans les restaurants à bon marché on vous sert, sous une pompeuse étiquette, du Médoc et du Saint-Emilion coté 1 fr. 50 la bouteille; allez dans le Médoc et le Libournais, et vous constaterez que le propriétaire ne laisse pas sortir de ses chais une seule bouteille de Médoc ou de Saint-Emilion, des plus mauvaises années, à moins de 3 et 4 francs.

Pour 974 fr. 96, et même 1172 fr. 63, qui est le plus haut prix moyen, valeur d'inventaire, payé en 1885 dans le Perche par la Compagnie, il ne faut pas même espérer avoir des Bretons *racés* de Léon et de Tréguier. La Compagnie achète des chevaux *façon percheron*, comme les gros fermiers, qui veulent remonter leur basse-cour à bon marché, achètent des coqs façon Houdan qu'ils paient 15 francs, lorsqu'ils paieraient les même 50 francs en Houdan véritable, caillouté, sans plumes jaunes; mais qu'elle demeure bien convaincue qu'elle n'a que des copies, et non des originaux — ce qui n'est pas la même chose. Peu lui importe d'ailleurs, puisqu'elle ne produit pas et n'élève pas. Elle n'a d'autres visées que celle d'avoir des animaux de travail suffisants, auxquels elle ne demande qu'une durée moyenne de service de cinq à six ans. Et sous ce rapport il n'y a que des louanges à lui adresser. Tout le monde se plaît à reconnaître que sa cavalerie réunit des conditions d'ensemble et d'homogénéité qui ne se voient nulle part en Europe; elle agit donc rationnellement et conformément à ses intérêts en procédant comme elle le fait. Seulement, comme l'étranger pourrait se prévaloir des bas prix figurant sur les statistiques de la Compagnie pour opérer des achats dans le Perche et la Bretagne, comme il pourrait en résulter sur le marché public une dépréciation préjudiciable dans les cours établis, nous avons cru devoir insister sur la nature de ses achats, afin qu'il n'y ait pas de méprise.

Le rapport de M. Lavalard fait figurer parmi les autres départements où se remonte la Compagnie :

Le Loir-et-Cher, dont les principaux centres de production sont Savigny et Vendôme.

La Sarthe, qui produit aujourd'hui beaucoup de bons chevaux vendus poulains dès six mois, à la foire de Conlie, une des plus importantes du pays. Les principaux centres sont : Sillé-le-Guillaume, Le Mans, Mamers, Saint-Calais, où les éleveurs, après avoir vendu les poulains à six mois, les rachètent à quatre ans, les font travailler et les vendent au commerce la même année ou l'année suivante au plus tard.

L'Orne, qui est par sa partie sud-est (arrondissement de Mortagne), un centre important de production du Perche, s'est désintéressé peu à peu des remontes de la Compagnie, ne trouvant pas ses prix assez rémunérateurs.

Le département de Seine-et-Oise élève des chevaux du type percheron et breton. Ses deux principaux centres de vente sont à l'ouest, Houdan et Saint-Clair-sur-Eptes. Ces chevaux sont assez bons, un peu lourds, tête petite, yeux saillants et intelligents, reins courts. Ils sont généralement amenés dans le pays à l'âge de 6 mois à 1 an, sont généralement bien logés et bien nourris.

La Mayenne, pays de production surtout, élève peu. Les poulains, vendus très jeunes, s'en vont, suivant leur sexe et leur taille, dans les départements d'Eure-et-Loir et de l'Orne.

Le Loiret se rattache, par les animaux qu'il élève, au type percheron. Il a fourni depuis une dizaine d'années 711 chevaux qui ont été achetés à Courtenay et à Patay.

Immédiatement après le Perche vient comme principal fournisseur le pays de Caux, représenté par 5,592 animaux, soit 9.72 °/₀ de l'effectif total.

Ces chevaux sont exclusivement fournis par le département de la Seine-Inférieure. Ce sont en grande majorité des juments, aussi leur nombre est-il plus élevé dans la dernière période. Rouen, Yvetot, Fauville, Pavilly, Bois-Guillaume, Le Havre, Dieppe, Bacqueville, sont les principaux lieux de provenance. L'arrondissement du Havre fait beaucoup de chevaux, celui d'Yvetot beaucoup de juments. Le département est tributaire de plusieurs départements voisins et même assez éloignés, tel que le Boulonnais. Ainsi le nombre total des chevaux du département, relativement au nombre de chevaux produit, est quinze fois plus considérable, c'est-à-dire que pour un cheval produit, 15 sont importés à l'état de poulain. Les juments du pays de Caux ont de la taille, une bonne conformation et des allures allongées. Elles représentent le type du cheval de tramway.

Les chevaux du BERRY ne sont entrés dans l'effectif en quantité notable que depuis 1871. Ils sont, par leur taille, plus aptes au service des tramways. Presque tous sont entiers. Peu nourris dans leur pays, ils sont bien charpentés, ont une forte ossature, et font un bon service dès qu'ils ont acquis une bonne nourriture, un système musculaire en rapport avec leur taille.

Les chevaux du département du Cher sont, comme ceux de l'Indre, vendus aux foires d'Issoudun, de Châteauroux, de Vocan, d'Ecueillé et de Valençay.

La Compagnie achète aussi dans les ARDENNES FRANÇAISES, aux environs de Rethel, Vouziers, Juniville et Reims, des chevaux provenant de croisements des petites juments du pays avec des étalons percherons et bretons, qu'elle désigne sous la qualification d'Ardennais-Percherons. Ces chevaux sont hongres, on châtre tous les poulains très jeunes et les juments restent dans le pays.

Le CALVADOS a fourni, depuis la guerre, 1875 chevaux à la Compagnie. Tous ne sont pas des Normands proprement dits, car les éleveurs de la plaine de Caen, d'où ils proviennent presque tous, achètent dans l'Eure et l'Orne beaucoup de poulains percherons qui, grâce à une nourriture abondante, prennent de la taille et de l'ampleur.

La Somme, le Nord et le Pas-de-Calais, qui constituent le

Boulonnais, ne figurent que pour mémoire sur les tableaux de la Compagnie.

Il y a dans l'Yonne des foires importantes à Sens, Chéroy et à Villeneuve-sur-Yonne, et dans Seine-et-Marne à Fontainebleau et Égreville, où se vendent des chevaux se rattachant par la conformation au type percheron, aptes au service des omnibus.

Voici, d'autre part, sur le rapport de M. Lavalard, quelques chiffres qui achèveront d'édifier le lecteur sur la situation exacte et précise des remontes de la Compagnie.

	PÉRIODE de 1871 à 1885 (15 ans)
Nombre de chevaux achetés.	33.085
Prix moyen d'achat.	1.152 f.56
Nombre des chevaux entiers.	14.711
— chevaux hongres	9.187
— juments	9.187
Age — 4 ans	529
5 —	15.938
6 —	17.210
7 —	4.579
8 —	392
au-dessus	437
Taille moyenne	1ᵐ628
Durée du service.	5 ans 11 mois.
Morts	5.656
Abattus.	1.903
Réformés.	12.977
Moyenne du prix de vente.	443 f.98

Si maintenant nous relevons les transactions qui ont eu lieu en 1885, nous trouvons les chiffres suivants :

Il a été présenté à la commission de remonte, dans cette année, 1,527 chevaux, sur lesquels 1,036 ont été acceptés, soit

(Les races de trait).   17

395 chevaux entiers, au prix moyen de.   974 96
343 chevaux hongres   —   968 22
297 juments   —   952 76

Total. 1.035

Pour l'ensemble, le prix moyen ressort à 965 fr. 77, soit 220 fr. 40 de moins qu'en 1884. Il y a lieu d'observer à ce sujet que le prix des chevaux a notamment baissé de 1884 à 1885, à la suite de la stagnation des affaires. On estime à 300 francs la dépréciation subie.

La Compagnie a deux catégories de chevaux hors rang : les chevaux de remonte, se composant des animaux nouvellement achetés qui pendant les quatre premiers mois sont soumis à un travail d'entraînement avant d'être considérés comme chevaux de rang et de relais, et ceux de labour envoyés aux champs pour se remettre des fatigues du pavé de Paris et y séjournant habituellement 70 jours.

En 1885, l'ensemble des pertes a été de 361 morts et 285 chevaux abattus, représentant 5.19 % de l'effectif général qui était au 31 décembre de 12,565 chevaux.

Trois grands marchands de chevaux de Paris sont les courtiers attitrés de la Compagnie ; ce sont : Rivière, Fraisier et Vidal.

Le matériel de traction comprend :

Omnibus à 26 places	311
— 28 places	
— 40 places	260
Banlieue	7
Tramways	251
Versailles-Sèvres	7
Voies ferrées	38
Versailles-Ville	7
Total . . .	881

Le service de chaque omnibus à 2 chevaux est assuré par

12 chevaux ; celui des omnibus à 3 chevaux en comporte 17. La moyenne du travail journalier est de 16 kilomètres, avec une charge évaluée à 2,000 kilos par collier et l'allure celle du grand trot.

Depuis quelque temps, le poids des tramways a été légèrement augmenté par l'adjonction de quelques places. M. Lavalard fait à ce sujet les observations suivantes : « Nous ne
» saurions assez répéter qu'il faut s'arrêter dans cette voie et
» ne plus rien ajouter au poids si considérable des voitures de
» notre exploitation. Les déchirures d'organes, devenues si
» fréquentes depuis quelques années, nous préviennent que
» nous ne pouvons pas demander davantage à notre cavalerie.
» L'état général des voies ferrées ne nous permet pas non plus
» de demander plus de travail aux chevaux. Nous avons un
» exemple frappant de la facilité que donne à la traction une
» voie bien faite et en bon état : c'est le tramway de Charen-
» ton, refait en voie Marsillon sur la plus grande partie de
» son parcours à Paris, qui n'emploie plus que 10 chevaux 85
» par voiture, tandis qu'anciennement il fallait 11 chevaux 62.
» Les chevaux ont fait par jour 18 kil. 596 m. en 1885, tandis
» qu'en 1884 ils n'avaient parcouru que 18 kil. 142 m. »

La Compagnie des omnibus de Londres est celle qui vient directement après la Compagnie générale de Paris comme importance numérique dans l'effectif de la cavalerie. Elle compte 8,145 chevaux, tandis que la Compagnie générale en compte 12,565 et encore y a-t-il lieu d'ajouter à ce chiffre la cavalerie attribuée aux Tramways Nord et Sud, qui lui appartient. C'est pourquoi on peut estimer à 14,000 chevaux l'effectif total de la Compagnie générale. Londres a, en outre, six Compagnies de tramways, dont la plus importante possède 1,200 chevaux.

Depuis quelque temps, la Compagnie générale est prise à partie par l'opinion publique et par la presse avec une grande vivacité.

En septembre 1886, a paru dans un important journal du soir, *La France*, un article qui a semblé une véritable déclaration de guerre où la cavalerie de la Compagnie était fort malmenée.

Cet article, que nous avons lu, contenait des appréciations erronées et dénotait, de la part de son auteur — qui en convenait d'ailleurs — une ignorance totale du cheval et des services de la cavalerie d'une grande administration. Il critiquait à côté et ce qu'il y a de vraiment critiquable lui échappait, il ne mettait pas le doigt sur la plaie. Il disait par exemple que, les chevaux achetés en 1885 ayant été payés 221 francs moins cher que ceux achetés en 1884, il s'ensuivait qu'ils étaient inférieurs et insuffisants. Or, tout le monde sait qu'il y a eu entre ces deux années une dépréciation, sur la valeur marchande des chevaux, de 300 fr., en raison de la stagnation des affaires. Donc aucune induction à tirer de ce fait. Seulement la Compagnie eut pu profiter de cette baisse momentanée pour procéder à de plus nombreux achats. C'est tout le contraire qui a eu lieu. La moyenne des achats annuels depuis 1871 est de 2,225 chevaux; en 1885, il n'est entré dans les écuries de la Compagnie que 1,035 chevaux.

A cela la Compagnie répond : Nous ne contestons pas le fait, nous eussions en effet été enchantés d'opérer un plus grand renouvellement et de nous remonter en chevaux neufs, mais nous en avons été empêchés par la difficulté de vendre les chevaux de réforme. Ce n'est qu'en abaissant considérablement le prix que nous avons pu en vendre 657. Nous avons dû même en sacrifier un certain nombre pour usure complète. Heureusement nous avons pu utiliser à nos services de pas tous les chevaux attendant la réforme, sans quoi la perte eut été plus grande.

Il est bien évident que 1000 chevaux neufs en plus répartis sur tous les services eussent donné un aspect d'ensemble plus satisfaisant. Le renouvellement ayant été moindre, il a fallu prolonger la durée du service moyen et conserver aux attelages des tramways et des omnibus des chevaux fatigués, surmenés, bons tout au plus à faire des côtiers.

Mais, objecte la Compagnie, force nous a été d'en agir ainsi, les recettes de 1885 ayant été très inférieures à celles des années précédentes.

A la bonne heure, voilà un aveu franc et dénudé d'artifice que nous admettons et qui a toute la valeur d'un cas de force majeure.

Seulement, si les nécessités budgétaires obligent la Compagnie à exiger de sa cavalerie un service plus dur, outrepassant les conditions du travail normal, il y a lieu pour elle de nourrir plus fortement les chevaux à qui elle demande davantage. *Tel fourrage tels bestiaux* est un axiome de l'économie rurale qu'il ne faut jamais perdre de vue dans les études zootechniques. Il y a corrélation entre la plus forte somme de travail obtenu et la plus forte ration d'avoine. Or le service des tramways et des omnibus est très dur; les grandes voitures à 3 chevaux représentent une charge de 6,000 kilos, soit 2,000 kilos par chaque collier, ayant à marcher au grand trot — ce qui demande une dépense exceptionnelle de vigueur et d'énergie — et les pauvres bêtes ont à compter en outre avec les à-coups, les arrêts brusques, les démarrages fréquents et autres causes analogues qui se rencontrent à chaque pas sur le pavé de Paris et qui nécessitent parfois des efforts musculaires très notables. Dans ces conditions, ce n'est pas le maïs — qui engraisse — qui convient aux chevaux, c'est l'avoine, qui stimule et la meilleure; non, l'avoine étrangère sans valeur nutritive, mais celle à écorce lisse et brillante, glissant bien dans la main et ayant un léger goût de noisette.

Que la Compagnie économise tant qu'elle voudra et tant qu'elle pourra de tous côtés, c'est son droit et même son devoir, puisqu'elle a des comptes à rendre et des dividendes à distribuer à ses actionnaires; mais qu'elle ne rogne pas sur

l'appétit de ses travailleurs. La Compagnie générale des omnibus doit être blâmée et est blâmable de nourrir ses chevaux
insuffisamment, l'économie faite sur la nourriture est une économie mal comprise et que rien n'excuse.

Nous lui reprochons le MAÏS comme nourriture, et la TOURBE
comme litière.

Tous les autres griefs formulés contre elle peuvent se justifier; ceux-là sont injustifiables.

M. Lavalard, à qui incombe la responsabilité de la direction
de la cavalerie et qui en est administrateur — très habile en
même temps qu'homme de relation charmante — me disait un
jour : « Attendez, avant que de jeter l'anathème à mon maïs et
» à ma tourbe, que le Mémoire que je prépare ait paru; il
» vous convaincra... »

Ah! que non! ai-je répondu; votre Mémoire... justificatif
me prouvera que vous savez vous défendre... et pas autre
chose.

L'alimentation du cheval de travail a pour base : la paille,
le foin, le son accidentellement, et principalement l'avoine.

L'avoine est donc la base essentielle de l'alimentation, la
quotité peut varier dans la ration suivant le mode d'après
lequel l'animal est utilisé. Elle peut baisser à mesure que le
foin s'élève lorsqu'il s'agit d'un labeur plus soutenu qu'énergique; mais inversement elle doit s'accroître dès qu'au contraire l'animal a pour fonction de déployer ses forces à des
allures rapides et de les dépenser en abondance, même durant
un temps plus ou moins court.

« L'action de l'avoine sur l'économie du cheval, a écrit
» M. Bouley, qui fut inspecteur des Écoles vétérinaires, est
» une action toute spéciale dont on a cherché l'explication par
» l'analyse chimique. Elle a démontré dans ce grain une pro-
» portion plus considérable du principe féculent, eu égard
» aux propriétés nutritives dont il jouit (59 % seulement),

» de la gomme, du sucre et en outre 6 °/₀ de gluten, et dans
» son écorce un principe aromatique auquel on attribue les
» effets qu'il produit sur l'organisme du cheval.

» Peut-être que les propriétés de l'avoine doivent être at-
» tribuées, non seulement au principe stimulant qu'elle con-
» tient, mais aussi à ce que le sucre que l'analyse y démontre
» éprouve, dans l'appareil digestif, une véritable fermentation
» en vertu de laquelle il est converti en alcool? »

M. Magne est la seule autorité que les partisans du maïs,
substitué à l'avoine, puissent invoquer, et encore voici ce qu'il
en dit : « Par sa composition, le maïs se rapproche beaucoup
» des aliments-types, aussi est-ce le seul grain qui puisse
» remplacer l'avoine. Les chevaux qui reçoivent du maïs dès
» leur jeunesse le prennent avec plaisir, on peut leur donner
» en épis; j'en ai vu ingérer un épis de maïs avec plaisir et
» adresse; mais *ceux qui n'en ont pas reçu jeunes ne peuvent*
» *s'y faire, surtout s'ils sont habitués à l'avoine.* »

On s'est beaucoup préoccupé dans ces derniers temps de
l'efficacité plus grande que pouvaient ajouter aux rations des
chevaux divers modes de préparation des fourrages et des
grains qui entrent dans la composition des rations. Suivant
une habitude trop commune en France, où l'on ne procède
guère en toutes choses que par engouement suivi bientôt d'une
indifférence complète, le fourrage haché et les grains con-
cassés ou aplatis ont été présentés comme devant amener par
leur emploi la réalisation d'économies considérables dans l'alimentation des chevaux de trait. Des expériences ont été faites,
la plupart sous la direction de gens qui, ayant à cet égard des
opinions préconçues, en ont obtenu, suivant qu'ils le dési-
raient, des résultats avantageux ou funestes.

Les premières expériences remontent en 1826. A cette
époque, M. Darblay, le propriétaire des très importants moulins de Corbeil, proposa pour nouvelle nourriture des chevaux
un pain composé de 1/3 de farine bise de froment, 1/3 de

farine de féveroles, 1/3 de farine d'orge, composant un pain donné à la dose de 4 kilos par jour. En 1829 on essaya, à l'école d'Alfort, de nourrir 3 chevaux de troupe avec du pain composé de parties égales de farine de féveroles, de seigle et de froment de quatrième qualité; le pain était donné à la dose de 4 kilos par jour, moitié le matin, moitié le soir. Au bout de plusieurs semaines de ce régime, les chevaux devinrent plus mous et plus aptes à suer. Mais ce n'est qu'en 1834 que l'expérience a été faite plus en grand à Paris et d'une manière tout à fait décisive. Il y eut les pains dits Feulard, du nom du boulanger qui les fabriquait. Un tourteau du poids de 4 kilos devait remplacer la ration de 12 litres d'avoine de première qualité ou un boisseau. M. Dailly, maître de poste à Paris, fit fabriquer également des pains qui, associés à une partie de la nourriture ordinaire, ont formé pendant plusieurs mois, dans quelques grands établissements de Paris, l'alimentation des chevaux employés à leur exploitation. Mais les effets qu'ils produisirent bientôt sur leur constitution ne tardèrent pas à déjouer les espérances qu'on avait pu concevoir tout d'abord. Dans les premiers mois, en effet, où la nouvelle alimentation fut essayée, le succès parut en couronner la tentative; sauf quelques signes de mollesse que donnèrent les animaux dans les premiers jours, ils conservèrent pendant longtemps sous ce régime la vigueur et l'énergie nécessaires à l'exécution de leurs services, et les propriétaires eurent à se louer de notables économies dans le budget de leurs dépenses. Mais lorsqu'à la longue la constitution des chevaux eut été profondément modifiée sous cette influence alimentaire, ils tombèrent alors dans *un tel état de faiblesse qu'ils se trouvèrent dans l'impossibilité absolue de continuer leurs services* jusqu'à ce qu'ils eussent recouvré leurs forces sous l'influence de l'ancien mode d'alimentation. Tous cependant ne revinrent pas de l'atteinte profonde portée à leur constitution : il y en eut un grand nombre chez lequel le mal fut tout à fait irréparable et qui finirent par succomber victimes des maladies adynamiques, de la morve et du farcin.

Et voilà l'expérience qu'est en train de renouveler la Compagnie.

Les premiers essais de substitution fondés sur la composition immédiate des fourrages ont été faits en 1873. Dans les statistiques nous voyons le maïs figurer pour la première fois, avec les féveroles, en 1874, et c'est en 1881 que la tourbe a fait sa première et peu heureuse apparition.

Toutefois il n'y a guère que deux ou trois ans que le maïs est entré comme quotité importante dans la ration réglementaire ; l'année 1885 a marqué son triomphe absolu. Et en voici la preuve :

1884				1885		
Avoine. . .	3 kilogr.	933		Avoine. . .	2 kilogr.	816
Maïs. . . .	3 —	872		Maïs. . . .	5 —	125
Féveroles. .	0 —	653		Féveroles. .	0 —	406
	8 kilogr.	458			8 kilogr.	347

La Compagnie, pour mettre à couvert sa responsabilité vis-à-vis de l'opinion publique, a créé un laboratoire ! oui, un laboratoire ! Deux chimistes y sont employés, à charge de prouver *urbi et orbi* que le maïs, la féverole, les divers tourteaux et d'autres aliments concentrés peuvent, avec tout avantage, être substitués proportionnellement à leur composition immédiate, à l'avoine et au foin ; que la tourbe est la meilleure des litières et le nouveau régime préconisé par M. Lavalard le dernier mot de l'alimentation du bétail — ce problème capital de zootechnie, le plus important et le plus difficile à résoudre, au dire d'Émile Baudement.

Mais le public parisien — plus observateur qu'on ne le croit communément — n'a pas « coupé dans le pont » du laboratoire. Il voit depuis quelque temps que les chevaux qui sont attelés aux omnibus et aux tramways ne valent pas ce qu'ils valaient, qu'ils sont plus mous, plus facilement en sueur et essoufflés et il en a conclu naturellement que le régime actuel d'alimentation était défectueux; que ça manquait d'avoine. Peu lui importe les pilules fabriquées à l'intention de sa crédulité dans le laboratoire, les stalles et installations expérimentales de la manutention de la Compagnie générale. Il juge d'après ce qu'il voit et ce qu'il voit ne le satisfait pas.

Le premier mémoire publié par ledit laboratoire est intitulé : *Études expérimentales sur l'alimentation du cheval de trait. Rapport adressé au conseil d'administration en 1882* par MM. Grandean et A. Leclerc, directeurs du laboratoire de la Compagnie des omnibus. On y lit ce qui suit en matière de conclusion :

« La cavalerie, maintenant en parfait état, a pu fournir un
» travail plus considérable avec une dépense notablement
» moindre, sans que ni le tant pour 100 des maladies, ni
» celui de la mortalité se soient accrus. La durée de service
» des chevaux ne s'est pas trouvée davantage abrégée par le
» nouveau régime. Aucune des sinistres prédictions qu'on
» n'avait pas ménagées à propos de cette réforme écono-
» mique ne s'est réalisée, et les Compagnies similaires sont
» entrées, à la suite de la nôtre, dans la voie ouverte et qui
» tend de plus en plus à se généraliser. Au double point de
» vue hygiénique et économique, la question doit être consi-
» dérée comme pratiquement résolue. »

On le voit, les deux directeurs-chimistes sont contents d'eux et le proclament sans arrière-pensée.

M. Lavalard, qui n'a pas toujours eu à défendre *per fas et nefas* le budget de la Compagnie générale, a bien dû quelque peu en sourire — car il est homme d'esprit.

Donc actuellement la RATION-TYPE se compose comme suit :

Foin . . . . 0 b. 771 3 k. 855
Paille. . . . . 0 b. 759 3   795

Avoine.	2 k.	816
Maïs.	5	125
Féveroles.	0	406
Son et carottes.	0	380

Le prix moyen de la ration est de 2 fr. 03.78, inférieur de 0 fr. 17.76 à celui de 1884. C'est le prix le plus bas obtenu par le service des fourrages depuis la constitution de la Société.

Les approvisionnements de la Compagnie se font un peu partout, en tenant compte des facilités économiques de transport; c'est ainsi que ses grains lui arrivent par bateaux à la Bastille. Pour ses fourrages, elle a des presses qu'elle expédie en province, ce qui lui permet de charger des wagons complets dans d'excellentes conditions d'économie. Ces approvisionnements sont emmagasinés dans 85 silos que possèdent 4 dépôts : ceux d'Alfort, de la Bastille, de Monge et de Wagram.

La ferrure en usage à la Compagnie est très controversée. Si elle est économique, elle demande beaucoup d'attention pour que les chevaux n'en souffrent pas. Les fers mécaniques ont remplacé les fers à la main. Depuis un an, la Compagnie a essayé d'appliquer une ferrure en acier. M. Lavalard dit à ce sujet dans son rapport : « Les résultats constatés jusqu'à ce » jour nous permettent d'espérer que dans un avenir prochain » ce métal pourra être substitué avantageusement au fer. Cette » ferrure offre, notamment, une plus longue durée et une plus » grande régularité d'usure avec un poids beaucoup plus léger » des fers appliqués. »

CHAPITRE XIV

Petit guide de l'acheteur. — Foires chevalines.

———

Premières garanties de bon achat.

ÊTRE FIXÉ. — Quand on désire acheter un cheval, il faut, avant tout, savoir ce que l'on veut.

Est-ce un cheval de gros trait? de trait léger? un cheval à deux fins? un cheval de selle? Est-il destiné à la promenade, à la chasse, à la guerre? Quelle charge lui incombe? Est-ce un cheval d'attelage pour grand coupé, petit coupé, phaéton, victoria, panier, etc...? Est-ce un trotteur, un postier, un cheval de galop, un cheval de montagne? Voulez-vous de la force, de la puissance, de la rapidité, du brillant, du fond ou des moyens? Avez-vous un faible pour le modèle bourgeois : cheval rond, sans lignes, net et propre, sans vice ni vertu, qui trousse, piétine, « tape quatre fois sur le même pavé » ? ou bien êtes-vous pour l'ample charpente, la grande silhouette, les longues lignes heurtées de l'anglais? Vous faut-il un cheval à conduire, à tenir dans la main et dans les jambes, qui occupe, donne du travail, du « fil à retordre » ? Ou bien voulez-vous une « bête du bon Dieu » pour porter et traîner, s'en allant à hue et à dia, supportant les à-coups de main et des jambes?

En d'autres termes, êtes-vous pour le cheval chaud, ardent,

entreprenant, qui ne veut, selon l'expression du maquignon, « ni fer ni mèche », c'est-à-dire le cheval du petit nombre? Préférez-vous, au contraire, le cheval médiocre, froid, tranquille, sûr, qui a besoin d'être poussé; c'est-à-dire le cheval de tout le monde?

Avez-vous des idées arrêtées sur l'âge, le sexe, la taille, la robe, le prix ?

Voulez-vous un cheval neuf, débourré, dressé? Et alors doit-il être docile, bien mis, léger à toutes les mains? Cherchez-vous, au contraire, le cheval gâté ou manqué dans son dressage, « maussade de bouche », mal équilibré, volontaire, sur l'œil, de conduite délicate, qui se monte et s'attelle... quand il veut, dans le but de l'avoir dans le plus bas prix et avec l'espoir de le remettre et d'en tirer bon parti?

Est-ce pour vous ou pour d'autres que vous voulez un cheval? Et alors point d'illusion, si vous êtes bon cavalier, habile cocher, il vous est permis d'entreprendre la besogne délicate de mener et de monter le bon cheval, le cheval près du sang, dont les qualités sont de graves défauts pour le cavalier novice et le cocher de peu d'expérience.

Cherchez-vous l'article si demandé : le *cheval bon et pas cher?* Oh! alors, n'allez pas chez les marchands, ce sont des gens aussi rusés que vous pour le moins, et qui ne sont pas assez ennemis de leurs intérêts pour vendre un cheval au-dessous de sa valeur. Vous trouverez peut-être cet article dans les foires, quoique le plus souvent les bonnes affaires soient conclues avant le marché; peut-être aussi chez les éleveurs si vous êtes connu d'eux, parce que le plus généralement ils ne font pas grand cas des offres des amateurs et leur tiennent « la dragée haute. » Mais adressez-vous de préférence aux établissements publics, aux ventes d'occasion; c'est là que, le hasard aidant, vous pourrez trouver le cheval bon et pas cher.

Donc, quand on veut acquérir un cheval, la première condition est d'arrêter au préalable, dans son esprit, la nature de l'emplète que l'on veut faire, le prix que l'on a l'intention d'y mettre, les usages auxquels on le destine, le type préféré.

Voici, dans cet ordre d'idées, quelques silhouettes de chevaux propres à faciliter un choix.

Le vrai cheval rural.

Qu'il ait la beauté native. Si vous êtes producteur ou éleveur, c'est un puissant atout dans votre jeu. Le cheval qui plaît à l'œil est bien près d'être acheté !

Pas de robes lavées, c'est un indice de tempérament mou et lymphatique.

Les robes grises présentent aussi souvent de graves inconvénients. Comme elles deviennent presque toujours blanches avec l'âge, elles paraissent sales. D'autre part, cette couleur n'entrant pas dans la consommation de luxe qui paie le plus cher, de même qu'elle est proscrite de l'armée, on court grand risque de revendre à perte le cas échéant. Ne pas perdre de vue non plus que le cheval gris arrivé à un certain âge est souvent atteint de *métamoses*, infirmité dégoûtante que n'ont pas les autres chevaux.

Quant aux conditions extérieures, nous recommandons :

De bons pieds avant toute autre chose. Avec de mauvais pieds, le plus beau cheval du monde ne vaut rien. Les sabots d'un bon cheval ne sont jamais petits ni jamais plats. Il faut des talons et ceux-ci doivent être larges. Les talons étroits sont dits encastelés. Le cheval au sabot plat a l'inconvénient des bleimes : tumeurs de la sole trop à découvert et facilement contusionnée par les rugosités pierreuses du terrain.

Les membres doivent être forts.

Des boulets solides, montrant des attaches de tendons saines et vigoureuses.

Des tendons bien développés et comme séparés des canons par une espèce de rainure.

Des genoux et des jarrets larges.

Les muscles de l'avant-bras et de la jambe bien accusés.

Pour les travaux des champs, il faut que le cheval soit puissant, ce qui exige :

L'épaule grande, bien accusée en avant à son intersection avec le bras et bien musclée en arrière.

La poitrine profonde et large.

La hanche longue, pour que les mouvements correspondent à ceux de l'épaule et que l'arrière-main ne soit pas traînée par l'avant-main.

Cuisses puissantes, épaisses et bien descendues.

Le coude et la rotule sur la ligne horizontale.

Le dos court, le rein musclé, large et soutenu.

Ajoutez à cela des membres bien d'aplomb et sans tares.

Si l'encolure est haute, la tête belle, le port de la queue élégant, en quittant la charrue à 4 ou 5 ans, ce pourra être un cheval de haut luxe et de grande valeur.

Dans le cheval rural, il est certaines défectuosités dont il faut tenir compte, que l'on soit producteur, éleveur, vendeur ou acheteur; nous allons résumer succinctement les principales :

Le poitrail large ne doit pas, comme il arrive chez les chevaux communs et gras surtout, présenter un développement adipeux qui ne prouve absolument rien en fait de capacité thoracique.

Se méfier du cheval qui n'a besoin que d'un surfaix court; l'ampleur au sanglage et à distance d'un coude à l'autre ont une grande importance.

Fuis comme la peste, dit l'Arabe, le cheval dont le poitrail est enfoncé, car ses épaules n'ont pas de jeu.

La belle épaule accompagne ordinairement la grande poitrine.

Maintenant, notez bien ceci et ne l'oubliez jamais :

Deux chevaux d'égale valeur commerciale étant donnés,

dont l'un est d'une *origine tracée et confirmée* et l'autre un produit du hasard, n'hésitez pas ; le premier gagnera chaque jour en qualités, tandis que l'autre ne tardera pas à perdre ses avantages apparents et s'usera précocement.

Il faut donc tenir compte du sang et de l'origine du cheval, qui en dehors de sa conformation sont les garanties les plus sérieuses de sa vigueur et de sa résistance.

Le cheval de gros trait.

Pour le cheval de gros trait, la vitesse et l'élégance ne sont que des qualités secondaires ; l'épaule sera donc moins inclinée que chez le trait léger ; les rayons supérieurs plus courts ; mais en même temps les os destinés à porter une masse plus considérable, à servir d'attaches à de forts tendons, seront volumineux.

Le tempérament aura le même caractère particulier de constitution athlétique ; il sera plutôt sanguin que nerveux, l'énergie et la vigueur y prévaudront plus que l'excitabilité, et la puissance de l'effort ne sera pas séparée de la persévérance et de la durée.

Le limonier demande en outre un garrot épais, le dos droit et solide, le flanc court, les jarrets un peu coudés, les paturons courts, le pied solide et résistant, surtout vers les talons. Sa masse corporelle sera proportionnée à la charge, il devra réunir : une forte encolure, des épaules saillantes, un large poitrail, un développement des muscles fessiers lui permettant de remplir le limon, le collier et l'avaloire.

Les forces massives du cheval de gros trait se modifient pour le postier et le cheval de trait léger : l'encolure doit être plus longue, l'épaule plus inclinée, les membres plus dégagés sans être moins solides ; la poitrine est profonde, le garrot mieux sorti, la tête moins lourde.

Le cheval de trait léger doit avoir du sang.

Le carrossier.

Le carrossier doit réunir aux caractères de force et de vigueur l'élégance des formes.

Il aura un beau poitrail, une encolure haute et un peu rouée, l'avant-bras et le paturon plus longs que le cheval de trait ordinaire, des allures brillantes, une croupe bien fournie, une grande puissance dans le train postérieur. La vigueur musculaire agissant dans ce tirage plus que la masse, on lui demandera une énergie, une excitabilité qui ne seront point portées au point de le rendre ombrageux ou indocile.

Le cheval de cabriolet ou de tilbury.

C'est le carrossier ayant moins de taille, moins d'élégance, mais exigeant souvent plus de fond ; il se rapprochera davantage du cheval de selle : reins plus forts et plus courts ; membres antérieurs solides.

Le cheval de selle.

Le cheval de selle, en général, sans entrer dans les distinctions du hack (cheval de promenade) et du hunter (cheval de chasse), doit réunir les conditions suivantes : Avoir la tête légère et bien attachée, un crâne large, des naseaux bien ouverts, des yeux vifs et ardents, une encolure plutôt courte que longue, peu fournie et droite, pour permettre facilement l'appui du mors ; une poitrine longue et haute, un garrot bien sorti, les épaules peu chargées de chair, une croupe horizontale et bien musclée, les jarrets larges, évidés, un peu coudés, des membres bien d'aplomb, des tendons parfaitement sains et bien détachés, un paturon assez long pour permettre des réactions douces, un pied bien conformé, un peu large au talon.

(Les races de trait.)

18

Avec des reins et des flancs courts, les jarrets droits, les épaules longues, les avant-bras longs et les paturons courts, le cheval embrassera plus de terrain; mais les réactions seront plus dures, ses allures seront moins sûres.

Lorsqu'on veut de l'élégance dans le cheval de selle, ce qu'on recherche par exemple lorsqu'on le destine au manège, on le choisira avec l'encolure légèrement rouée, bien fournie, l'épaule inclinée, mais les avant-bras courts et les paturons longs; de ces dispositions résultent des allures douces et cadencées.

Chez le marchand.

En Angleterre. — L'acheteur se présente seul chez le marchand, il choisit un cheval de selle ou d'attelage à sa convenance, le monte ou le mène lui-même, ou le fait monter et mener par un homme à lui et arrête le prix.—Affaire conclue, dit-il au marchand; mais je veux que le cheval passe devant tel vétérinaire (passer, est le mot consacré). Le cheval est conduit chez le vétérinaire désigné. L'homme de science examine et palpe pour se renseigner sur l'état de santé, les vices apparents ou cachés; il essaie au point de vue des boiteries et du cornage et donne ou refuse un certificat de santé. Dans l'un et l'autre cas, le prix de la visite est de 25 francs.

L'examen fait dans ces conditions a le mérite de sortir le cheval du lieu où chaque jour on lui fait subir des manœuvres destinées à dissimuler ses défauts.

Responsabilité du médecin-vétérinaire. — C'est ainsi qu'en Angleterre les vétérinaires sont arrivés à mettre leur responsabilité à l'abri de tout soupçon de maquignonnage et de connivence avec les marchands. Au vendeur et à l'acheteur à discuter les aptitudes et le prix du cheval; au médecin-vétérinaire à se prononcer sur l'état de santé. Et tout le monde y gagne : l'acheteur, parce que nul mieux que lui ne peut savoir s'il est bien ou mal porté sur un cheval, si la bouche et les allures sont à la convenance; le vétérinaire parce que, au lieu de perdre du temps à courir les écuries, à débattre les prix, à s'exposer à la médisance du marchand auquel il aura refusé de prendre un cheval pour en choisir un meilleur, chez le marchand voisin, il reste dans son établissement où il fait de la science — sa vraie mission — et non pas des affaires. Le marchand y gagne enfin, parce que ce mode d'examen simplifie son commerce et met sa responsabilité à couvert.

En France. — Ils ne sont pas communs les gens qui sont capables d'acheter un cheval en parfaite connaissance de cause, disait un jour dans une très curieuse conférence faite sur le commerce des chevaux, M. Goyau, ex-professeur d'hippologie aux Écoles de Saint-Cyr et de Saumur.

Rien de plus vrai. Qui n'a pas entendu dire : « Je connais le cheval, mais je ne sais ni le « boucher » ni juger le flanc; je ne puis acheter seul. »

Bon nombre d'amateurs, par position ou par genre, veulent avoir l'air de s'y connaître, mais la pratique et l'aplomb manquent. Inutile de les voir longtemps en face d'un cheval pour être fixé sur leur compte. Tout dénonce l'indécision, l'inexpérience, le manque de confiance dans la manière d'aborder, d'examiner, de toucher. Pour boucher un cheval, certains se cramponnent aux lèvres et tirent la langue d'un pied, hors de la bouche; d'autres se déconcertent à la plus petite résistance. On les voit regarder et toucher à la fois la même région, oublier une manipulation essentielle, s'accroupir entre les jambes du devant pour chercher les éparvins, saisir le canon des deux mains et faire des efforts désespérés pour lever un pied, omettre de pincer le rein ou le faire sans résultat; il en est qui défendent de mettre du gingembre et font toiser le cheval pour être renseigné sur la taille, ignorant sans doute qu'il ne sera tenu aucun compte de leur défense, et que la manière de toiser de certains marchands est aussi élastique que leur conscience.

A ceux-là nous dirons : — Faites-vous assister, non de conseilleurs aussi inexpérimentés que vous, mais d'un vrai connaisseur, d'un homme qui ne soit pas trop emprunté pour enjamber un cheval et tenir une paire de guides. On peut être excellent cavalier et bon cocher sans être un vrai connaisseur; mais les vrais connaisseurs ne se trouvent que parmi les personnes qui ont la pratique du cheval monté et attelé.

A ceux qui ont des notions exactes du cheval, nous dirons : — Faites ce que l'on fait en Angleterre, achetez seul et exigez une mention de l'âge du cheval sur la quittance; puis faites visiter par un vétérinaire au point de vue de la dent et des vices rédhibitoires.

Nous avons dit qu'en entrant chez le marchand il était nécessaire de savoir, et ce que l'on voulait, et le prix maximum que l'on était décidé à dépenser.

En effet, s'il en était autrement, on se trouverait souvent, sans s'en douter, entraîné hors de sa voie. Le marchand, n'ayant pas ce que vous rêvez, doit vous offrir ce qu'il a et chercher à vous disposer favorablement pour ce que vous ne vouliez pas. Si vous cédez, vous aurez commis un impair et fait une fausse opération.

Si au contraire vous rencontrez ce que vous cherchez, demeurez impassible et ne laissez pas voir votre impression. Un mot, une exclamation, pourraient vous coûter cher. Ne critiquez ni les imperfections ni les tares du cheval qu'on vous présente, fussent-elles très apparentes. Le marchand, il faut bien en convenir, est dans son rôle de louer outre mesure sa marchandise, et vous n'êtes pas dans le vôtre en la critiquant et en la dépréciant. Le comte de Montigny, un praticien illustre, qui fut professeur écuyer à l'École des Haras, a dit à ce sujet : « L'acheteur capable, qui tient à se comporter en parfait gentleman, doit étudier le cheval à tous les points de vue, l'essayer, s'il lui plaît, sinon, le faire rentrer. » Puis il ajoute : « Le tact du marchand de chevaux, habile dans ses transactions, consiste à juger promptement le savoir de son client et ses dispositions sérieuses. Il voit immédiatement s'il est engoué de l'animal qu'il vient d'examiner ; et, d'après cela, règle ses exigences. L'adresse et la finesse du marchand n'ont rien de surprenant ni de blâmable ; c'est le commerce, à vous de vous défendre. Acheteur aujourd'hui, demain vous pouvez être vendeur, et vous vous inspirerez de ce même marchand pour revendre votre cheval le plus cher possible. »

Le maître donne ensuite les conseils suivants :

« Voir le cheval à la montre, au mur et placé comme le marchand l'entend. C'est là l'impression ;

» Le voir à la main, au pas, autant que possible marchant librement ;

» Le voir au trot, de profil, puis de face, venant à soi et s'en allant ;

» Le voir monté ou attelé, pour s'assurer s'il est brillant et tout à fait semblable à ce qu'il était à la main.

» L'essayer ensuite plus à fond, attelé ou monté, pour juger son allure, son dressage et sa sagesse. »

Et il conclut :

« La perfection ne pouvant jamais se rencontrer dans le cheval, ou si l'on aime mieux, l'irréprochable harmonie des formes étant une exception, il en résulte que le meilleur animal est celui chez lequel une imperfection est compensée et rachetée par une grande qualité ; une partie faible par une partie puissante. Il faut, autrement dit, que le vrai connaisseur sache pardonner ceci en faveur de cela et puisse expliquer et motiver ce système de compensation. C'est la science de l'homme de cheval complet, science qui ne s'acquiert point dans les livres, mais qui résulte d'une constante et judicieuse observation de la nature, secondée par un longue pratique du cheval attelé et monté. Une étude suivie pendant nombre d'années et l'examen de tous les types que fournit l'elevage, peuvent seuls former définitivement le coup d'œil et permettre à l'acheteur de porter un jugement rapide.

« Il y a incontestablement des connaisseurs, tels que les marchands et certains grands amateurs que le temps seul a formés, sans le concours d'un enseignement verbal ou écrit; mais la lecture des auteurs compétents leur eût épargné bien des recherches et des tâtonnements. »

Nous complèterons ces renseignements par ce que nous appellerons notre THÉORIE PERSONNELLE.

L'acheteur qui sait ce qu'il veut ne s'en va pas demander à voir des chevaux; il dit : — J'ai besoin d'un cheval pour tel service, dans telles conditions, avez-vous ce qu'il me faut? Le marchand fait alors sortir un cheval, puis un autre, etc.

Ne pas donner le ridicule d'accueillir des propositions de garanties et des offres de certificats concernant les vices rédhibitoires. Un maintien réservé et un silence calculé arrêtent net ces boniments de charlatan.

Traiter le marchand avec politesse, être sobre de questions et de réflexions; voilà de la bonne politique. Et ne pas poser en connaisseur. En France, la pose et les prétentions attirent des obséquiosités, des flatteries, et souvent aussi des représailles : peu de marchands résistent au plaisir de mettre dedans un malin. En Angleterre, une telle conduite fait tout simplement congédier l'acheteur. Quand un marchand anglais montre un cheval, il garde le silence. Si l'acquéreur touche à plusieurs reprises ou regarde de trop près telle ou telle région, s'il émet des critiques sur ceci et sur cela, le vendeur intervient : — Rentrez ce cheval, il ne convient pas à monsieur. Sortez tel autre. Et quand le même fait se reproduit vis-à-vis d'un autre cheval, le marchand intervient encore : — Rentrez l'animal. Monsieur, il n'y a pas de cheval ici pour vous.

Pas d'achat de confiance. Méfiez-vous surtout du « cheval d'ami ». C'est presque toujours une rosse que l'on veut vous

« passer au cou », parce qu'on ne trouve nulle part ailleurs à
s'en débarrasser.

Sachez que tout bon marchand doit être bon physionomiste.
Et à ce sujet M. A. Gaume, dans ses intéressantes *Causeries
chevalines*, rapporte un propos fort original : « J'ai entendu,
dit-il, un jour, un marchand riche et habile, auquel on vantait
les connaissances hippiques d'un confrère moins fortuné, répondre ceci : Le talent du marchand est de connaître non pas
les chevaux, mais les hommes. »

Sachez aussi que le vendeur base son prix sur la fortune
qu'il suppose à l'acheteur. S'il le croit riche, ses prétentions
augmentent d'autant. Toutefois, en face d'un vrai connaisseur,
le marchand est toujours de plus facile composition.

En face du cheval, pas d'enthousiasme! pas d'illusions! Ne
confondez pas l'énergie réelle avec l'énergie factice et ne vous
laissez pas imposer par les bonds désordonnés du cheval oisif
qui voit rarement le soleil et craint les coups de fouet.

Il y a beaucoup à rabattre de ce qui plaît à la montre. Combien de chevaux ne sont beaux et brillants qu'une fois dans
la vie, le jour de la vente! Combien voit-on d'acheteurs fiers
de faire entrer dans leur écurie un cheval magnifique, et qui,
le lendemain, se trouvent en face d'une rosse piteuse. En fait
d'essai chez le marchand, il faut du sérieux. Vous payez cher;
vous avez le droit de beaucoup exiger. Se contenter de quelques enjambées sur un terrain préparé, autour de l'écurie, est
une duperie. Les aptitudes, la facilité et l'agrément du service
seront dûment constatés, l'énergie, le brillant, l'action, doivent
être soutenus durant un travail véritable.

EXAMEN SPÉCIAL DE L'ANIMAL. — Voici comme il faut procéder : Etudier le sujet à l'*écurie*, à la *montre* et en *action*.

A *l'écurie*. — Observer, en l'absence du marchand si possible, la position de l'animal sur ses aplombs, s'il tique, s'il

tire sur sa longe, s'il offre des signes d'une bonne constitution
et d'un bon caractère.

On voit ainsi déjà l'ensemble, le sexe, la robe, la taille, la
longueur, s'il convient le faire détacher et conduire dehors,
on l'arrête à une certaine distance de la porte pour examiner
l'œil ; cet examen doit avoir lieu à l'ombre, afin qu'on puisse
apercevoir le fond de l'organe, la pupille étant alors largement
dilatée. En fermant l'œil avec la main, puis le rendant à la
lumière, on observera s'il y a dilatation et contraction nor-
male : l'absence de ce signe pourrait indiquer la goutte
sereine.

On pourra en même temps examiner l'âge, l'état des dents,
si l'haleine est pure, si la langue n'est ni blessée ni pendante,
si l'usure des dents est régulière, si les barres ne sont point
offensées, si les dents n'ont pas de fausses marques, si on
n'en a pas arraché prématurément. On verra si les naseaux
sont bien ouverts, s'ils ne jettent pas, si leur membrane est
bien rosée, sans chancres ni inflammation ; si l'auge est bien
évidée, si le cheval n'est pas glandé, puis, pressant la gorge,
on s'assurera de la toux.

A la montre. — Faire ensuite sortir le cheval. On l'examine de nouveau dans son ensemble sous le rapport des proportions et des aplombs, de profil, de face et par derrière.

On se placera d'abord à trois ou quatre mètres de l'animal,
de profil, on suivra la ligne du dessus en partant de la tête ;
on jugera si celle-ci est grosse ou légère, bien attachée, portant
bas ou au vent ; si l'encolure n'est pas fausse ou trop grêle ;
si le garrot est bas, le dos ensellé, voussé ou tranchant, les
reins bas, la croupe avalée. Passant aux lignes de dessous, si
le ventre n'est pas proéminent, la poitrine sanglée, la côte
plate.

De ce point on jugera encore de la direction des épaules et
des membres ; si l'animal n'est pas trop long, trop court, trop

haut monté, trop grêle, trop massif, etc.; si l'avant-bras est court ou long, si la jambe n'est pas arquée, le genou couronné, le cheval campé ou sous lui du devant ou du derrière; s'il n'est pas bouleté, haut ou bas-jointé; si le jarret est large, la fesse descendue, les tendons détachés.

En s'approchant de l'animal, on appréciera en le palpant l'état de graisse ou d'embonpoint, la solidité des tissus; on passera la main sur la nuque, l'encolure, le garrot, le dos et les reins en pinçant cette dernière région à la jonction au dos pour s'assurer si le cheval exécute le mouvement de flexion, signe de bonne santé.

On fera lever successivement les 4 pieds, d'abord pour s'assurer que l'animal est docile, ensuite pour examiner si le pied est plat, serré, encastellé; s'il est cerclé, si la corne est blanche. Un fer couvert peut cacher un commencement de crapaud; une forte ajusture dissimule le pied plat; de forts crampons sont destinés à grandir l'animal.

En action. — Le cheval étant monté par une personne à soi, étrangère aux intérêts du vendeur, l'étudier de profil, de face et par derrière. Apprécier l'harmonie des mouvements, si le pas est suffisamment allongé, si l'animal ne boite pas, s'il lève bien les pieds, s'il ne bute pas.

Au trot, prêter encore plus d'attention. Observer surtout le ressort et la détente des membres, voir si l'animal ne forge pas, s'il ne rase pas le tapis, si les épaules sont libres, si le derrière manque de chasse, si le devant seconde bien l'arrière-main, si le cheval détale bien. En arrière on jugera si l'animal ne billarde pas, s'il ne se berce pas, s'il ne fauche pas, ne tricote pas, etc. Faire tourner souvent l'animal, tantôt à droite, tantôt à gauche. S'assurer de la force des reins et des jarrets en faisant arrêter un peu court.

Alors, si on est satisfait de ce premier examen, il reste à monter soi-même, ce qui est, à notre avis, le seul moyen de connaître et d'apprécier l'animal que l'on a sous soi, entre ses mains et ses jambes — ou à le faire monter par un cavalier expert, toujours étranger aux intérêts du vendeur ; puis le faire atteler et le voir à la voiture dans les mêmes conditions.

Maquignonnage et maquignons.

Maquignon !! N'est pas maquignon qui veut !

Tel est l'exorde de la 2ᵉ partie de la *Conférence* de M. Goyau et non la moins intéressante. Nous croyons devoir la reproduire sans rien n'y ajouter ni retrancher, afin de lui conserver son aspect particulier d'observations prises sur le vif.

« Si le cheval en vente était franchement présenté à l'examen, il ne serait pas difficile d'être fixé sur ses qualités et ses défauts. Mais nombre de gens, dans un intérêt facile à comprendre, cherchent à présenter avantageusement le cheval, dont ils désirent se défaire.

» Les vendeurs habiles mettent en relief ou simulent la santé et le gros par la préparation à la vente, l'élégance et la distinction par la toilette et le gingembre, l'âme et les moyens par la préparation à la montre ; ils arrivent ainsi à faire valoir les qualités existantes et à donner, au plus mauvais rossard, certaines apparences favorables.

» Les éleveurs, les marchands excellent à préparer le cheval à la vente : c'est-à-dire à lui donner un poil fin, court, brillant et à le souffler, en interposant entre cuir et chair une épaisse couche de graisse. A cet effet le cheval est, le plus souvent, enfermé dans une écurie chaude et obscure, laissé au repos, bien pansé et bourré de soupes de grains cuits. En trois mois environ, le jeune animal perd son poil bourru et sa bedaine avalée, il a le poil fin et présente un fastueux embonpoint.

» Le cheval étique qui a souffert, manque d'état, n'est pas marchand, n'est pas de défaite, est rapidement refait. La préparation à la vente compromet gravement la santé du jeune cheval; la mauvaise graisse, qui encombre, rouille, paralyse, surcharge les organes, doit disparaître pour qu'il soit apte au travail. Dans les circonstances les plus heureuses, cette matière étrangère s'en va peu à peu par les sueurs, est brûlée par le travail. Le plus souvent la gourme se déclare; la graisse est crachée par les naseaux, c'est le jetage; ou bien elle s'accumule et forme sous la ganache de volumineux abcès.

» Le cheval refait tombe, lui aussi, au premier travail sérieux.

» Et si les chevaux préparés à la vente, jeunes ou vieux, manquent de charpente, il faut les voir quand la graisse est tombée.

» Par suite de quelle aberration en est-on arrivé à priser, chez un animal de travail, cette disgrâce physique qui s'appelle l'obésité? Comment la graisse du cheval se paye-t-elle sur les marchés.

» Le cheval gras porte sur lui un certificat d'impuissance actuelle, une forte présomption de maladie prochaine; pour arriver à le mettre en chair, à le mettre en haleine, il y a des risques à courir.

» Et cependant, on préparera les chevaux à la vente tant que les acheteurs auront le tort de rechercher, en hiver et au printemps, le poil court et luisant de l'été, tant qu'ils prendront pour exubérance de santé une bouffissure maladive.

» La pratique de l'engraissement cesse d'être absurde, quand elle a pour but de masquer une faible charpente, de donner du gros; et encore le cheval soufflé est-il facile à déshabiller de l'œil.

TOILETTE. — Le cheval du paysan est par trop nature. Souvent le poil est long et bourru, le ventre gros, le pied grand et plat; en certains endroits, d'énormes masses de crins dérobent en partie, à la vue, la tête, l'encolure, les fesses, les tendons. En résumé : ensemble lourd et disgracieux.

» Entre les mains du marchand, l'animal est transformé pour le plaisir des yeux.

» Une ou deux purgations font tomber le ventre ; et le cheval paraît plus grand, plus léger, mieux membré. Les longs crins du pourtour du nez et de la bouche, les poils des ganaches et des oreilles sont brûlés. Si la bête a du gros et que la saison le comporte, la tonte complète est effectuée. Le toupet, la crinière sont toujours émondés, régularisés et parfois éclaircis aux ciseaux ou arrachés en partie avec une griffe en fer. La queue est rafraîchie, taillée régulièrement, coupée bien au-dessus des jarrets ; souvent dégrossie et allégée par l'écourtage, quelquefois niquetée. Les longs poils — qui courent sur le trajet des tendons, forment les fanons, cachent l'origine des sabots, — sont coupés aux ciseaux. Et puis viennent l'excision des châtaignes et des ergots, l'embellissement des pieds, que le maréchal raccourcit, creuse en dessous, diminue fortement à leur pourtour, et transforme en petits moignons courts et ronds.

» Voilà la toilette faite. L'animal est dégagé dans son ensemble ; ses fesses semblent mieux musclées ; il présente un tout autre cachet d'élégance, de distinction et dispose favorablement en sa faveur.

» Quelques coups de ciseaux ont suffi à opérer ce changement à vue, et cependant la toilette du cheval se chiffre bien souvent par le billet de mille.

Le gingembre. — La queue bien portée est un objet de toilette recherché. Le beau port de queue, outre qu'il donne de l'élégance, de la distinction, du cachet, est considéré comme indice d'énergie ; il est obtenu artificiellement par l'introduction dans l'anus d'un morceau de gingembre préalablement mâché.

Le gingembre détermine une cuisson et aussitôt la queue se détache gracieusement du corps, s'arrondit en une courbe gracieuse, ou se renverse sur le rein comme un brillant panache.

De nos jours, on use et on abuse du gingembre; aucun cheval n'est présenté à l'examen, sans avoir un petit morceau de cette racine grisâtre, discrètement logé à l'endroit propice.

Dans les foires, le garçon maquignon met parfois le gingembre à toute une rangée de chevaux. Les morceaux de gingembre, pris un à un dans la poche du gilet, sont successivement mâchés et introduits avec dextérité. De telle sorte que la main se promène de la bouche de l'homme à l'anus du cheval et réciproquement. Aussitôt l'opération faite, des effets de queue réjouissants viennent produire une illusion passagère.

LA MONTRE. — Partant de ce fait connu, que tout cheval bien présenté plaît et que tout cheval qui plaît est à moitié vendu, les marchands pratiquent, avec succès, une mise en scène d'une prestigieuse habileté : c'est la montre.

Tout est calculé en vue de l'effet à produire : illusions de l'œil, chez l'amateur; grâce des attitudes, brillant des allures, chez l'animal.

Dans certaines conditions faciles à obtenir, le cheval paraît plus grand, plus fort, mieux conformé. Et pour bien comprendre comment se produisent ces aberrations de l'œil, il faut savoir :

1° Que tout cheval entouré de petits objets, ou formant seul la perspective, ou placé sur un plan plus élevé que l'observateur, semble plus grand, plus fort, est avantagé; entouré d'objets volumineux, placé dans un bas-fond, il est au contraire dominé, écrasé, désavantagé.

2° Pour les mêmes raisons, un cheval de moyenne taille paraît petit près d'un carrossier et grand à côté d'un poney.

De même un homme de petite taille favorise à son détriment le cheval qu'il monte ou conduit en main; inversement, un homme de très grande taille enlève du coup d'œil à l'animal.

3° Quand le bout de devant est élevé et le cheval placé, autrement dit, lorsque l'avant-main est situé sur un plan plus élevé, et la tête et l'encolure maintenues à bout de bras, le plus haut possible, lorsque le poids du corps porte également sur les quatre pieds, — ceux-ci occupant les coins d'un rectangle, — la tête est mieux portée et parait plus petite, l'encolure semble plus légère et plus longue, le garrot mieux sorti, le dessus plus droit et plus soutenu, la croupe moins oblique; et puis les chevaux brassicourts, arqués, bas-jointés, à jarrets coudés se redressent par un placer savant. Au contraire, l'animal perd dans une pose négligée, dans une attitude abandonnée et sur un terrain défavorable.

C'est bien certainement d'après la connaissance raisonnée de ces faits, que les marchands règlent la présentation de leur marchandise.

Dans tous les grands établissements de Paris et de la province se trouve une cour nue et souvent couverte; contre un mur blanc est un espace préparé, plus élevé que le niveau du sol et formant pente double. La cour est prolongée par un long couloir vitré et sablé.

C'est là que le cheval à vendre est dressé à la montre.

Tous les jours, il prend sa leçon. Contre ce mur, sur ce terrain préparé, on lui apprend à se placer, à se camper, à faire le beau.

Il est exercé au pas et en main, par un groom, qui, armé d'une cravache, le touche sous le ventre pour enlever l'arrière-main, sur les avant-bras pour actionner l'avant-main, sur la croupe à gauche pour obtenir un rapide demi-tour dans les changements de direction.

Puis, l'animal est trotté dans le couloir. Fortement retenu

par le groom qui se pend aux rênes, vivement poussé par les sifflements et les atteintes du fouet, par les roulements exécutés dans le chapeau, par les cris et les ronflements de l'homme qui court derrière, le cheval comprend rapidement ce qu'on lui demande et se conduit en conséquence. Retenu en avant, poussé en arrière, il acquiert très vite un trot enlevé et brillant, un air énergique, une grande spontanéité dans les mouvements, toutes choses qui lui donnent des attitudes séduisantes.

Les répétitions vont bien ; tout est prêt pour la première représentation. L'acheteur arrive.

L'animal sort de l'écurie animé, brillant, la queue bien portée. Un homme de petite taille l'amène sur le terrain de la montre. Le cheval est placé et campé ; sa silhouette se dessine merveilleusement sur le mur blanc ; embonpoint fastueux, poil court et brillant, toilette de haut goût : tout y est.

Et les imperfections de la conformation échappent aux yeux charmés par la beauté du tableau.

En action, le cheval est splendide ; il fait feu des quatre pieds, se livre à une fantasia effrénée, à des effets de queue superbes. Exercé dans le couloir, il forme seul la perspective et paraît gigantesque ; il trotte à hauteur du nez et semble voler sur le terrain sablé. C'est du mirage, de l'éblouissement, de la fascination. En face des actions hors ligne du brillant animal, on ne pense guère à étudier les irrégularités des allures ; d'ailleurs, sur ce sol préparé, il n'est plus de pieds sensibles, plus de chevaux pris dans les épaules.

Donc, tout est parfait !

Quand le marchand a plusieurs chevaux à faire voir, et que le client n'est pas parfaitement connu, il les présente successivement en commençant par le moins bon, par celui qui a le moins d'œil. Si l'acheteur se contente de peu, à quoi bon fair voir la fine fleur de l'écurie.

Tous les chevaux bons et mauvais sont ainsi préparés par le grand commerce.

Mais, en outre des moyens indiqués, les rosses molles, nonchalantes, lymphatiques, sans courage et sans cœur, reçoivent en distribution journalière : une volée de coups de fouet et une forte ration d'avoine ; la peur aux flancs, le feu dans le ventre ; voilà qui momentanément donne des apparences d'énergie et de vigueur au plus triste roussin.

L'art de présenter avantageusement les chevaux est aujourd'hui fort répandu ; il n'est pas d'homme de cheval qui ne sache tirer parti d'un terrain quelconque. Glisser le morceau de gingembre dans l'écurie, placer le cheval contre un mur, le devant plus élevé, la tête à bout de bras, le trotter dans un couloir étroit, l'animer par derrière, le retenir en avant, sont choses de pratique journalière.

Enfin, certains vendeurs de bas étage se livrent à de véritables fourberies.

S'agit-il de masquer l'irritabilité et la méchanceté, de rendre momentanément docile et maniable un cheval rueur, une jument pisseuse, de calmer les ardeurs d'un bistourné, ils donnent une bouteille d'eau-de-vie, deux onces de laudanum. L'animal le plus gâteux, stupéfié par ces drogues, reste tranquille pendant les quelques heures que dure la vente, et le tour est joué.

La pousse est momentanément masquée par une forte saignée, suivie d'un séjour de plusieurs semaines dans les herbages et d'un traitement à l'arsenic.

Rien de plus simple encore que de vieillir le cheval par l'arrachement des dents de lait, de le rajeunir par la contremarque ; et alors de rendre la bête difficile à boucher en produisant une salive écumeuse à l'aide d'une pincée de sel gris.

Diminuer les molettes par l'application de bandes imprégnées de sels astringents, — teindre les poils blancs du

cheval couronné, — masquer les défauts des pieds à l'aide de
la râpe, — dissimuler les seimes, les traces d'opération avec le
gutta-percha, — échauffer par un exercice préalable les épaules
froides, les pieds sensibles, les jarrets atteints d'éparvins
secs, et diminuer ou faire disparaître les boiteries à froid, —
seller sur les épaules et faire monter à l'anglaise, par un poids
léger, le cheval qui a un vieil effort de rein, — pratiquer une
blessure récente pour donner le change sur une tare ancienne
ou pour expliquer une boiterie chronique et prétexter la nécessité de vendre immédiatement, — offrir des certificats de
garantie pour les vices rédhibitoires, afin de se donner un air
de bonne foi et de vendre plus cher, — affirmer sous serment,
avec certificats à l'appui, que des chevaux achetés en Normandie, en Allemagne, viennent en droite ligne d'Angleterre, etc..., voilà autant de pratiques fort blâmables.

Quand un cheval est reprochable et deshonnêtement maqui-
gnonné, il n'est point de repos pour lui à la montre : saccades
de bride, coups de chambrière, roulements de chapeau, cris
bruyants, tout est mis en œuvre pour que le pauvre animal se
dérobe, par des mouvements incessants, aux investigations
de l'œil et aux attouchements de la main.

Toutes les pratiques et fourberies du maquignonnage jettent
de la poudre aux yeux de l'acheteur novice.

Mais l'homme initié ne s'y trompe pas. Il sait distinguer le
cheval charpenté et en chair de la claquette obèse, la vraie
santé de la santé factice, l'élégance naturelle de celle qui est
due à la toilette et au gingembre, et surtout le cheval effrayé
et dressé à la montre de celui qui a une énergie vraie.

Pour lui, à la montre, le cheval est un pantin dont un gui-
gnol tient les ficelles ; il assiste impassible et indifférent à la
comédie de la peur.

Si la tête est fièrement portée et mobile, si les yeux sont
brillants et grandement ouverts : c'est que le cheval veut voir
d'où vont venir les coups ;

(Les races de trait.) 19

Si les oreilles sont sans cesse en mouvement : c'est pour percevoir les bruits menaçants ;

Si la queue s'élève majestueusement : le gingembre est là ;

Si le trot est enlevé et cadencé, l'action énergique et brillante : c'est que le souvenir des volées reçues donne des ailes au pauvre animal.

Pour le vrai connaisseur, toutes les ruses des marchands peu consciencieux sont faciles à éventer.

Il suffit d'un peu d'habitude pour distinguer le cheval endormi du cheval calme.

Le cheval poussif n'est jamais blanchi complètement, et quelques jours d'un travail sérieux entrainent une rechute avant l'expiration du délai de garantie.

Les dents travaillées, les poils teints, les pieds préparés, les blessures artificielles, etc., dénoncent un filou et ne trompent que les naïfs.

Qui ne sait que la loi garantit les vices rédhibitoires bien mieux que tous les certificats?

Enfin, on commence à comprendre qu'avec de l'avoine et un bon dressage, le cheval normand devient l'égal du cheval de service anglais.

Tous menteurs. — Tous menteurs! A qui la faute? Neuf fois sur dix l'acheteur veut un cheval sans défauts : c'est-à-dire l'impossible. Le marchand qui signalerait les défauts de ses chevaux se couperait les vivres.

Et puis cet homme n'est pas infaillible. Aux reproches, il répond parfois avec raison : je vous l'ai donné pour bon; je me suis trompé comme vous; je ne suis pas dans le cheval.

Est-on bien fondé, du reste, à demander de la franchise à un homme qui ne sera pas cru sur parole? Ne va-t-on pas manifester, par un examen approfondi de la marchandise, la méfiance la plus outrée?

A la montre, la conduite des marchands est d'ailleurs fort différente.

Certains, sans doute, se démènent comme des diables, courent, crient, font un tapage d'enfer, prodiguent les affirmations, les serments, les propositions de garantie, les offres de certificats, prétendent ne rien gagner et même vendre à perte pour conserver ou acquérir un client.

Ils sèment leurs discours de quelques lazzis, de réflexions faites à propos et surtout d'adroites flatteries : Ah! Monsieur, vous montez bien, vous savez mener; le cheval est vif, ardent, mais il a trouvé son maître; c'est un cavalier comme vous qu'il faut à ce cheval; monté par vous, il vaut mille francs de plus; vous n'en trouverez jamais un pareil; comme il se grandit sous le cavalier! comme il sort des brancards! Il vient en droite ligne d'Angleterre; il sort de la meilleure écurie de Paris; Monsieur *** (ici le nom d'un amateur connu) en est toqué et va me l'acheter.

Et quand ceux-là sont forcés d'avouer quelques défauts : il n'y a pas de chevaux parfaits! je le vends pour un morceau de pain! s'il n'avait rien je ne le donnerais pas à ce prix-là.

Leurs aveux sont, d'ailleurs, pleins de réticences et ils se servent alors d'un jargon palliatif fort singulier. Pour eux, un cheval n'est jamais méchant, taré, poussif, corneur, etc., le cheval est un peu chatouilleux : c'est le sang; il n'est pas net comme un poulain : ça prouve qu'il ne rebute pas au travail, — les mauvais chevaux sont sains; il a le vent de son âge; il siffle un peu, il chante, etc.

Certains marchands, loin de chercher à complaire aux acheteurs, affectent, au contraire, un sans-gêne brutal ou gouailleur : ce ne sont ni les moins habiles, ni les moins heureux.

Enfin, il est aussi des marchands qui sont de la plus parfaite convenance dans la présentation de leur marchandise; ils se taisent ou parlent peu et mettent leur point d'honneur à ne pas faire l'article; à peine risquent-ils quelques observations pour enlever l'acheteur hésitant. Ceux-là agissent ainsi de parti-pris et surtout quand ils ont affaire à des connaisseurs avec lesquels trop parler nuit.

TOUS FRIPONS. — Ils sont voleurs! Ils vendent trop cher! Est-il donc si facile de voler?

L'acheteur a pour lui la garantie légale sur les vices rédhibitoires, et la loi qui qualifie de dol certaines manœuvres frauduleuses.

Il peut prendre le temps nécessaire pour bien voir, se faire assister de connaisseurs, essayer sérieusement avant d'acheter.

Il a, d'ailleurs, son libre arbitre et s'enrosse en toute liberté : le marchand ne fait, en fin de compte, que présenter sa marchandise.

Ils vendent trop cher! Certains, en effet, se servent d'une tactique qui réussit souvent et consiste à étourdir l'acheteur, en demandant un prix impossible de leurs chevaux. Comment oserait-on offrir quinze cents francs d'un cheval que le vendeur fait trois mille? L'acheteur offre deux mille, — cinq cents francs de plus que l'animal ne vaut, — et le tour est joué.

Mais, en général, les marchands ne réalisent pas de grands bénéfices; à part quelques exceptions, le commerce des chevaux fait tout juste vivre ceux qui l'exercent.

C'est que ce commerce entraîne des frais énormes. Il faut des établissements vastes et luxueux, des voitures et des harnais, un personnel nombreux.

Les chevaux ne se trouvent pas sans courir les foires et les pays d'élevage, sans voyager en Angleterre et en Allemagne. Les transports sont coûteux...

Les voyages et l'acclimatement entraînent des risques énormes d'accidents, de maladies, de mortalité.

Et puis les chevaux ne sont pas immédiatement de défaite; il faut les amener graduellement à l'état de vente, les dresser au service et à la montre.

Cette marchandise, qui tous les jours consomme, tous les jours augmente de prix; que la vente chôme, qu'une maladie se déclare et le cheval, — comme disent les Anglais, — a bientôt mangé deux fois sa tête.

Il y a souvent aussi des frais de courtage; il faut donner tant pour cent à un intermédiaire quelconque.

Acheter la bonne volonté du cocher par une forte gratification est parfois nécessaire; sans cela les chevaux peuvent devenir d'un service désagréable, dépérir, tomber malades.

Enfin, on ne fait pas que de bons achats et tous les dressages ne réussissent pas.

Le marchand qui n'a pas une clientèle assurée et bien connue, ne sait habituellement ni quand il vendra ni ce qu'il vendra. Quelquefois, la mise est doublée et triplée; le plus souvent un bénéfice raisonnable est réalisé; parfois il y a perte.

De temps à autre, de bonnes aubaines se présentent; on peut tomber sur un cheval exceptionnel, réussir de beaux attelages et vendre à des écuries connues : un double profit en résulte, au point de vue de l'argent et de la réputation.

Pour être bien dans ses affaires, le marchand de chevaux de luxe doit gagner en moyenne de 40 à 50 %.

Le commerce des chevaux est donc une spéculation hasardeuse et peu lucrative. Parmi ceux qui s'y livrent, bien peu s'enrichissent.

La plupart des marchands valent infiniment mieux que la réputation qui leur est faite. On trouve parmi eux des commerçants fort consciencieux. Pratiquer honnêtement une profession si décriée, où les tentations sont si grandes, n'est pas le fait d'hommes ordinaires.

Ceux-là cherchent à se faire une clientèle, et visent à contenter les acheteurs. On peut s'adresser à eux de confiance; ils font payer cher, mais ne trompent pas. La certitude d'être bien servi et loyalement traité, est d'autant plus grande que l'acheteur fait, avec eux, des affaires plus fréquentes et plus suivies.

Ils reprennent, à des conditions honnêtes, le cheval qui ne convient pas, et ne se font jamais traîner devant les tribunaux.

La confiance du public est, pour eux, un précieux capital, trop difficilement acquis pour être jamais compromis.

En province. — Les éleveurs vendent leurs produits à domicile, et, le plus souvent, aux foires des localités avoisinantes.

Les marchands connus achètent facilement en explorant les fermes ; faisant depuis longtemps des affaires dans le pays, ils sont au courant du caractère et des habitudes des gens.

Les amateurs, au contraire, sont presque toujours éconduits par des exigences formidables ; en face d'un acheteur de hasard, qu'il n'a jamais vu et ne verra plus, l'éleveur se lance dans des prix difficilement abordables et cherche à monter un coup.

Vendre à un inconnu est, d'ailleurs, imprudent. Combien n'a-t-on pas vu de fripons, supposer un vice rédhibitoire et actionner des vendeurs qui résident à cent lieues de là ; et, — comme bien des gens préfèrent composer que de procéder, — arriver ainsi à se faire rembourser une partie du prix payé !

VICES RÉDHIBITOIRES

(Loi du 22 août 1884).

Article premier. — L'action en garantie, dans les ventes ou échanges d'animaux domestiques, sera régie, à défaut de conventions contraires, par les dispositions suivantes, sans préjudice des dommages et intérêts qui peuvent être dus s'il y a dol.

Art. 2.—Sont réputés vices rédhibitoires et donneront seuls

ouverture aux actions résultant des articles 1641 et suivants du code civil, sans distinction des localités où les ventes et échanges auront lieu, les maladies ou défauts ci-après, savoir:

Pour le cheval, l'âne et le mulet.

La morve,
Le farcin,
L'immobilité,
L'emphysème pulmonaire,
Le cornage chronique.
Le tic proprement dit, avec ou sans usure de dents,
Les boiteries anciennes intermittentes.
La fluxion périodique des yeux.

Pour l'espèce ovine.

La clavelée. Cette maladie, reconnue chez un seul animal, entraînera la rédhibition de tout le troupeau, s'il porte la marque du vendeur.

Pour l'espèce porcine.

La ladrerie.

Art. 3. — L'action en réduction de prix, autorisée par l'article 1644 du code civil, ne pourra être exercée dans les ventes et échanges d'animaux énoncés à l'article précédent, lorsque le vendeur offrira de reprendre l'animal vendu, en restituant le prix et en remboursant à l'acquéreur les frais occasionnés par la vente.

Art. 4. — Aucune action en garantie, même en réduction de prix, ne sera admise pour les ventes ou les échanges d'animaux domestiques, si le prix, en cas de vente, ou la valeur en cas d'échange, ne dépasse pas 100 fr.

Art. 5. — Le délai, pour intenter l'action rédhibitoire sera de neuf jours francs, non compris le jour fixé pour la livraison, excepté pour la fluxion périodique, pour laquelle ce délai sera de trente jours, non compris le jour fixé pour la livraison.

Art. 6. — Si la livraison de l'animal a été effectuée hors du lieu du domicile du vendeur, ou si, après la livraison et dans le délai ci-dessus, l'animal a été conduit hors du lieu du domicile du vendeur. Le délai pour intenter l'action sera augmenté à raison de la distance, suivant les règles de la procédure civile.

Art. 7. — Quel que soit le délai pour intenter l'action, l'acheteur, à peine d'être non recevable, devra provoquer, dans les délais de l'article 5, la nomination d'experts chargés de dresser le procès-verbal; la requête sera présentée, verbalement ou par écrit, au juge de paix du lieu où se trouve l'animal; ce juge constatera dans son ordonnance la date de la requête et nommera immédiatement un ou trois experts qui devront opérer dans un bref délai.

Ces experts vérifieront l'état de l'animal, recueilleront tous les renseignements utiles, donneront leur avis, et, à la fin de leur procès-verbal, affirmeront par serment la sincérité de leurs opérations.

Art. 8. — Le vendeur sera appelé à l'expertise, à moins qu'il n'en soit autrement ordonné par le juge de paix, à raison de l'urgence et de l'éloignement.

La citation à l'expertise devra être donnée au vendeur dans les délais déterminés par les articles 5 et 6; elle énoncera qu'il sera procédé même en son absence.

Si le vendeur n'a pas été appelé à l'expertise, la demande pourra être signifiée dans les trois jours à compter de la clôture du procès-verbal, dont copie sera signifiée en tête de l'exploit.

Si le vendeur n'a pas été appelé à l'expertise, la demande devra être faite dans les délais fixés par les articles 5 et 6.

Art. 9. — La demande est portée devant les tribunaux compétents, suivant les règles ordinaires du droit.

Elle est dispensée de tout préliminaire de conciliation et,

devant les tribunaux civils, elle est instruite et jugée comme matière sommaire.

Art. 10. — Si l'animal vient à périr, le vendeur ne sera pas tenu de la garantie, à moins que l'acheteur n'ait intenté une action régulière dans le délai légal, et ne prouve que la perte de l'animal provient de l'une des maladies spécifiées dans l'article 2.

Art. 11. — Le vendeur sera dispensé de la garantie résultant de la morve ou du farcin pour le cheval, l'âne et le mulet, et de la clavelée pour l'espèce ovine, s'il prouve que l'animal, depuis la livraison, a été mis en contact avec des animaux atteints de cette maladie.

Art. 12. — Sont abrogés tous les règlements imposant une garantie exceptionnelle aux vendeurs d'animaux destinés à la boucherie.

Sont également abrogées la loi du 20 mai 1838 et toutes les dispositions contraires à la présente loi.

Nous avons considéré comme indispensable de porter à la connaissance de nos lecteurs le texte complet de la nouvelle loi des cas rédhibitoires, loi à laquelle nous désirons qu'ils n'aient jamais recours, mais qu'il est important de connaître, de manière à en restreindre autant que possible, les regrettables aléas.

Il est évident qu'un acheteur compétent, un observateur attentif, sera sur ses gardes, et que lorsqu'il aura surpris quelques points qui éveillent ses soupçons, il aura recours à un vétérinaire habile pour trancher la question et suspendre, quand il en est temps encore, une transaction qui ne peut attirer que des désagréments réciproques.

L'examen attentif de l'œil peut à peu près fixer l'opinion du connaisseur, sinon, il fait appel à l'homme de l'art, surtout en ce qui concerne la fluxion périodique après une première crise.

FOIRES CHEVALINES

Ariège. — Mirepoix, 17 janvier, chevaux légers et mulets.

Saint-Girons, 29 janvier, chevaux de la montagne, poulains, pouliches, mules et mulets.

Tarascon, 3 février, chevaux légers de la montagne, poulains et pouliches d'un an; mules et mulets.

Bouches-du-Rhône. — Aix, 9 février, chevaux d'attelage, de trait, et chevaux du Midi.

Corrèze. — Lagraulière, 5 février, vente considérable de chevaux du Limousin.

Masseret, 12 février, grande réunion de chevaux de service, tarés et en partie usés.

Côtes-du-Nord. — Ploubalay, 26 janvier, chevaux entiers et antenais, de poste et de trait léger.

Eure. — Évreux, 31 janvier, chevaux de trait léger.

Eure-et-Loir. — Chassant, 14 février, étalons et chevaux de poste et de trait léger.

Châteaudun, le dernier jeudi de janvier, chevaux de trait léger.

Haute-Garonne. — Rével, 3 février, chevaux légers du Midi, poulains, pouliches, mules et mulets; importante.

Gers. — Auch, les premiers lundis de février, chevaux de demi-sang légers et de trait léger.

Bretagne, très bonne foire, 16 janvier, chevaux légers du Midi et poneys des Landes.

Cazaubon, 20 janvier, poneys des Landes; très importante.

Eauze, 18 février, considérable pour les poneys des Landes et le bétail de la belle race landaise.

Indre. — Issoudun, 27 janvier, poulains importés, d'un et deux ans.

Vatan, 11 février, poulains importés du Poitou, de dix-huit mois à deux ans.

Loir-et-Cher. — Mondoubleau, la Chandeleur, 1ᵉʳ février, étalons et poulains du Perche; dure huit jours.

La Ville-aux-Clercs, 20 janvier, poulains percherons d'un et deux ans.

Loire-Inférieure. — Nantes, 1ᵉʳ février, la Chandeleur; chevaux anglais, normands, allemands et bretons.

Lot-et-Garonne. — Tonneins, 17 janvier, chevaux de service de Gascogne.

Haute-Marne. — Langres, 15 février, poulains et pouliches de deux et trois ans.

Morbihan. — Josselin, le dernier samedi de janvier, chevaux de trait léger, de poste et de service.

Nord. — Cambrai, 24 janvier, grande réunion de chevaux de trait et d'agriculture.

Le Cateau-Cambrésis, le 22 janvier, chevaux entiers, hongres et juments de trait léger et de poste.

Douai, 22 janvier, foire importante, chevaux entiers, hongres et juments.

Valenciennes, 20 janvier, chevaux entiers, hongres et juments de trait.

Orne. — Alençon, 29 janvier, la Chandeleur, réunion considérable pour les chevaux de grand luxe, anglais, allemands et normands; chevaux percherons de gros trait, de trait léger et de poste; dure jusqu'au 4 février.

Argentan, 22 janvier, spéciale pour les juments de quatre et cinq ans, de trait léger, de poste et de troupe.

Pas-de-Calais. — Calais, 22 janvier, chevaux de trait; importante, dure huit jours.

Guines, 4 février, poulains de trait.

Haute-Saône. — Grammont, 22 février, chevaux et juments de trait; poulains d'un an.

Seine-Inférieure. — Fécamp, 31 janvier, beaucoup de petits chevaux de service.

Goderville, 15 janvier, chevaux de service, de race.

Grainville-la-Teinturière, 3 février, spéciale pour les bonnes juments de trait.

Seine-et-Marne. — Nemours, la Saint-Sébastien, 20 janvier, chevaux et juments de trait et d'agriculture.

Deux-Sèvres. — Celles, 17 février, poulains et pouliches de un à deux ans, mules et mulets. — 27 janvier et 4 février, spéciales pour les mules.

Champdeniers, 15 janvier, chevaux poitevins, bretons, juments mulassières, mules et mulets.

Melle, 18 janvier, mules d'un an et pouliches. — 11 février, spéciale pour les mules et les poulains.

Saint-Maixent, 3 février, poulains entiers de deux à trois ans, étalons mulassiers.

Saint-Romans-lez-Melle, le 12 février, spéciale pour les jeunes poulains et les jeunes mules.

Somme. — Gamaches, premier mercredi de février, chevaux de trait de toute espèce. Importante.

Tarn-et-Garonne. — Lauzerte, 26 janvier, poulains, chevaux de service de demi-sang légers.

Vendée. — Fontenay, 31 janvier, chevaux de tous les âges, mais principalement les chevaux de trois et quatre ans.

La Garnache, 3 février, spéciale pour les poulains et pouliches de dix-huit et de trente mois.

Luçon, 3 février, poulains et pouliches de deux à trois ans.

Moutiers-les-Maufaits, dernier lundi de janvier, poulains de dix-huit mois à trois ans.

L'Oie, deuxième mercredi de février, chevaux et juments bretons et du Bocage. Très importante.

Vienne. — Montmorillon, le 25 janvier, chevaux de toute espèce.

Yonne. — Saint-Sauveur, 30 janvier, chevaux de trait de quatre à cinq ans pour les omnibus.

Sens, 7 février, chevaux de quatre à cinq ans et venant des départements voisins ; on les dresse en les employant à l'agriculture, et on les rend utiles.

Toucy, premier samedi de février, chevaux de quatre à cinq ans, destinés au service de Paris.

A L'ÉTRANGER. — Hambourg. — Les jeudi et vendredi qui précèdent le 20 janvier, réunion immense de chevaux du Mecklembourg, du Lauenbourg et du Holstein.

Kiel. — 24 février, réunion considérable de chevaux de grand luxe, de selle et d'attelage.

Brunswick. — 1er février, foire considérable de chevaux d'attelage, de selle et de service ; dure quinze jours.

Leipzig. — 1er février, très considérable ; dure trois semaines.

Aube. — Dienville, 25 février, poulains de trait, de un et deux ans, issus en général d'étalons belges.

Calvados. — Caen, premier lundi de carême. Très grande réunion, commençant le jour des Cendres, pour chevaux de grand luxe, chevaux de service, de poste, pour tous les pays. Il s'y fait pour plus de 2,000,000 d'affaires.

Ouilly-le-Basset, premier lundi de mars, chevaux et juments de poste et de trait léger ; importante.

Charente-Inférieure. — Rochefort, 4 mars, chevaux et juments de service du Marais.

Cher. — Beaugy, 22 février, chevaux de gros trait et de trait léger ; le 1er choix va à Paris, le 2e dans le Bourbonnais.

Corrèze. — Masseret, 12 mars, grande foire de chevaux de

tous genres, pour tous les services et pour toutes les industries.

Côte-d'Or. — Beaune, 22 février, peu importante en chevaux, bien qu'elle dure cinq jours.

Saint-Jean-de-Losne, 19 mars, chevaux de trait; de peu
d'importance.

Côtes-du-Nord. — Langouèdre, 9 mars, chevaux entiers,
juments et poulains de gros trait, de trait léger et de poste.

Eure. — Brionne, le premier jeudi de carême, pour chevaux
de poste, de trait léger et de gros trait.

Louviers, le 24 février, pour chevaux de trait léger et de
poste.

Le Neubourg, 10 mars, chevaux de tout âge, de poste, de
trait léger et de gros trait,

Pont-Audemer, le lundi gras, pour chevaux de demi-sang,
de poste et de trait léger.

Eure-et-Loir. — Chassant, 12 mars, étalons et chevaux entiers de poste et de trait léger.

Finistère. — Landivisiau, le deuxième mercredi de mars,
chevaux bretons de toute espèce; importante.

Gers. — Aignan, 10 mars, chevaux de service du bas Ar-
magnac et poneys des Landes; importante.

Auch, le premier lundi de mars, chevaux demi-sang et de
service.

Eauze, 18 février, considérable pour les poneys des Landes.

Vic-Fésenzac, premier vendredi de carême, poneys des
Landes, poulains et pouliches d'un an, mules et mulets.

Gironde. — Bordeaux, 1ᵉʳ mars, réunion considérable composée de chevaux de service de tous pays.

Indre. — Châteauroux, 1ᵉʳ mars, poulains poitevins importés du Berry; considérable.

Levroux, 12 mars, importation de poulains d'un an, du
Poitou.

Vatan, 7 mars, chevaux de trait léger et de cavalerie légère.

Indre-et-Loire. — Amboise, troisième mercredi de février ; réunion nombreuse de petits chevaux bretons.

Château-Renault, dernier mardi de février, chevaux de trait, poulains percherons.

Montrésor, 25 février, grand choix de poulains importés du Poitou.

Loir-et-Cher. — Montdoubleau, premier lundi de carême, juments percheronnes de trait léger, de trois à cinq ans.

Loire-Inférieure. — Nantes, 15 mars, chevaux anglais, allemands, normands, bretons et percherons, de gros trait et de trait léger.

Loiret. — Gien, deuxième dimanche de carême, poulains de trait léger.

Lot. — Figeac, 15 de chaque mois, pour chevaux de service du pays, du Quercy et des Landes ; on y trouve aussi des bretons de peu de valeur.

Gramat, le jeudi-gras, poneys des Landes pour enfants, chevaux légers, attelages de parc.

Lot-et-Garonne. — 15 jours avant le lundi-gras, grand nombre de chevaux de tous les genres et pour tous les services.

Maine-et-Loire. — Vihiers, le mardi-gras, poulains d'un an de demi-sang de trait léger.

Marne. — Reims, le jour de Pâques, chevaux de luxe allemands, anglais et français.

Haute-Marne. — Vassy, 15 mars, chevaux entiers de gros trait et de trait léger.

Montigny, 24 février, chevaux entiers de trait poulains et pouliches.

Mayenne. — Château-Gontier, le jeudi de la mi-carême, poulains de trait d'un à deux ans.

Morbihan. — Josselin, le dernier samedi de février, chevaux de trait léger, de poste et de service.

Moselle. — Metz, deux foires importantes, le premier lundi de carême, chevaux allemands et de trait.

Nièvre. — Châtillon-en-Bazois, le 22 février, chevaux de tous âges, de toutes espèces et de toutes provenances; Mardi-Gras, même physionomie, mais plus considérable.

Corbigny, le lundi avant la mi-carême, chevaux de trait.

Decize, 20 février, poulains morvandiaux de six mois à deux ans.

Luzy, mercredi après la mi-carême, chevaux de trait.

Saint-Séverin, 20 février, chevaux d'armes, de trait; la remonte y achète.

Nord. — Cambrai, le 24 de chaque mois, grande réunion de chevaux de trait et d'agriculture.

Le Cateau-Cambrésis, 22 février, chevaux entiers, hongres et juments de gros trait et de trait léger.

Valenciennes, 20 février, chevaux entiers, hongres et juments de gros trait et de trait léger.

Orne. — Alençon, 15 et 16 mars. *Concours de dressage.*

Longny, 24 février, chevaux entiers et juments de trait léger. ·

Mortagne, la mi-carême et le samedi après la mi-carême, chevaux et juments de trait léger d'espèce percheronne, de deux et trois ans.

Sées, le mercredi des Cendres, quelques poulains d'un an.

Basses-Pyrénées. — Castelnau-Magnoac, 12 mars, chevaux légers du Midi, poulains, pouliches, mules et mulets.

Puy-de-Dôme. — Riom, le mercredi des Cendres, chevaux de luxe et de service.

Haute-Saône. — Grammont, 22 février, chevaux et juments de trait, poulains d'un an et au-dessus, de gros trait et de trait léger.

Saône-et-Loire. — Chalon, 27 février, spéciale pour les jeunes chevaux et les poulains d'un an, de croisement.

Sarthe. — Le Mans, la mi-carême, chevaux de culture.

Seine-Inférieure. — Goderville, 7 mars, chevaux de service.

Ouville-l'Abbaye, 24 février, spéciale pour les bonnes juments.

Rouen, 20 février, la Chandeleur, chevaux de luxe et de service de tous âges et de toutes provenances.

Deux-Sèvres. — Champdeniers, samedi 9 mars, chevaux poitevins et bretons, pouliches mulassières, mules et mulets.

La Mothe-Saint-Héraye, premier jeudi de mars, pouliches, mules pouliches, bétail.

Sainte-Néomaye, 24 février, mules et mulets.

Saint-Romans-les-Melle, le lundi-gras, poulains et mules.

Somme. — Albert, la Saint-Mathias, le 14 février, pour les chevaux de toutes espèces.

Gamaches, premier mercredi de mars, chevaux et juments de trait.

Oisemont, troisième jeudi de mars, étalons picards et boulonnais, chevaux de gros trait et de trait léger.

Tarn. — Graullet, 22 février, vente de juments d'agriculture.

Tarn-et-Garonne. — Valence-d'Agen, 23 février, grand nombre de chevaux de service.

Vendée. — Moutiers-les-Maufaits, dernier lundi de février, poulains de 18 mois à trois ans.

L'Oie, deuxième mercredi de février, chevaux et juments bretons et du Bocage; très importante.

Saint-Gervais, 27 février, très médiocre en chevaux.

Vienne. — Montmorillon, 23 février, chevaux de toutes espèces, mais surtout forte en bétail.

Poitiers, la mi-carême, réunion considérable pour tous les chevaux de grand et moyen luxe et de service; nombre considérable de chevaux de poste, de mules et de mulets.

Yonne. — Chéroy, le quatrième mardi de février, chevaux de trait léger et d'omnibus, de quatre à cinq ans.

Saint-Sauveur, la mi-carême, même exposition qu'à Chéroy,

plus grand nombre de poulains de dix-huit mois de trait léger.

Toucy, premier mardi de mars, chevaux d'omnibus et de trait léger de quatre à cinq ans.

Foires a l'étranger. — Kiel (Prusse), 24 février et 10 mars, grande réunion pour chevaux de toutes espèces et pour tous les services.

Hautes-Alpes. — Saint-Bonnet, troisième jour après Pâques; chevaux de trait et mulets; importantes.

Ariège. — Foix, mercredi de Pâques, chevaux légers de demi-sang pour voitures de promenade.

Aveyron. — Rodez, premier lundi après la mi-carême; attelages allemands, percherons et bretons, de trait léger.

Calvados. — Caen, la mi-carême, pour tous chevaux; importante.

Cher. — La Guerche, 14 avril; réunion nombreuse en juments, mais sans caractère de race bien précis.

Sancerre, le mercredi de la semaine de la Passion, chevaux entiers et juments de trait léger.

Corrèze. — Lagraulière, mardi après la mi-carême; vente considérable de chevaux limousins.

Masseret. Il existe le 12 de chaque mois une réunion de chevaux tarés et usés de tous pays.

Côtes-du-Nord. — Dinan; la foire de Liège, deuxième jeudi de carême; poulains d'un an; chevaux entiers de deux, trois et quatre ans, de trait léger et de poste.

Guingamp, samedi, veille des Rameaux; extrêmement importante pour poulains antenais de trait léger et de poste.

Dordogne. — Bergerac, le lundi de Pâques; quelques attelages normands.

Drôme. — Mardi de Pâques; chevaux de trait et mulets.

Eure. — Bernay, la Foire-Fleurie, le lundi avant les Rameaux; chevaux de premier choix, anglais, allemands et normands, de grand et de moyen luxe; très importante.

Bourgachard, deuxième lundi de carême; chevaux de demi-sang, de poste et de trait léger.

Le Neubourg, dimanche des Rameaux, courses pour chevaux attelés, au trot. — Distance, 13 kilomètres.

Routot, mercredi de la semaine sainte; chevaux entiers de poste, de trait léger et de gros trait.

Finistère. — Le Folgoat, le 25 mars; pour chevaux bretons de toute espèce; importante.

Le Pensez, dans le Léon, le 14 avril; juments du Léon, excellentes juments de poste et d'artillerie.

Plouescat, dans le Léon, le premier samedi d'avril.

Plozévet, 4 avril, pour chevaux de poste et bidets.

Quimper, 15 avril, une des plus anciennes foires de Bretagne, dite des chevaux gras; chevaux de trait léger, de poste, de gros trait et d'artillerie.

Haute-Garonne. — Sommières, la veille des Rameaux, chevaux.

Toulouse, le lundi de Quasimodo, pour attelages de luxe, étrangers et français, anglais, allemands et poitevins.

Gers. — Vic-Fesenzac, vendredi avant les Rameaux; chevaux de service, mules et mulets.

Gironde. — Bazas, 20 mars; chevaux de service du Blayais.

Tours, 1er avril, la Saint-Symphorien; chevaux angevins de service et petits bretons de petit service.

Loir-et-Cher. — Vendôme, vendredi de la Passion; chevaux percherons de service et de trait léger, quelques juments de la même race.

Haute-Loire. — Le Puy, 25 mars; chevaux de service du pays et quelques attelages normands.

Loiret. — Meung, vendredi saint; pour poulains du Berry et de la Sologne,

Lot. — Figeac, 15 mars; pour chevaux de service du pays.

Gramat, 20 mars; chevaux des Pyrénées, du Quercy et de la Gascogne, pour petits attelages.

Lot-et-Garonne. — Agen, foire des Rameaux ou de la Porte-Neuve; attelages allemands, chevaux normands non dressés.

Tonneins, 25 mars; chevaux légers de la Gascogne et des Landes.

Marne. — Reims, mardi de Pàques; chevaux français de luxe, chevaux étrangers entrant en France, chevaux de gros trait; très considérable.

Haute-Marne. — Langres, 22 mars; poulains et pouliches de deux et trois ans, achetés par les départements limitrophes.

Vassy, 15 mars, pour chevaux entiers de trait; importante.

Mayenne. — Château-Gontier, le jeudi de la mi-carême; poulains de trait de un à deux ans.

Nièvre. — Corbigny, mercredi après Pàques; poulains de trait et du Morvan, achetés par l'Auvergne.

Decize, 5 avril; pour les poulains morvandiaux de dix mois à deux ans.

Nord. — Cambrai, 24 mars; grande réunion de chevaux de trait et d'agriculture.

Le Cateau-Cambrésis, 22 mars, même composition.

Douai, 22 mars; même composition que pour les précédentes.

Valenciennes, 20 mars; pour poulains et pouliches de trait.

Oise. — Le Plessis-Belleville, le lundi de Pàques; chevaux de trait et de service.

Orne. — Argentan, le lundi de la Quasimodo; chevaux de trait léger; considérable.

Mortagne, la mi-carême; chevaux et juments de trait léger et de poste.

Sées, le jeudi-saint; poulains d'un et de deux ans, le rebut des autres foires.

Basses-Pyrénées. — Nay, troisième mardi après les Cendres ; chevaux excellents de la vallée de Nay.

Navarrenx, mercredi avant les Rameaux ; chevaux légers de demi-sang.

Sarthe. — Le Mans, la mi-carême ; chevaux de culture principalement.

Seine-Inférieure. — Bolbec, 1er avril, poulains d'un an, venant du Perche, de la Bretagne et de la Basse-Normandie. — Fauville, 26 mars ; chevaux et juments de race boulonnaise, poulains de même espèce.

Seine-et-Oise. — Versailles, 20 mars ; chevaux de luxe et de service.

Deux-Sèvres — Champdeniers, le samedi avant les Rameaux ; chevaux poitevins et bretons, mules et mulets. — La Mothe-Saint-Héraye, jeudi avant les Rameaux ; mules, pouliches. — Melle, mercredi de la Passion ; spéciale pour les jeunes mules. — Saint-Romans-les-Melle, le lundi de Pâques ; spéciale pour les jeunes poulains et les jeunes mulets qui sont élevés dans le département.

Somme. — Abbeville, le dernier mercredi de mars ; réunion nombreuse de chevaux de service de peu de valeur.

Gamaches, le premier mercredi de chaque mois ; chevaux de toute espèce ; importante.

Oisemont, troisième jeudi de mars ; étalons picards et boulonnais, chevaux de gros trait et de trait léger.

Roye, le lundi de la Quasimodo ; tous chevaux ; importante.

Tarn-et-Garonne. — Montauban, le 19 mars, la Saint-Joseph ; chevaux de demi-sang du Midi ; grand nombre de chevaux bretons.

Vendée. — Fontenay, le 25 mars ; chevaux de tous les âges, mais principalement poulains de deux ou trois ans.

La Garnache, le 25 mars ; pour poulains et pouliches d'un an, de dix-huit mois et de trois ans ; considérable.

Luçon, 21 mars ; poulains et pouliches de deux à trois ans.

Moutiers-les Maufaits, le dernier lundi de mars ; foire importante pour les chevaux de dix-huit mois à trois ans, et pour chevaux de toute espèce.

L'Oie, réunion des quatre routes, près Sainte-Florence, le deuxième mercredi d'avril ; chevaux du Bocage, chevaux et juments bretons ; considérable.

Vienne. — Montmorillon, le 23 mars ; pour chevaux de toute espèce. — Poitiers, la mi-carême ; pour chevaux poitevins, allemands et normands, de luxe et de demi-luxe ; considérable.

Yonne. — Chéroy, le mardi de Pâques ; chevaux de trait léger pour les omnibus de Paris.

Saint-Sauveur, la mi-carême ; chevaux de trait de quatre à cinq ans.

Sens, 18 mars ; chevaux de quatre ou cinq ans, amenés dans l'Yonne à deux ans, venant des départements voisins.

Toucy, le premier samedi d'avril, pour chevaux de quatre ou cinq ans pour les omnibus de Paris.

Foires a l'étranger. — Angleterre. — Lincoln, 23 avril, pour chevaux de toutes espèces et pour tous les services.

Stuttgard, 15 avril, accompagnée d'une réforme des haras royaux.

Hollande. — Utrecht, le dimanche des Rameaux ; immense réunion pour attelages hollandais et allemands.

Allemagne. — Francfort-sur-le-Mein, Pâques ; réunion considérable de chevaux de demi-luxe et de grand luxe.

Leipzig, Pâques, très grande réunion de chevaux de toutes espèces et pour tous les services.

Ain. — Ambérieux-en-Dombes, 6 mai, chevaux comtois de gros trait. Poulains entiers de trait et de trait léger.

Hautes-Alpes. — Gap, 1er mai, chevaux de trait et mulets ; très importante.

Ariège.—Pamiers, 22 avril, chevaux faits, mules et mulets.

Saint-Girons, 5 mai, chevaux de la montagne. Poulains et pouliches, mules et mulets.

Aube. —Dienville, 15 mai, poulains de trait de un à deux ans.

Bouches-du-Rhône. — Arles, 3 mai, chevaux camargues purs ou croisés.

Saint-Rémy, 23 avril, chevaux de trait et mules. Bonne foire.

Calvados, Caen, le grand lundi ou la Quasimodo, le second jeudi après Pâques, chevaux de grand luxe, de demi-luxe, de troupe, de gros trait et de trait léger et de poste ; considérable.

Cher. — Beaugy, 25 avril, chevaux de trait léger et de gros trait, de trois à huit ans ; le premier choix vient à Paris.

Corrèze.—La Graullière, 3 mai, vente considérable de chevaux limousins.

Masseret, 12 mai, chevaux de service pour tous pays.

Corse. — Ajaccio, 12 mai, poneys d'enfants et pour voitures de parc ; très importante.

Côtes-du-Nord. — Jugon, 25 avril, la Saint-Marc, chevaux entiers et juments de poste de trait léger.

Plancoët, 4 mai, juments de trait léger.

Doubs. — Russey, 7 mai, poulains de trait, d'un an.

Eure. — Évreux, 20 avril, chevaux de gros trait.

Louviers, 23 avril, chevaux de trait léger et de gros trait.

Pont-de-l'Arche, 9 mai, chevaux de service et de trait.

Eure-et-Loir. — Chartres, les Barricades, 11 mai, chevaux percherons entiers et juments de trait léger et de poste.

Nogent-le-Rotrou, premier samedi de mai, pour chevaux et juments de trait léger et de poste.

Finistère. — Lesneven, dernier lundi d'avril, chevaux bretons de poste et de service.

Gers. —Riscles, 26 avril, chevaux légers du Midi et poneys des Landes.

Vic-Fesenzac, 15 avril, chevaux de service, très légers.

Gironde. — Bordeaux, la Saint-Fort, 15 mai, foire qui se tient sur la place Saint-Julien; chevaux de service et de demi-luxe; considérable.

Branne, 19 avril, poulains d'un an et de même race.

Libourne, deuxième mardi d'avril, chevaux bretons et chevaux de pays.

Ille-et-Vilaine. — Rennes, 1er mai, chevaux de trait léger.

Indre. — Issoudun, 2 mai, poulains importés, de un à deux ans.

Vatan, 20 avril, importation de chevaux du Poitou, de Fontenay et de Niort; chevaux légers, de service, de quatre à sept ans.

Indre-et-Loire. — Château-Renault, premier mardi de mai, chevaux de trait.

Le Grand-Pressigny, premier jeudi de mai, importation de poulains.

Tours, 10 mai, attelages allemands, normands, bretons, poitevins, vendéens; commerce de petits chevaux de selle et d'attelage.

Landes.—Magescq, 2 mai, poneys des Landes; importante.

Mont-de-Marsan, second mardi de mai, chevaux de toute espèce.

Loir-et-Cher. — Savigny, dernier mercredi d'avril, juments de service et chevaux de trait léger, d'espèces percheronnes.

Loire-Inférieure.—Nantes, 27 avril, attelages anglais, allemands, normands et bretons, des Landes; très importante.

Loiret.—Beaugency, 1er mai, chevaux de service, très nombreux, mais de peu de valeur.

Meung, 15 mai, poulains du Berri et de la Sologne.

Lot. — Figeac, 15 et 23 avril, pour chevaux de service des Landes.

Gramat, 25 avril, poneys des Landes; 15 mai, chevaux de service et poneys des Landes.

Lot-et-Garonne. — Tonneins, 1er mai, chevaux de la Gascogne et des Landes.

Maine-et-Loire. — Angers, 1er mai, poulains d'un an, de demi-sang et de trait léger.

Le Lion-d'Angers, 22 avril, quelques poulains et chevaux de service; très importante.

Meurthe. — Nancy, 20 mai, chevaux de toutes espèces et de tous pays.

Morbihan. — Meslan, 17 avril, chevaux de trait léger, de poste et de service.

Nièvre. — Corbigny, 2 mai, chevaux et poulains de gros trait et de trait léger.

Decize, 2 mai, excellente pour les poulains morvandiaux.

Orne. — Longny, 1er mai, chevaux entiers et juments du Perche et de trait léger.

Basses-Pyrénées. — Oloron, 1er mai, rendez-vous de toutes les races du Midi; on y trouve de tout : les poneys des Landes, les races bovine et ovine de la montagne y descendent.

Hautes-Pyrénées. — Lourdes, 22 avril, chevaux légers du Midi, mules et mulets.

Puy-de-Dôme. — Clermont, 10 mai, chevaux anglais, allemands, normands et du Marais de Saint-Gervais, pour le grand et le demi-luxe; une des plus importantes du Midi; elle dure huit jours.

Seine-Inférieure. — Dieppe, 16 avril, chevaux de trait, achetés pour le commerce de Paris.

Deux-Sèvres. — La Mothe-Saint-Héraye, premier jeudi de mai, mules, poulains et pouliches, bétail.

Niort, le 7 mai, une des plus fortes foires de France; attelages anglais, allemands, normands, poitevins, bretons et percherons, de grand luxe et de demi-luxe et de service; dure huit jours.

Somme. — Abbeville, dernier mercredi d'avril, chevaux de trait et de service, et, par conséquent, de peu de valeur.

Gamaches, premier mercredi de mai, chevaux de trait léger et de toute espèce.

Oisemont, troisième jeudi d'avril, étalons picards et boulonnais, chevaux de gros trait et de trait léger; importante.

Vendée. — L'Oie, deuxième mercredi d'avril, chevaux du Bocage, bretons, d'un bon modèle, vendus pour Bordeaux et le Midi.

Yonne. — Toucy, premier samedi de mai, chevaux de quatre et cinq ans, destinés à Paris.

Foires a l'étranger. — Lincoln, du 21 au 23 avril.

Moselle. — Metz, 1er mai, quinze jours; chevaux allemands de grand luxe et de demi-luxe.

Ain. — Ambérieux, 11 juin; poulains entiers de un et deux ans, de gros trait et de trait léger.

Ariège. — Saint-Girons, 5 juin; chevaux faits, de la Montagne; poulains et pouliches, mules et mulets.

Aube. — Dienville, 25 mai; poulains de trait d'un à deux ans, issus de la plupart d'étalons belges.

Bouches-du-Rhône. — Arles, 3 mai; chevaux camargues purs ou croisés d'anglais; très importante.

Calvados. — Lisieux, 11 juin; chevaux de trait et à deux fins.

Caen, La Trinité, le lundi; chevaux de troupe et de service.

Cantal. — Allanches, 11 juin; poulains d'un an et chevaux de service.

Aurillac, la Saint-Urbain, 25 mai; poulains d'un an et chevaux de service, bretons légers, mules et mulets.

Saint-Flour, le 2 juin; chevaux bretons et normands.

Chalinargues, 22 mai; poulains d'un an et chevaux de service.

Maillargues, 11 juin; même composition que le précédent.

Cher. — Aubigny, 28 mai ; poulains antenais et pouliches de trait.

Beaugy, 11 juin ; chevaux de trait léger et de gros trait.

Bourges, 28 mai ; chevaux de trait léger et de gros trait.

Culan, 26 mai ; petits chevaux de service.

Laverdines, 18 mai ; importation nombreuse de poulains croisés du Poitou.

Corrèze. — Brives-la-Gaillarde, 11 juin ; foire franche, pour chevaux de luxe et de service ; importante.

Masseret, le 12 juin ; chevaux de service de tous pays et pour tous les services.

Tulle, 1er juin ; la Saint-Clair ; foire franche, pour chevaux de luxe, allemands, normands, du Poitou, du Perche, de la Bretagne.

Côte-d'Or. — Semur, 31 mai ; chevaux de trait léger et de gros trait ; très importante.

Côtes-du-Nord. — Lamballe, jeudi après l'Ascension : chevaux entiers et juments de poste ; considérable.

Creuse. — Chambon, 18 mai ; réunion considérable de chevaux et poulinières, de poulains de dix-huit mois et de deux ans.

Lepaud, 11 juin ; même composition.

Dordogne. — La Laitière, 11 juin ; chevaux allemands et normands, chevaux du Midi.

Périgueux, la Sainte-Mémoire, 26 et 27 mai, chevaux de luxe, anglais, allemands et normands ; chevaux légers du Limousin, chevaux bretons de poste.

Doubs. — Maiche, troisième jeudi de mai ; poulains de trait de un et deux ans.

Eure. — Bourgtheroude, dernier samedi de mai ; chevaux de trait léger, de poste et de gros trait.

Evreux, mardi de la Pentecôte ; chevaux de gros trait ; très importante ; dure huit jours.

Eure-et-Loir.—Courville, le jeudi de la Fête-Dieu; chevaux de trait, de trait léger et de poste.

Finistère. — Gouesnou, l'Ascension; très grande foire pour chevaux bretons de tout genre et pour tous les services.

Plozévet, le lundi de la Trinité; chevaux de poste et bidets de service.

Gers. — Aignan, 11 juin; chevaux de demi-sang du Midi, pour de légers attelages, mules et mulets; considérable. — Barcelonne, 20 mai; chevaux de selle du Midi. — Bretagne, 5 juin; chevaux légers du Midi, poulains et pouliches d'un an et au-dessus, mules et mulets.

Gironde. — Bordeaux, la Saint-Fort, 15 et 17 mai; choix considérable de chevaux de service, chevaux de luxe, anglais, normands et allemands.

Branne, 19 mai; poulains d'un an de la race du Médoc.

Libourne, premier lundi de juin; attelages anglo-normands, grande quantité de bretons de trait léger et de poste.

Indre. — Mézières, 24 mai; chevaux légers propres à la remonte.

Indre-et-Loire. — Montrésor, premier mardi de juin; poulains importés du Poitou.

Landes. — La Bouheyre, 9 juin; poneys des Landes; très considérable.

Mont-de-Marsan, deuxième mardi de mai; foire de la nouvelle création; on y trouve quelques attelages allemands, poneys des Landes.

Saint-Sever, jeudi avant la Pentecôte; choix nombreux de poneys.

Villeneuve-de-Marsan, premier mardi de juin; poneys des Landes.

Loiret. — Orléans, 4 juin; chevaux de trait, de poste et de service; dure dix-sept jours.

Lot. — Figeac, le 15 juin; pour chevaux de service et de

landes. — Gramat, 3 juin; chevaux de service du Midi, poneys des Landes.

Lot-et-Garonne. — Agen, le premier lundi de juin; chevaux de luxe de tous les pays. — Tonneins, 22 mai; chevaux normands, allemands et percherons.

Maine-et-Loire. — Angers, la Fête-Dieu; grand choix de chevaux de luxe. — Le Louroux, le 27 mai et le 11 juin; poulains de trait léger. — Segré, 28 mai; poulains d'un an de demi-sang.

Manche. — Bréhal, la Pentecôte; chevaux et juments à deux fins. — Folligny, 13 juin; chevaux entiers et juments pour la remonte. — La Pernelle, 30 mai; juments de demi-sang de la Hague et du Val-de-Saire; importante.

Haute-Marne. — Vassy, le lundi de la Pentecôte; chevaux entiers de trois et quatre ans, du pays des Ardennes, chevaux entiers de trois et quatre ans du pays.

Meurthe-et-Moselle. — Nancy, 20 mai; chevaux de toute espèce et de tous pays.

Nièvre. — Châtillon-en-Bazois, 2 juin; chevaux de tout âge et de toute provenance.

Corbigny, 2 mai; chevaux et poulains de trait et morvandiaux.

Saint-Réverien, 20 mai; chevaux de trait léger.

Nord. — Bailleul, dimanche de la Trinité; chevaux de gros trait; considérable.

Cassel, jeudi après la Trinité; chevaux de gros trait; considérable.

Wormhoudt, mercredi qui précède la Pentecôte; chevaux et poulains de trait.

Pas-de-Calais. — Hardinghem, 11 juin; chevaux et poulains de trait; importante.

Basses-Pyrénées. — Morlaas, 11 juin; chevaux de demi-sang, mules et mulets.

Orthez, 1er juin, chevaux légers.

Hautes-Pyrénées. — Arreau, 11 juin; chevaux légers de demi-sang. — Bagnères, mardi de la Pentecôte; chevaux de service.

Puy-de-Dôme. — Riom, le 11 juin; chevaux de luxe et de service.

Sarthe. — Le Mans, le mardi de la Pentecôte; chevaux de trait; dure huit jours.

Seine-Inférieure. — Rouen, l'Ascension; on y vend grand nombre d'attelages anglais, allemands et normands, et un grand nombre de chevaux de trait.

Deux-Sèvres. — Champdeniers, 20 mai; poulains, pouliches, mules et mulets.

La Mothe-Saint-Héraye, premier jeudi de juin; poulains et mules.

Somme. — Gamaches, tous les premiers mercredis de chaque mois; chevaux de trait. — Oisemont, troisième jeudi de mai; étalons picards et boulonnais de trait.

Tarn-et-Garonne. — Montauban, 20 mai; chevaux de luxe et de service.

Monthicourt, 25 mai; chevaux de service du Midi, dans les petits prix.

Vendée. — Luçon, 24 mai; poulains et pouliches de deux à trois ans.

La Roche-sur-Yon, 1er juin; chevaux de service et concours de poulains.

L'Oie, tous les deuxièmes mercredis de chaque mois; chevaux et juments de race bretonne.

Saint-Gervais, 11 juin; poulains de demi-sang de deux ans; considérable.

Sallertaine, dernier lundi de mai; poulains et pouliches d'un an.

Vienne. — Poitiers, 20 mai; composée de chevaux, de mules et mulets.

Haute-Vienne. — Bellac, 1er juin; chevaux limousins, mules et mulets.

Le Dorat, 13 juin; chevaux limousins de selle et d'attelage pour petit phaéton.

Limoges, la Saint-Loup, 22 mai; attelages allemands, limousins et bretons.

Yonne. — Toucy, le premier samedi de juin; chevaux de quatre à cinq ans, destinés au service de Paris.

Ain. — Pont-de-Vaux, la Fête-Dieu, le mercredi veille de de la fête; un grand nombre de chevaux de toutes espèces.

Aisne. — Saint-Quentin, la Saint-Pierre, 29 juin; chevaux de gros trait; importante.

Hautes-Alpes. — Saint-Bonnet, 24 juin; chevaux de trait, mules et mulets; importante.

Ariège. — Foix, 10 juillet; chevaux légers et demi-sang, poulains, pouliches, mules et mulets.

Lavelanet, 28 juin; mules et mulets, petits chevaux de montagne.

Tarascon, 14 juillet; chevaux légers de la montagne, poulains et pouliches, mules, mulets.

Aude. — Montréal, 25 juin; chevaux à deux fins, du pays.

Aveyron. — Rodez, la Saint-Pierre, 30 juin; chevaux légers, de luxe, venant de la Normandie et du Limousin.

Bouches-du-Rhône. — Aix, dimanche de la Fête-Dieu, chevaux d'attelage du Nord, chevaux de trait du Midi.

Calvados. — Formigny, 3 et 4 juillet, juments du Cotentin et du Bessin; très considérable.

Lisieux, 29 juin, la Saint-Pierre; chevaux de trait.

Villers-Bocage, la Saint-Pierre, 29 juin; poulains de deux ans de la Vendée et de la Bretagne; très considérable.

Charente-Inférieure. — Rochefort, 11 juillet; chevaux et juments de luxe et de service, du Marais; considérable.

Cher. — Beaugy, chevaux de trait léger, location de domestiques.

Châteaumeillant, 4 juillet; chevaux de quatre ans refusés aux remontes; bétail nombreux et de bon cru.

Culan, 5 juillet; petits chevaux de service.

Lignières, 25 juin; petits chevaux de service, de bas prix.

Corrèze. — Lagraulière, 2 juillet, chevaux du Limousin.

Masseret, tous les 12 de chaque mois; chevaux de peu de valeur.

Côtes-du-Nord. — Dinan, la Saint-Jean; chevaux entiers et juments de poste, de trait léger et de gros trait, extrêmement importante.

Guingamp, 23 juin; pour jeunes chevaux de trait et de poste.

Lamballe, 25 juin, la Saint-Jean; chevaux et juments de remonte et d'artillerie et de poste; considérable.

Pédernec, 17 juin; chevaux entiers et antenais de poste.

Tréguier, samedi de la Fête-Dieu, chevaux entiers et juments de poste, de la race de Tréguier.

Dordogne. — Montpazier, 8 juillet; attelages normands et allemands, chevaux légers du Limousin et du Midi; considérable.

Drôme. — Saint-Jean-en-Royans, 24 juin; chevaux de trait et quelques chevaux légers du pays.

Romans, la Saint-Jean; même composition, assez considérable.

Gironde. — Goulée, 12 juillet; poulains d'un à deux ans.

Ille-et-Vilaine. — Rennes, 1er juillet, chevaux de service, de trait léger et de poste.

Indre. — Levroux, 16 juin et 14 juillet; chevaux de trait de peu de valeur.

Rosnay, 1er juillet; poulains importés du Poitou.

Vatan, 29 juillet; poulains importés du Poitou, de dix-huit à vingt mois.

Isère. — La Tour-du-Pin, 23 juin; grande spécialité de poulains de deux ans.

Jura. — Saint-Justin, le 26 juillet, petits chevaux légers du pays.

Loir-et-Cher. — Vendôme, le vendredi après le 4 juillet; chevaux percherons de service, de trait léger.

La Ville-aux-Clercs, 19 juin; juments percheronnes de service.

Haute-Loire. — Le Puy, le 11 juillet; chevaux de service du pays, mules et mulets.

Loiret. — Châtillon-sur-Loing, 30 juin, grand concours de poulains berrichons et solognots.

Lot. — Figeac, 15 juillet; pour chevaux de service du pays, du Quercy et des Landes.

Gramat, dernier vendredi de juin; chevaux de service.

Nérac, 15 juin; chevaux de la Gascogne et des Landes.

Tonneins, 17 juin; chevaux de demi-sang, légers, pour petits attelages.

Marne. — Vitry-en-Pertois, 25 juin; chevaux de gros trait, du pays.

Eure. — Beuzeville, 15 juillet; chevaux de demi-sang, de poste, de trait léger.

Le Neubourg, 24 juin; la Saint-Jean, chevaux de gros trait et de trait léger.

Routot, mercredi après la Saint-Jean; chevaux entiers de trait léger et de poste.

Eure-et-Loir. — Châteauneuf, mercredi avant le 7 juillet, chevaux entiers de trait léger et de poste.

Courville, le jeudi de la Fête-Dieu, chevaux de gros trait, de trait léger et de poste.

Dreux, le premier lundi de juillet, pour chevaux de gros trait, de trait léger et de poste.

(Les races de trait.)   21

La Loupe, premier mardi de juillet; même composition que la précédente.

Senonches, le 16 juin, la Saint-Cyr, la plus importante de tout le Perche; pour chevaux entiers.

Finistère. — Landivisiau, 14 juillet; juments d'âge, du Léon et de tout le Finistère.

La Martyre, deuxième lundi de juillet, la plus belle foire de Bretagne, rendez-vous de l'élite de tout le Finistère.

Henez-Hom, 17 juin, bidets de Briec.

Gard. — Beaucaire, 11 juillet; la plus forte foire de France, se prolongeant jusqu'au 28. Le jour consacré aux chevaux est le 22; on y trouve des chevaux d'attelage et de selle, de gros trait, du Midi et du pays.

Haute-Garonne. — Toulouse, 29 juin, chevaux d'attelage et de luxe.

Gers. — Condom, 22 juin, chevaux légers du Midi, mules et mulets.

Haute-Marne. — Langres, 15 juillet, chevaux de culture, vendus pour Sens.

Morbihan. — Josselin, le dernier samedi de juin, chevaux légers de trait et de poste.

Pont-Scorff, 25 juin, chevaux de poste et de service.

Nièvre. — Decize, 1er juillet, poulains morvandiaux de six mois à deux ans.

Nord. — Douai, 22 juin, chevaux entiers hongres et juments.

Wormhoudt, mercredi qui suit la Saint-Jean, chevaux et poulains de gros trait, de trait léger et de poste.

Oise. — Le Plessis-Belleville, 24 juin, chevaux de service et de trait.

Orne. — Domfront, la Saint-Jean, petits chevaux des landes de Domfront, de Prez-en-Pail et de Carrouges.

Mortagne, le samedi après la Saint-Jean, chevaux de trait léger, de race percheronne, de deux et de trois ans.

Pas-de-Calais.—Desvres, la Saint-Jean, chevaux et juments de trait.

Hacquelines, 4 juillet, poulains de trait de dix-huit mois.

Rety, 8 juillet, poulains de trait; importante.

Vron-Neuchâtel, 6 juillet, poulains de trait de dix-huit mois.

Basses-Pyrénées. — Pau, 20 juin, foire secondaire, pour la vente de chevaux et poulains.

Puy-de-Dôme. — Riom, le lundi après le 11 juin, chevaux de luxe et de service.

Saône-et-Loire. — Châlon, la Saint-Jean, 23 juin, attelages allemands et normands.

Haute-Savoie. — Annecy, premier mardi de juillet, chevaux de culture; importante.

Deux-Sèvres. — La Mothe-Saint-Héraye, le premier jeudi de juillet, poulains, pouliches, mules et mulets.

Tarn-et-Garonne. — Moissac, la Saint-Jean, le 25 juin, chevaux de service, de demi-sang.

Vendée. — Moutiers-les-Maufaits, tous les derniers lundis de chaque mois, poulains de dix-huit mois et de vingt mois.

L'Oie, foire considérable, le deuxième mercredi de chaque mois, chevaux bretons et du Bocage.

Saint-Gemme-la-Plaine, 22 juin, poulains et pouliches indigènes de deux et trois ans.

Vienne. — Montmorillon, le 25 de chaque mois, chevaux de service, espèces du Midi.

Yonne. — Avallon, 23 juin, chevaux et poulains de trait.

Toucy, 30 juin, pour chevaux de quatre à cinq ans.

Seine. — Paris. — Tattersall français, tous les jeudis.

Marché aux chevaux, tous les mercredis et samedis.

Établissement Lyon-Chéri, rue de Ponthieu, tous les mercredis.

FOIRES A L'ÉTRANGER. — Kiel, la Saint-Jean, 24 juin, chevaux de grand et de moyen luxe et de service; très importante.

Aisne. — Clermont, 10 août, la Saint-Laurent, chevaux de trait presque tous boulonnais; trois jours.

Hautes-Alpes. — Gap, premier lundi d'août, chevaux de trait et mulets.

Ariège. — Lavelanet, 6 août, forte foire pour mulets.

Bouches-du-Rhône. — Tarascon, 29 juillet, chevaux du Nord, de luxe, de gros trait.

Calvados. — Bois-Hallebout, 26 juillet, la Sainte-Anne, juments bretonnes, chevaux de deux ans du Poitou et de la Bretagne.

Falaise. — La Guibray, du 8 au 15 août, chevaux de luxe allemands, anglais et normands. Des primes de dressage et des courses au trot y sont annexées et en augmentent encore l'importance.

Saint-Clair-la-Pommeraye, 18 juillet, juments de poste de premier choix; très importante.

Corrèze. — Masseret, le 12 de chaque mois, chevaux de service.

Côte-d'Or. — Sombernon, la Madeleine, 22 juillet, chevaux de trait léger.

Saint-Jean-de-Losne, le lundi qui suit le 8 août, chevaux de gros trait et de trait léger; d'une importance secondaire.

Côtes-du-Nord. — Pédernec, 2 août, juments de poste et de trait.

Saint-Brieuc, foire de la Fontaine, le lendemain des courses qui ont toujours lieu en juillet; chevaux et juments de poste.

Creuse. — Roche, commune de Saint-Vaury, 22 juillet, poulains et pouliches de dix-huit mois et de deux ans et demi; importante.

Dordogne. — Beaumont, 11 août, chevaux légers du Périgord.

Belvès, 14 août, même composition qu'à Beaumont.

La Laitière, 17 juillet, quantité de chevaux, depuis le normand, l'allemand de luxe, jusqu'aux délicieux chevaux du Midi. Le 10 août, même composition que la précédente.

Eure. — Beuzeville, 15 juillet, chevaux de trait léger et de poste.

Evreux, 11 août, chevaux de gros trait et de trait léger; dure huit jours.

Finistère. — Lesneven, la Saint-Jacques, 25 juillet, chevaux et juments de service.

Gard. — Nîmes, 15 août, chevaux d'attelage et de trait, mules et mulets.

Gers. — Barcelonne, 11 août, poneys des Landes pour petites voitures.

Eauze, 6 août, chevaux de service, mules et mulets; considérable.

Vic-Fesenzac, 15 août, chevaux de service légers du Midi.

Gironde. — Cadillac, 22 juillet, chevaux de demi-sang du Médoc, pour attelages légers; dure deux jours.

Castelnau-de-Médoc, 26 juillet; même durée et même composition qu'à Cadillac.

Saint-Christoly, 26 juillet, chevaux de demi-sang du Blayais, pour attelages légers; dure trois jours; sans importance.

Ille-et-Vilaine. — Dol, 27 juillet, la Saint-Samson, poulains de trait léger.

Fougères, 3 août, chevaux entiers de trait léger et de trait.

Rennes, 1er août, chevaux de trait et de trait léger.

Saint-Aubin-du-Cormier, deuxième jeudi d'août, chevaux de trait et de trait léger; importante.

Indre-et-Loire. — Tours, 10 août, attelages anglais, allemands, français, normands, poitevins, chevaux de service.

Landes. — Saint-Justin, 25, 26 et 27 juillet, petits chevaux légers de Gascogne et des Pyrénées, poneys des Landes; considérable; il s'y vend plus de 2,000 chevaux et mulets.

Loire-Inférieure. — Nantes-Pont-Rousseau, 26 juillet, chevaux légers de trait léger, poneys du Bocage et de la Montagne ; très importante.

Loiret. — Beaugency, 22 juillet, chevaux de service de peu de valeur.

Montargis, 21 juillet, la Madeleine, attelages normands et allemands, vendus dans les écuries par les marchands de chevaux.

Lot. — Gramat, dernier vendredi de juillet, petits poneys des Landes.

Lot-et-Garonne. — Tonneins, 25 juillet, chevaux légers de demi-sang ; 10 août, même composition que le 17 juin.

Manche. — Bréhal, 22 juillet, la Saint-Clair, chevaux légers de trait et de service.

Saint-Lô, 12 juillet, la Madeleine, chevaux et juments de trait léger.

Marne. — Reims, 23 juillet, chevaux étrangers et chevaux français de luxe, chevaux de gros trait et d'omnibus.

Haute-Marne. — Langres, 15 juillet, chevaux de culture et de trait.

Mayenne. — Mayenne, 21 juillet, la Madeleine, chevaux de trait léger, poneys de Préz-en-Pail, de Domfront et de Carrouges.

Morbihan. — Auray, deux foires importantes, 22 juillet et 4 août, chevaux de trait léger, de poste et de service, bidets des Landes.

Josselin, dernier samedi de juillet, chevaux de trait léger.

Nièvre. — Châtillon-en-Bazois, 31 juillet et 1er août, chevaux de service de tout âge et de toute provenance, achetés par les marchands de Provence et d'Auvergne.

Decize, 1er juillet, 13 août, excellentes pour les poulains morvandiaux de six mois à deux ans.

Nord. — Cambrai, 24 juillet, grande réunion de chevaux de trait.

Douai, 22 juillet, chevaux entiers, hongres et juments de trait.

Herzeele, 15 août, chevaux et poulains de trait; considérable.

Valenciennes, 20 juillet, chevaux entiers, hongres et juments de trait.

Oise. — Clermont, 10 août, la Saint-Laurent; chevaux entiers; importante.

Orne. — Argentan, le 1ᵉʳ août, la Saint-Pierre-aux-Liens; chevaux de trait, de poste et de service, chevaux à deux fins; importante.

Bellesme, le 10 août, la Saint-Laurent; variétés de chevaux de trait.

Mortagne, le samedi après le 25 juillet; chevaux de trait léger, d'espèce percheronne de deux et trois ans.

Pas-de-Calais. — Guines, 1ᵉʳ août; chevaux de trait.

Marquise, 25 juillet; chevaux de trait; importante.

Samer, 24 juillet; poulains de trait; importante.

Hautes-Pyrénées. — Castelnau-Magnoac, 26 juillet; chevaux légers du Midi, poulains, pouliches, mules et mulets; très importante.

Puy-de-Dôme.—Clermont, 15 août; poulains d'un an, d'Auvergne.

Haute-Savoie.—Taninges, 26 juillet; chevaux de trait léger et de culture.

Seine. — Le Tattersall, tous les jeudis, vente aux enchères publiques de chevaux, voitures, harnais, équipages de chasse.

Maison Lyon-Chéri, vente aux enchères, tous les mercredis, de chevaux de courses et de haut luxe.

Le Marché aux Chevaux, tous les mercredis et les samedis, de deux à cinq heures.

Seine-Inférieure. — Bacqueville, deuxième mardi de juillet, chevaux de trait, étalons de même espèce vendus après la monte.

Fauville, 25 juillet et 7 août; chevaux et juments de gros trait, poulains boulonnais et normands de quinze à dix-huit mois.

Deux-Sèvres. — Bressuire, 25 juillet; chevaux de service; très considérable.

La Mothe-Saint-Héraye, premier jeudi d'août; poulains, pouliches, mulets.

Somme. — Abbeville, 22 juillet, La Madeleine; le mardi le plus rapproché du 22; poulains de lait, étalons et chevaux de trait; importante.

Tarn-et-Garonne. — Castel-Sarrasin, 9 août; chevaux bretons de trait léger, et un très beau choix de poulains distingués.

Montauban, 26 juillet; attelage de luxe anglais, normands, allemands, demi-luxe et du Midi.

Var.—Cogolin, 7 août; chevaux de selle et d'attelage légers de demi-sang.

Vendée.— Fontenay, le 2 août; chevaux de tout âge et poulains de trois ans.

Luçon, 25 juillet; poulains et pouliches de deux à trois ans.

L'Oie, le deuxième mercredi de chaque mois, chevaux et juments bretonnes.

Sallertaine, 20 et 22 juillet, poulains de deux ans, pouliches de trois ans et au-dessus; considérable.

Vienne.—Châtellerault, 16 août, la Saint-Roch; peu importante pour les chevaux.

Charroux, 9 août; ordinaire pour les chevaux, mais très importante pour les autres animaux.

Montmorillon, le 23 juillet; chevaux de toutes espèces.

Yonne. — Champignolles, 28 juillet; chevaux, poulains et pouliches.

Toucy, le premier samedi d'août, chevaux de quatre à cinq ans, destinés au service de Paris.

A L'ÉTRANGER. — Brunswick, 1er août; réunion immense de chevaux de Mecklembourg et du Holstein.

Aisne — Chauny, 29 août; chevaux de trait, grand nombre de poulains.

Allier.—Moulins, 30 août; nombreuse réunion de chevaux de toute espèce et pour tous les services.

Hautes-Alpes. — Saint-Bonnet, dernier lundi d'août; chevaux de trait, mules et mulets; très importante.

Ariège. — Mirépoix, 30 juillet; chevaux légers, mules et mulets.

Pamiers, 3 septembre; chevaux faits, poulains et pouliches.

Aude. — Limoux, 9 septembre; chevaux de selle du pays et des Landes.

Castelnaudary, 10 septembre; chevaux de deux ans, du pays et de trait; bonne foire, dure deux jours.

Aveyron. — Saint-Affrique, 14 septembre; réunion spéciale pour la vente des poulains.

Bouches-du-Rhône.—Marseille, 31 août; chevaux de luxe, anglais, allemands et normands, chevaux de gros trait et de trait léger.

Calvados.—Falaise (La Guibray), du 7 au 15 août; attelages hanovriens, hollandais et français. Les chevaux de l'Orne, de la Manche et du Calvados, de l'âge de quatre à cinq ans, sont tous amenés à cette réunion, qui est une des plus considérables de la France.

Cher.—Les Aix-d'Angillon, 29 août; poulains de trait léger et de trait.

La Guerche, 1er septembre; bonne foire, composée de chevaux légers et de quelques bonnes juments.

Sancerre, le 1er septembre; chevaux et juments de trait léger, de trois à huit ans.

Corrèze. — Lagraulière, 1er et 15 septembre; vente de chevaux du Limousin. A la foire du 15 septembre on trouve un grand nombre de Bretons, de Berrichons, des mules et des mulets.

Moissac, 14 septembre; chevaux de luxe allemands et normands.

Dordogne.—La Laitière, 10 septembre; chevaux normands, allemands et anglais, chevaux du Midi, du Poitou et de la Bretagne; très importante.

Périgueux, le 8 septembre; chevaux de luxe anglais, allemands, normands et du Mecklembourg; chevaux Limousin, grand nombre de Bretons de trait léger.

Eure. — Pont-Audemer, 1er septembre, la Saint-Gilles; chevaux de gros trait et de trait léger.

Vernon, 8 septembre, chevaux de trait léger et de poste.

Eure-et-Loir. — Bonneval, la Saint-Gilles, 1er septembre, chevaux et juments de trait léger et de poste.

Chartres, 24 août, la Saint-Barthélemy, chevaux et juments de poste et de service.

Dreux, la Saint-Gilles, 1er septembre, pour chevaux entiers de trait léger et de poste.

Finistère. — Le Folgoët, le 29 août et le 9 septembre, pour chevaux bretons de tout âge et de toute espèce.

Gard. — Saint-Gilles, la Saint-Gilles, 1er septembre, chevaux camargues, chevaux bretons de trait léger, très bons de service.

Haute-Garonne. — Fronton, le 16 août, chevaux légers de service, du Midi, pour la selle et la voiture.

Toulouse, 24 août, la Saint-Barthélemy, attelages de luxe étrangers et français, et chevaux de selle de tous les pays; mules et mulets.

Villefranche, 16 août, chevaux légers, de service, du Midi.

Gers. — Riscles, 20 août, chevaux de service du Midi et particulièrement des poneys des Landes.

Gironde. — Bernos-en-Saint-Laurent, 25 août. Cette foire,

qui a lieu dans la nuit du 24 au 25, n'est composée que d'un ramassis immense de mauvais chevaux.

Bourg, 1er septembre, réunion très importante de chevaux de service, la meilleure du Blayais ; dure huit jours.

Lamarque, 24 août, chevaux médiocres de tout âge, du Blayais ; poulains de même race ; poneys des Landes.

Saint-Estèphe, 6 septembre, chevaux de service de tout âge, poulains de demi-sang de un et de deux ans.

Ille-et-Vilaine. — La Guerche, 13 septembre, poulains de lait et de dix-huit mois.

Rennes, 1er septembre, chevaux de trait et de trait léger,

Indre. — La Berthenoux, 8 septembre, chevaux du pays, de taille moyenne.

Rosny, 25 août, une des meilleures foires du centre, réunion énorme de chevaux, juments et poulains.

Indre-et-Loire. — Montrésor, 16 août, grand choix de poulains du Poitou.

Isère. — Beaucroissant, 14 septembre, chevaux de culture, poulains et pouliches de lait, jeunes mules et mulets.

Landes. — Saint-Justin, 19, 20 et 21 août, petits chevaux légers de la Gascone et des Pyrénées, poneys des Landes.

Villeneuve-de-Marsan, deuxième mercredi de septembre, ou le 9, poneys des Landes.

Loir-et-Cher. — Blois, 25 août, très grande foire, mais sans couleur locale.

La Ferté-Beauharnais, 24 août, chevaux et juments de race percheronne, de trait léger.

Vendôme, 10 septembre, chevaux percherons de service, de trait léger et de poste, quelques bretons.

La Ville-aux-Clercs, 24 août, juments de service percheronnes, poulains de lait et antenais de la même race.

Loire-Inférieure. — Nantes, 2 septembre, attelages anglais, allemands et normands, bretons de trait léger et de poste.

Saint-Julien-de-Courcelles, 24 août, même composition et même importance que la précédente.

Loiret. — Beaugency, 1er septembre, chevaux de service, nombreux.

Châtillon-sur-Loing, 14 septembre, grand concours de poulains berrichons et solognots; considérable.

Lot. — Figeac, bonne foire, tous les 15 de chaque mois, pour chevaux de service du pays, du Quercy et des Landes.

Gramat, mercredi après l'Assomption, grand choix de chevaux limousins.

Lot-et-Garonne. — Nérac, 26 août, chevaux légers de la Gascogne, poneys des Landes, mules et mulets; dure trois jours.

Maine-et-Loire. — Baugé, 1er septembre, spécialité de chevaux de service.

Vihiers, le 28 août, poulains d'un an de demi-sang.

Manche. — Lessay, 11 septembre, poulains de demi-sang antenais, juments de service de la Hague; très importante.

Haute-Marne. — Langres, 18 août, poulains et pouliches de deux à trois ans, de demi-sang, de gros trait et de trait léger.

Mayenne. — Château-Gontier, 30 août, chevaux de trait et poulains et pouliches de même race, en très grand nombre.

Laval, 8 septembre, chevaux de trait de tous les âges et de toutes les spécialités, dure huit jours.

Meurthe-et-Moselle. — Toul, 4 septembre, chevaux de toute espèce, mais principalement de trait, de tous les pays.

Morbihan. — Josselin, dernier samedi d'août, chevaux de trait léger et de poste, bidets de service des Landes et des grèves du Morbihan.

Vannes, 22 août, même composition que la précédente.

Nièvre. — Decize, 6 septembre, poulains morvandiaux de six mois à deux ans.

Montigny-sur-Cane, 25 août, chevaux et juments de trait, poulains et pouliches de un à deux ans.

Saint-Révérien, 8 septembre, chevaux d'armes et de trait.

Nord.—Bourbourg, troisième mardi de septembre, chevaux de trait et poulains et pouliches de deux ans.

Cambrai, 24 août, grande réunion de chevaux de trait et de service.

Le Cateau-Cambrésis, 22 août, chevaux entiers, hongres et juments de trait.

Douai, 22 août, même composition que la précédente.

Valenciennes, le 20 août, chevaux entiers, hongres et juments de trait.

Orne. — Laigle, 8 septembre, chevaux et juments de trait léger.

Pas-de-Calais. — Pittefaux, 25 août, chevaux de trait; importante.

Fiennes, 9 septembre, chevaux et poulains de trait.

Haute-Savoie. — Mégrève, 25 août, grand nombre de poulains, de mules et de mulets.

Saint-Félix, 29 août, chevaux de trait léger et de culture.

Saint-Pierre-de-Romilly, même composition que la précédente.

Seine. — Paris. Le Tattersall, tous les jeudis, ventes aux enchères publiques de chevaux, voitures, harnais, équipages de chasse, etc.

M. Lyon-Chéri, vente aux enchères publiques, tous les mercredis.

Le Marché aux chevaux, tous les mercredis et les samedis, de 8 à 5 heures, vente de chevaux de trait et juments de poste et de trait.

Seine-Inférieure. — Montivilliers, 15 septembre, jeunes chevaux de race et de trait.

Deux-Sèvres. — Bressuire, 27 août, chevaux de service de peu de valeur.

Champdeniers, 24 août, chevaux poitevins et bretons, pouliches mulassières, mules et mulets.

La Mothe-Saint-Iléraye, premier jeudi de septembre, poulains, pouliches, mules et mulets.

Somme. — Abbeville, le dernier mercredi d'août, étalons et chevaux de trait.

Gamaches, premier mercredi de septembre, chevaux de trait de toute espèce.

Montdidier, le mercredi après le 8 septembre, chevaux de gros trait.

Tarn-et-Garonne. — Moissac, 1er septembre, chevaux de demi-sang du Midi.

Vendée. — La Garnache, 15 septembre, poulains de dix-huit mois à trois ans.

Luçon, 26 août, poulains et pouliches de deux à trois ans.

Luçon, 9 septembre, même composition que la précédente.

L'Oie, deuxième mercredi de septembre, chevaux et juments bretons, achetés pour Bordeaux et le Midi ; grand nombre de poulains allant dans le Bas-Poitou et le Berry.

Vienne. — Châtellerault, 16 août, la Saint-Roch, chevaux de peu de valeur.

Montmorillon, le 25 août, chevaux de toute espèce.

Yonne. — Avallon, 29 août, chevaux et poulains de trait, vendus les premiers pour Paris, les seconds pour la Nièvre.

Sens, 4 septembre, chevaux de quatre à cinq ans, amenés dans l'Yonne à deux ans et venant des départements voisins.

Toucy, le 30 août, chevaux de quatre et cinq ans destinés aux services de Paris ; 1er septembre, même composition.

Foires a l'étranger. — Angleterre : Horn-Castle, du 14 au 16 août, chevaux irlandais de chasse et d'attelage ; carrossiers du Yorkshire et du Norfolk ; très considérable.

Francfort-sur-le-Mein, le 8 septembre, très grande réunion de chevaux de luxe et de service.

Aisne. — La Fère, 25 septembre, chevaux de gros trait. Considérable.

Hautes-Alpes. — Gap, 18 septembre, chevaux et juments de trait; mules et mulets.

Saint-Bonnet, 22 septembre, chevaux de trait et mulets.

Ariège. — Mirepoix, 28 septembre, chevaux légers, mules et mulets.

Tarascon, 30 septembre, remise au lundi quand elle tombe un vendredi ou un samedi; réunion immense d'animaux de toute espèce, ramenés de la montagne par suite de la cessation du pacage. Elle se compose principalement de chevaux légers des Pyrénées, de bretons croisés avec la race du Midi, de poulains, de mules et mulets.

Calvados. — Caen, 27 septembre, la Saint-Michel, chevaux de service et d'attelage de petit luxe; consiste plutôt en poulains de trois ans.

Vire, 27 septembre, la Saint-Michel, réunion considérable de poulains d'un an, bien que les poulains d'âge y soient représentés.

Cantal. — Allanches, 12 octobre, poulains de lait et de dix-huit mois, et chevaux légers de service. Importante, dure trois jours.

Maillargues, 10 octobre, chevaux bretons, chevaux légers et bidets, poulains, mules et mulets exportés du Midi.

Cher. — Aubigny, 27 septembre, réunion nombreuse de chevaux commus et de poulains de la Sologne.

Beaugy, 23 septembre, poulains antenais de trait léger et de gros trait.

Laverdines, 22 septembre, foire nombreuse presque uniquement composée de poulains de trait léger et de gros trait.

Corrèze. — Masseret, 12 octobre, chevaux tarés et usés, de tous pays.

Uzerche, 3 octobre, chevaux normands et du Poitou pour attelages de luxe, chevaux bretons et berrichons.

Côtes-du-Nord. — Lamballe, 9 octobre, juments de poste, de trait léger et de gros trait. Considérable.

Lannion, la Saint-Michel, 29 septembre, poulains et entiers de poste, de trait léger. Très importante.

Eure. — Bourgachard, 21 septembre et le 9 octobre, chevaux de trait léger, de poste et de gros trait.

Eure-et-Loir. — Auneau, 27 septembre, la Saint-Cosme, chevaux de gros trait, de trait léger et de poste.

Chassant, 15 octobre, la Saint-Lubin, chevaux entiers de poste et de trait léger, et pour les petites voitures de Paris.

Courville, foire importante le premier jeudi d'octobre, pour chevaux de trait léger et de poste, comprenant de plus une réunion nombreuse de poulains.

La Loupe, le premier mardi d'octobre, pour chevaux entiers et juments de trait léger et de poste. Cette foire comprend, en outre, une forte réunion de poulains.

Senonches, le lundi 21 septembre, chevaux de poste, de trait léger; bonne réunion de poulains.

Finistère. — Loperhet-en-Grand-Camp, 9 octobre, chevaux de poste, de trait léger et de service, bidets d'allure de la montagne.

Morlaix, 15 et 16 octobre, chevaux et juments de trois ans et au-dessus.

Gard. — Nîmes, 29 septembre, chevaux d'attelage et de trait léger.

Haute-Garonne. — Villefranche, 30 septembre, chevaux légers et de service; nombreuse réunion de mules et de mulets.

Gers. — Aignan, chevaux de demi-sang, du Midi, pour légers attelages, mules et mulets, plus une nombreuse réunion de poulains et de pouliches.

Barcelone, 1er octobre, poneys des Landes, mules et mulets.

Gironde. — Sainte-Hélène, 16 et 17 septembre, foire établie en pleine lande du Médoc, spéciale pour le choix des poneys des Landes.

Ille-et-Vilaine. — Antrain, 9 octobre, chevaux entiers de trait léger, de poste; nombreuse réunion de poulains de même espèce.

Rennes, 1er octobre, chevaux de trait léger et de service.

Le Guerche, la Saint-Denis, le mardi qui suit le 8 octobre, poulains de un et deux ans. Très importante.

Indre. — Issoudun, 25 septembre, poulains importés de un et deux ans: les mêmes poulains sont revendus, de quatre à cinq ans, aux mêmes marchands qui les avaient amenés. — Le 12 octobre, la Saint-Denis, chevaux et juments de trait léger de deux à trois ans.

Jouher, 4 octobre, poulains de trait léger. Considérable.

Indre-et-Loire. — Château-Renault, deuxième mardi d'octobre, chevaux de trait et poulains percherons.

Loches, premier mardi d'octobre, réunion nombreuse de chevaux de service de peu de valeur.

Landes. — Labouheyre, 16 septembre, quantité énorme de bétail, poneys des Landes.

Villeneuve-de-Marsan, deuxième mardi de septembre, poneys des Landes et chevaux de remonte.

Loir-et-Cher. — Montdoubleau, 9 octobre, la Saint-Denis, magnifique réunion de juments percheronnes remarquablement belles.

Lot. — Gramat, 29 septembre, chevaux des Landes et poneys.

Lot-et-Garonne. — Villeneuve-sur-Lot, 13 octobre, chevaux du pays.

Manche. — Avranches, 21 septembre, chevaux de service et réunion nombreuse de bêtes d'un excellent modèle.

La Boutteville, 15 octobre, poulains de six mois et juments de luxe et de service. Très considérable.

Brix, 9 octobre, poulains de lait et juments de poste.

Saint-Côme-du-Mont, 28 septembre, poulains de dix-huit mois; réunion nombreuse de juments de luxe pour la remonte et pour le Midi.

Saint-Floxel, 17 septembre, primes de poulinières à Montebourg, qui sont d'une grande importance, chevaux entiers de deux et trois ans, et juments de luxe pour toute la France. Très considérable.

Marne. — Reims, la Saint-Rémy, 30 septembre, chevaux français de luxe, chevaux étrangers et chevaux de gros trait.

Haute-Marne. — Joinville, 17 septembre, chevaux de trait de tous les âges et de toutes provenances.

Mayenne. — Laubrière, 4 octobre, poulains de lait, d'espèce de trait et poulains de demi-sang. Très bonne.

Morbihan. — Josselin, le dernier samedi de septembre, chevaux de trait léger et de poste, bidets des Landes.

Nièvre. — Montigny-sur-Canne, 14 octobre, chevaux et juments de trait, poulains et pouliches de un et de deux ans.

Nord. — Cambrai, 24 octobre, grande réunion de chevaux de trait et d'agriculture.

Le Cateau-Cambrésis, 22 septembre, chevaux entiers, hongres et juments de trait et de service.

Douai, 22 septembre, même composition qu'à Cambrai.

Valenciennes, 20 septembre, chevaux hongres et juments, poulains et pouliches.

Orne. — Alençon, 12 octobre, primes aux poulinières de demi-sang de la plaine d'Alençon et de la vallée de la Sarthe.

Longuy, 21 septembre, chevaux et juments du genre percheron.

Le Mesle-sur-Sarthe, 11 octobre, primes aux poulinières de la vallée de la Sarthe et des environs de Courtomer; réunion magnifique, de premier ordre.

Mortagne, le premier samedi d'octobre, chevaux et juments de trait léger, d'espèce percheronne. Considérable.

Le Haras du Pin, la Saint-Denis, 9 octobre. Primes aux poulinières de demi-sang du Merlerault, foire aux poulains de même race. Magnifique réunion de premier ordre.

Pas-de-Calais. — Arras, 28 septembre, poulains de trait pour l'exportation.

Saint-Omer, 29 septembre, chevaux de trait. Importante.

Basses-Pyrénées. — Morlaas, 7 octobre, chevaux de demi-sang, légers et de service; bon nombre de poulains.

Orthez, 1er octobre, chevaux légers et poulains de demi-sang, de selle et d'attelage.

Hautes-Pyrénées. — Gèdre, 22 septembre, chevaux légers du Midi, poulains et pouliches, mules et mulets.

Pyrénées-Orientales. — Pratz-de-Mollo, 14 octobre, chevaux légers du pays, poulains et mules achetés pour l'Espagne.

Haute-Savoie. — Rhônes, 23 septembre, chevaux de trait léger et poulains.

Seine. — Paris. Le Tattersall français, rue Beaujon, vente aux enchères, tous les jeudis, de chevaux d'attelage et de selle, harnais et voitures.

Lyon-Chéri, rue de Ponthieu; ventes, aux enchères publiques, de chevaux de chasse et d'attelage, harnais et voitures, tous les mercredis.

Le Marché aux chevaux; vente de chevaux de toute espèce et de service, tous les mercredis et samedis.

Seine-Inférieure. — Bolbec, 1er octobre, poulains de six mois d'espèce de trait.

Fauville, 18 septembre, chevaux de trait et de poste.

Ingouville, 29 septembre, poulains de six mois et d'un an. Considérable.

Montvilliers, 21 septembre, chevaux de race de trait.

Valmont, la Saint-Denis, 7 octobre, chevaux de trait et poulains. Importante.

Seine-et-Oise. — Versailles, 8 octobre, chevaux de luxe et de service d'origine française.

Deux-Sèvres. — La Mothe-Saint-Héraye, 1er jeudi d'octobre, mules, poulains, pouliches, bétail de toutes sortes.

Somme. — Doullens, 20 septembre, gros chevaux de trait. Importante.

Gamaches, premier mercredi d'octobre, chevaux de trait de toute espèce.

Rue, 1er octobre, poulains de trait de six à dix-huit mois.

Tarn-et-Garonne. — Montauban, 13 octobre, chevaux de toutes races et pour tous les services.

Vendée. — Fontenay, 12 octobre, chevaux de tous les âges, principalement des poulains de deux, trois et quatre ans; mules et mulets.

Vienne. — Montmorillon, 25 septembre, chevaux de toute espèce.

Yonne. — Avallon, 29 septembre, chevaux et poulains de trait.

Joigny, 1er octobre, chevaux de trait de quatre à cinq ans pour les omnibus. Très importante.

Foires a l'étranger. — Howden, 20 septembre, chevaux de grand et moyen luxe et de service, de chasse et de selle. Très importante. Étalons du Norfolk.

Kiel, octobre, réunion immense pour chevaux du Mecklembourg, du Luxembourg, du Schleswig et du Holstein.

Leipzig, 29 septembre, chevaux de toute espèce. Très considérable.

Ain. — Belley, 8 novembre, poulains de lait et chevaux d'espèce de trait. Très importante.

Bourg, premier mercredi de novembre, 11 novembre, la Saint-Martin, poulains de lait. Importante.

Basses-Alpes. — Forcalquier, 31 octobre, nombreuse, spécialité pour les jeunes mules.

Hautes-Alpes. — Gap, la Saint-Martin, 11 novembre, chevaux de trait, poulains et mulets.

Ariège. — Foix, 4 novembre, chevaux légers, poulains, mules et mulets. Très importante.

Saint-Girons, 2 novembre, chevaux faits de la montagne. Poulains et pouliches, mules et mulets.

Aude. — Chalabre, 18 octobre, chevaux de selle.

Calvados. — Argences, la Saint-Luc, 17 et 18 octobre. Primes de poulinières et poulains de six mois; réunion de premier ordre.

Bayeux, foire des Morts, 2 et 3 novembre. Primes de poulinières la veille de la foire. Juments de luxe et de service. Poulains antenais. Importante.

Caen, 28 octobre, la Saint-Simon, poulains de dix-huit mois et chevaux de troupe et de service.

Orbec, 7 novembre, poulains de trait léger et de trait.

Cantal. — Aurillac, la Saint-Géraud, 16 octobre, poulains de lait et de dix-huit mois, chevaux légers, mulets, s'exportant pour le Midi, bétail; très considérable, dure trois jours.

Saint-Flour, 13 novembre, mêmes importance, composition et débouchés qu'à la Saint-Géraud, à Aurillac.

Charente-Inférieure. — Rochefort, 11 novembre, chevaux et juments de service du Marais. Considérable; dure huit jours.

Corrèze. — Lagraulière, 19 novembre, vente considérable de poulains et d'antenais de la même race.

Côtes-du-Nord. — Lamballe, 23 octobre, chevaux entiers, juments et poulains de gros trait, de trait léger et de poste. Considérable.

Dordogne. — Bergerac, 12 et 13 novembre, la Saint-Martin, attelages allemands et normands; chevaux de demi-sang, du Limousin, du Médoc, du Périgord. Très considérable.

Doubs. — Baume-les-Dames, 30 octobre, chevaux de service, poulains de lait et antenais. Très importante.

Drôme. — Montélimar, 13 novembre, bonne foire de chevaux de trait et de service.

Eure. — Bourgachard, 9 novembre, chevaux de gros trait, de trait léger et de poste.

Louviers, 11 novembre, chevaux de trait léger et de gros trait.

Pont-de-l'Arche, 25 novembre, chevaux de trait.

Eure-et-Loir. — Auneau, le 2 novembre, la Toussaint, chevaux de poste et de trait léger.

Courville, premier jeudi de novembre, chevaux de trait et de trait léger.

Gers. — Cazaubon, 6 novembre, poulains de lait, mais plus particulièrement des mules. Très considérable.

Lectoure, 11 novembre, la Saint-Martin, chevaux légers du Midi; mules et mulets; dure deux jours.

Lombez, 25 octobre, peu importante pour les chevaux; considérable pour les mules; dure deux jours.

Masseube, 7 novembre, foire spéciale pour les mules.

Mauvezin, 4 novembre, poulains de lait, mais particulièrement des mules. Considérable.

Riscles, 11 novembre, la Saint-Martin, chevaux légers du Midi, mules et mulets. Très importante.

Mirande, le lundi après la Saint-Denis, chevaux légers du Midi, poulains, mules et mulets. Importante.

Vic-Fesenzac, 4 novembre, chevaux légers du Midi, petits chevaux des Landes, mules et mulets.

Gironde. — Libourne, 11 novembre, chevaux allemands, normands et bretons.

Ille-et-Vilaine. — Cesson, 22 novembre, jeunes chevaux entiers de trait léger.

Dol, 20 octobre, chevaux entiers de trait léger.

Fougères, la Saint-Simon, 28 octobre, chevaux de trait léger, grand nombre de poulains.

Redon, 25 octobre, chevaux de trait léger et de poste.

Rennes, 1ᵉʳ novembre, chevaux de trait léger.

Indre. — Le Blanc, 10 novembre, poulains de lait.

Écueillé, 19 octobre et 4 novembre, poulains.

Levroux, 25 octobre, poulains de trait léger.

Le Pont-Saint-Marcel, 5 novembre, chevaux et poulains de trait léger.

Vatan, 20 octobre, chevaux de service.

Landes. — Saint-Géours-de-Maremne, deuxième lundi de novembre, petits poneys des Landes.

Loir-et-Cher. — Droué, 28 octobre, poulains de lait.

Vendôme, 12 novembre, chevaux de trait et poulains de lait.

La Ville-aux-Clercs, 4 novembre, poulains de lait et antenais, de race percheronne.

Manche. — Airel, 20 octobre, poulains de lait.

Haute-Loire. — Le Puy, la Toussaint, 2 novembre, chevaux de luxe et de service, normands, bretons et allemands, poulains demi-sang, mulets de six mois sous le noms de jetons.

Loiret. — Meung, 9 novembre, poulains du Berry et de la Sologne.

Lot. — Gramat, 31 octobre, grand choix de chevaux limousins, auvergnats et demi-sang légers du pays.

Lot-et-Garonne. — 29 octobre, chevaux de la Guyenne et des Landes.

Maine-et-Loire. — Angers, la Saint-Martin, 12 novembre. Très considérable.

Haute-Marne. — Langres, 25 octobre, chevaux et juments de culture, vendus pour la plaine de Sens.

Meurthe. — Toul, deuxième lundi de novembre, chevaux de gros trait du Luxembourg, de la Lorraine et des Ardennes.

Morbihan. — Josselin, le dernier samedi d'octobre, chevaux de trait léger, de poste et de service.

Nièvre. — Cosne, 7 novembre, chevaux de gros trait.

Decize, 29 octobre, poulains morvandiaux de six mois à deux ans. Importante.

Montigny-sur-Canne, 14 et 15 octobre, chevaux de trait léger, poulains, pouliches de un à deux ans.

Saint-Révérien, Le 18 octobre, chevaux d'armes et de trait. La remonte y achète.

Saint-Saulge, 10 novembre, bons chevaux, mais surtout renommée pour les bons poulains qui s'y trouvent.

Nord. — Cambrai, 24 octobre, grande réunion de chevaux de trait et d'agriculture.

Le Cateau–Cambrésis, 22 octobre, chevaux entiers, hongres et juments de trait.

Douai, 25 octobre, chevaux et juments de trait.

Valenciennes, 20 octobre, poulains et pouliches de trait.

Oise. — Saint-Just, la Saint-Luc, 19 octobre, poulains normands, percherons et boulonnais. Considérable.

Orne. — Argentan, la Foire des Morts, 3 novembre, chevaux et juments de trait léger.

Bellesme, La Saint-Simon, 28 octobre, chevaux et poulains d'espèce percheronne.

Laigle, La Saint-Martin, 11 novembre, poulains de trait et de trait léger.

Pas-de-Calais. — Ambleteuse, 25 octobre, poulains de trait.

Fruges, 25 octobre, poulains de trait. Importante.

Saint-Léonard, 3 novembre, chevaux et poulains de trait.

Wisant, 29 octobre, poulains de trait de dix-huit mois.

Basses-Pyrénées. — Pau, 11 novembre, la Saint-Martin; attelages de luxe, normands, allemands, percherons, mules et mulets. Considérable.

Hautes-Pyrénées. — Bagnères, 11 novembre, la Saint-Martin, chevaux légers de demi-sang, mules et mulets.

Pyrénées-Orientales. — Pratz-de-Mollo, 14 octobre, chevaux légers, poulains.

Saint-Laurent-de-Cerdans, 21 octobre, chevaux légers, pouains, mulets.

Lourdes, 3 octobre, chevaux de service.

Saône-et-Loire. — Chalon, 30 octobre, chevaux et poulains de trait.

Verdun-sur-Doubs, 28 octobre, poulains de trait.

Sarthe. — Le Mans, la Toussaint, 3 novembre, chevaux allemands et normands ; dure huit jours.

Seine-Inférieure. — Criquetot, 2 novembre, chevaux de service.

Neufchâtel, 8 novembre, chevaux de service.

Rouen, 28 octobre, la Saint-Romain, considérable pour chevaux anglais, français, allemands et juments du pays.

Totes, 8 novembre, juments de culture.

Yvetot, La Saint-Luc, 18 octobre, chevaux et poulains de trait,

Deux-Sèvres. — Saint-Romans-les-Melles, 3 novembre, mules et jeunes poulains.

Somme. — Albert, 28 octobre, Saint-Simon, chevaux de toutes espèces et poulains de trait.

Rue, 6 novembre, poulains de trait.

Vendée. — Moutiers-les-Maufaits, le dernier lundi d'octobre, poulains de dix-huit mois et de trois ans.

L'Oie, le deuxième mardi de novembre, chevaux du Bocage et juments bretonnes.

Saint-Gemme-la-Plaine, 22 octobre, poulains et pouliches.

Vienne. — Montmorillon, 25 octobre, chevaux de toutes espèces.

Poitiers, 18 novembre, la Saint-Luc, attelages normands de luxe. Considérable.

Yonne. — Chéroy, 19 octobre, chevaux de trait léger.

Saint-Sauveur, 31 octobre, la Saint-Nicolas, chevaux de trait de quatre à cinq ans.

Toucy, le premier samedi de novembre, chevaux de quatre et cinq ans, destinés au service de Paris.

Ain. — Bourg, premier mercredi de décembre, poulains de

lait, d'espèces de trait. — Pont-de-Vaux, 14 décembre ; grand nombre de chevaux de toute provenance ; importante.

Ariège. — Foix, 9 décembre, chevaux légers de demi-sang, poulains, mules et mulets. — Tarascon, 15 décembre, chelégers de la montagne, poulains et pouliches, mules et mulets.

Aude. — Carcassonne, le 25 novembre, la Sainte-Catherine, chevaux de luxe et à deux fins ; considérable.

Aveyron. — Gabriac, 18 novembre, mules, poulains et chevaux de service.

Calvados. — Trévières, troisième jeudi de novembre, juments et poulains de lait de dix-huit mois ; très importante.

Cher. — Bengy, 24 novembre, poulains entiers de trait ; importante. — Mehun, 30 novembre, nombreuse, grande foire, sans type marqué.

Corrèze. — Lagraulière, 19 novembre, chevaux limousins et poulains de lait. — Masseret, 12 décembre, chevaux de service, de peu de valeur.

Côte-d'Or. — Semur, 29 novembre, chevaux de trait léger et de gros trait ; poulains de même espèce.

Dordogne. — Montpazier, la Sainte-Catherine, 25 et 28 novembre, chevaux limousins, auvergnats et du Midi, poulains de lait ; considérable.

Doubs. — Pontarlier, deuxième jeudi de décembre, poulains.

Eure. — Evreux, la Saint-Nicolas, 5 décembre, chevaux de poste, de trait léger et de gros trait ; très importante, dure deux jours. — Pont-de-l'Arche, 25 novembre, chevaux de trait de service.

Eure-et-Loir. — Chartres, 25 novembre, la Saint-André. Réunion exceptionnelle pour le choix des étalons achetés dans les fermes pour le compte des marchands et notamment de M. Adolphe Rivière, de Paris, qui monopolise ces chevaux. Cette foire est une des plus considérables de France ; il s'y fait pour plus de trois millions d'affaires. — Courtalain, 25 novembre, la Sainte-Catherine, chevaux entiers et juments percheronnes de trait léger et de poste, poulains de lait.

Finistère. — Morlaix, deuxième samedi de décembre, chevaux et juments de trait léger et de poste.

Gard. — Bagnols, 23 novembre, chevaux de trait, mules et mulets; très importante.

Haute-Garonne. — Fronton, 9 décembre, chevaux de service, poulains de lait, mules et mulets. — Haute-Rive, 15 décembre, chevaux de demi-sang du Midi, mulets. — Toulouse, la Saint-André (29 novembre), attelages de luxe, étrangers et français, comprenant les chevaux anglais, allemands et normands.

Gers. — Condom, 25 novembre, la Sainte-Catherine, chevaux légers du Midi, mulets. — Vic-Fesenzac, 5 décembre, chevaux légers du Midi, mules et mulets.

Indre. — Écueillé, 14 décembre, spécialité pour la vente des poulains.

Jura. — Lons-le-Saunier, 15 décembre, chevaux de trait de tout âge, surtout spéciale pour les poulains.

Loir-et-Cher. — Droué, 5 décembre, la Saint-Nicolas, poulains percherons. — La Ville-aux-Clercs, le 17 novembre, poulains de lait et antenais.

Loiret. — Pithiviers, 18 novembre, jeunes chevaux percherons; considérable. — Orléans, 18 novembre, dure huit jours, n'offre que des chevaux de trait.

Lot. — Gramat, 5 décembre, petits poneys des Landes.

Lot-et-Garonne. — Nérac, 16 décembre, chevaux legers des Landes. — Tonneins, 25 novembre, toutes sortes de chevaux pour tous services.

Haute-Marne. — Bourbonne, 10 novembre, chevaux de trait de toute espèce. — Langres, 25 novembre, chevaux de trait et de culture.

Morbihan. — Josselin, le dernier samedi de novembre, chevaux de gros trait, de trait léger et de poste, bidets.

Nièvre. — Corbigny, 14 décembre, chevaux et poulains morvandiaux ; très considérable. — Decize, 29 novembre, excellente pour les poulains de six mois à un an et deux ans.

Nord. — Valenciennes, 20 novembre, poulains et pouliches de trait, de huit à dix-huit mois ; considérable.

Orne. — Argentan, 28 novembre, foire spéciale pour la vente des poulains de lait de demi-sang, de deuxième et de troisième ordre. — Mortagne, 1er et 2 décembre, la Saint-André, poulains et pouliches de demi-sang, poulains de trait léger du Perche. C'est la réunion la plus considérable de France.

Pas-de-Calais.—Montreuil, 22 novembre, poulains de trait ; très importante. — Vittre, 22 novembre, chevaux de trait ; très importante.

Basses-Pyrénées. — Navarrenx, 10 décembre, chevaux de demi-sang légers et poulains.

Hautes-Pyrénées. — Castelnau-Magnoac, deux foires importantes : 19 novembre, chevaux légers demi-sang, poulains et pouliches ; 13 décembre, même composition que les précédentes. — Lourdes, 1er décembre, poulains et mulets, dure trois jours. — Trie, 9 décembre, chevaux légers du Midi, poulains et pouliches, mules et mulets.

Seine-Inférieure. — Saint-Saëns, 24 novembre, chevaux de trait, grand nombre de poulains.

Deux-Sèvres. — Melle, premier samedi de décembre, mules de un à quatre ans. — Niort, la Saint-André, 30 novembre, attelages de beaux anglais, allemands et normands.

Somme. — Nampont, 25 novembre, poulains de lait.

Tarn.—Graullet, 22 novembre, vente de poulains et de mules.

Tarn-et-Garonne. — Moissac, 1er décembre, spécialité pour les chevaux de service de demi-sang. — Montauban, 20 novembre, attelages de beaux anglais et normands.

Vaucluse. — Avignon, chevaux de luxe de tous les pays.
— Carpentras, 29 novembre, chevaux de trait et mulets; importante.

Ain. — Saint-Trivier, 28 décembre, poulains de trait non vendus aux foires précédentes; considérable.

Calvados. — Caen, 28 décembre, foire de Noël, chevaux de 18 mois, chevaux et juments pour la remonte.

Cher. — Bourges, 24 décembre, foire considérable, dure 20 jours, mais sans importance au point de vue des chevaux. — Culan, 29 décembre, grande réunion de petits chevaux propres à atteler à des paniers ou petites voitures.

Corrèze. — Lagraulière, 29 décembre, poulains de lait, antenais, chevaux et juments de service.

Côtes-du-Nord. — Guingamp, 24 décembre, extrêmement importante pour poulains de lait et antenais de trait léger et de poste.

Doubs. — Maiches, troisième jeudi de décembre, poulains de lait de gros trait et de trait léger. — Montbéliard, dernier lundi de décembre, poulains de lait et chevaux de trait; importante.

Eure. — Brionne, le jeudi 17 décembre, chevaux de poste, de trait léger et de gros trait.

Eure-et-Loir. — Épernon, 21 décembre, chevaux de gros trait et de poste.

Gers. — Aignan, 22 décembre, chevaux de demi-sang du Midi, pour légers attelages; mules et mulets. — Lectoure, 7 janvier, chevaux légers du Midi, mules et mulets en grande quantité.

Ille-et-Vilaine. — Fougères, le 30 décembre, chevaux de trait léger et de poste; une belle réunion de poulains.

Indre. — Issoudun, 24 décembre, chevaux légers de 4 et

5 ans. — Levroux, 2 janvier, chevaux communs, importation de poulains d'un an du Poitou.

Indre-et-Loire. — Le Grand-Pressigny, foire très-importante le premier janvier, pour chevaux de service.

Jura. — Lons-le-Saunier, 3 janvier, chevaux de trait léger et de gros trait.

Loiret. — Gien, 4 janvier, poulains de trait léger et de poste.

Lot. — Figeac, le 15 janvier, pour chevaux de service des Landes. — Gramat, 31 décembre, poneys des Landes et poulains ; considérable.

Lot-et-Garonne. — Tonneins, 17 janvier, chevaux de trait et de Gascogne. — Villeneuve-sur-Lot, 28 décembre, chevaux de service du pays.

Maine-et-Loire. — Le 29 décembre, à Brissac, réunion de chevaux angevins et bretons.

Haute-Marne. — Langres, 7 janvier, chevaux de culture et poulains de trait.

Morbihan. — Josselin, dernier samedi de décembre, chevaux de trait léger, de poste et de service.

Nièvre. — Champlemy, 20 décembre, poulains de trait invendus aux foires précédentes. — Corbigny, janvier, chevaux de gros trait et poulains morvandiaux ; considérable.

Nord. — Cambrai, 24 décembre, grande réunion de chevaux de gros trait, de trait léger et d'agriculture. — Le Cateau-Cambrésis, 22 décembre, chevaux entiers, hongres et juments de trait. — Douai, 22 décembre, chevaux et juments de gros trait. — Valenciennes, 20 décembre, chevaux entiers, hongres et jument de gros trait et de service.

Orne. — Longny, le 21 décembre, chevaux entiers de trait léger.

Saône-et-Loire. — Louhans, premier janvier, poulains de 1 et 2 ans, de trait léger, élevés en vue de l'étalonnage.

Seine-Inférieure. — Criquetot, 28 décembre, chevaux de

service et poulains de culture. — Fauville, 22 décembre, chevaux de trait de tous les âges.

Deux-Sèvres. — Celles, 21 décembre, pouliches de 1 à 2 ans, mules et mulets. — Champdeniers, 19 décembre, chevaux poitevins et bretons, pouliches mulassières. — Couhé, le lundi avant le 21 décembre, petites mules, vendues pour l'Auvergne. — La Mothe-Sainte-Héraye, premier jeudi de janvier, mules, poulains et pouliches. — Saint-Maixent, 11 janvier, poulains entiers de 2 à 3 ans. — Sainte-Néomaye, 13 janvier, foire importante; mules et mulets.

Tarn-et-Garonne. — Moissac, 7 janvier, spéciale et renommée pour la vente des poulains. — Montauban, 2 janvier, attelages de luxe anglais, allemands et normands, chevaux légers du Midi.

Foires a l'étranger. — Angleterre. — York, le lundi après le deuxième dimanche de décembre, huit jours avant Noël. Cette foire est immense, et toujours toutes les espèces de chevaux y sont amplement représentées.

Cheval tarpan ou à l'état sauvage.

CHAPITRE XV

Conclusion.

Les auteurs, nos devanciers, terminaient invariablement les études, mémoires, enquêtes ou livres qu'ils publiaient par une sortie éloquente sur la dégénérescence de nos races chevalines. Il n'est pas jusqu'aux documents émanés des diverses législations ou des administrations, jusqu'aux rapports des commissions qui ne constataient le dépérissement de nos vieilles races nationales.

En 1806, Regnault de Saint-Jean-d'Angély s'exprimait ainsi : « Plus on examine les causes de la décadence des races de » chevaux, plus on voit que la première et presque la seule » vient de la division des propriétés. »

Huzard en l'an X, M. de Maleden en 1802, Lafont-Pontoti, Bohan, avant la Révolution, déploraient également la perte de nos richesses hippiques. En 1770, Bourgelat s'écrie : « Nos » établissements sont en quelque sorte détruits, et les vraies » races françaises sont absolument atteintes. » Il y a trente ans, un hippologue éminent jetait le même cri de détresse, et répétait : « La plupart de nos races sont abâtardies ou dégé- » nérées. »

Nous sommes heureux de n'avoir pas à rééditer la même antienne. Le voyage d'exploration que nous venons d'accomplir à travers les races de trait nous a permis au contraire de constater que l'élevage du cheval était partout en progrès chez

(Les races de trait). 23

nous. Partout nos races chevalines se sont modifiées, s'inspirant de la consommation qu'elles sont appelées à satisfaire, comme la civilisation qui va toujours en progressant et dont elles sont les instruments nécessaires et variables, et parmi ces races diverses celles qui, en changeant à propos leurs formes, leurs aptitudes, se sont trouvées capables de répondre à des exigences d'un autre ordre et de rendre de nouveaux services, ont conservé toute leur valeur et même ont pu l'accroître, tandis que les autres n'ayant pas réussi à se transformer sont demeurées stationnaires au milieu du mouvement général; puis bientôt délaissées, même en gardant leurs anciennes qualités, ont perdu une partie de leur utilité, de leur clientèle et de leur prix.

De nombreuses transformations se sont produites répondant au nouveau mode de traction employé par le commerce, par l'industrie, les particuliers et l'agriculture elle-même qui réclamaient un nombre considérable d'animaux du type nouveau, de structure et de facultés différentes. La production nouvelle s'est développée non seulement dans son foyer principal, au Nord et à l'Ouest, mais elle s'est étendue à l'Est, dans le Centre et jusque dans le Midi, gagnant et occupant peu à peu une partie du terrain qu'avait gardé jusque-là le cheval de selle. Pour tous les esprits non prévenus et désintéressés, il y a donc progrès à l'heure actuelle. Nos vieilles races indigènes, si précieuses, ne sont pas descendues du haut rang qu'elles ont occupé dans le passé; quelques-unes même, par une heureuse transformation se sont plutôt élevées sur l'échelle hippique. Si d'autres, le petit nombre, se sont affaiblies ou éteintes, c'est qu'elles n'avaient plus leur utilité qui était leur raison d'être, que les *races d'un pays ne se perdent ou ne se conservent que lorsque le commerce les abandonne ou les recherche.*

Il y a lieu d'attribuer une très grande part dans le progrès aux notions plus exactes que l'on a aujourd'hui en France de l'élevage spécialisé, de l'importance primordiale des origines, et du soin à apporter dans le choix des procréateurs.

Il y a vingt ans encore le mot « race » faisait sourire ceux qui ne voyaient là qu'une invention de doctrinaire désireux de se particulariser. On ne croyait qu'aux espèces communes, nées du hasard des influences climatériques produisant une descendance variable et problématique. L'aviculture n'était pas encore vulgarisée en France. Ces belles variétés de poules, de canards et de pigeons, si justement recherchées aujourd'hui dans nos basses-cours françaises, étaient inconnues. Les races canines si multiples, si spécialisées depuis quelques années, étaient comprises sous sept ou huit dénominations génériques, en dehors des chiens de meute que la vénerie française avait eu intérêt à sauver de l'abâtardissement. L'apparition du journal *l'Acclimatation*, il y a 14 ans, a puissamment contribué au développement des idées nouvelles; son succès toujours croissant a décidé du triomphe de l'élevage spécialisé en France. C'est lui qui a eu raison d'une des erreurs les plus accréditées parmi les éleveurs, tendant à faire considérer l'animal de pur sang comme un être phénoménal, créé artificiellement, sorte de bête nerveuse et délicate, réclamant une hygiène particulière, une alimentation spéciale, et ne pouvant s'accommoder du régime ordinaire auquel sont soumis les autres animaux entretenus dans la ferme. Il a démontré victorieusement que l'animal de pur sang est surtout un être dont l'origine ancienne, attestée par des registres généalogiques, donne la certitude que, de longue date, ses ancêtres ont toujours été accouplés dans des conditions particulières, et dans le but de fixer, chez leurs descendants, certaines qualités et certaines aptitudes recherchées et voulues par les éleveurs. C'est ainsi qu'on est arrivé en France à faire cas de la « race », synonyme de transmission par hérédité. La sélection n'est plus un mot vide de sens pour la plupart des éleveurs et le croisement une fantaisie dans l'accouplement. On procède désormais avec plus de réflexion et de méthode.

Dans ces conditions, l'industrie qui s'adonne à la production et à l'élève du cheval de trait, déjà la plus profitable et la plus prospère de toutes, voit son importance grandir et de nouveaux débouchés s'ouvrir devant elle. L'éleveur de l'animal de trait était déjà plus favorisé que celui qui travaille en vue de l'armée et du luxe, il trouvait un suffisant encouragement dans le profit assuré que lui procurait un produit facile à obtenir et à placer, gagnant de bonne heure sa nourriture, se formant en travaillant, exigeant peu de soins avant d'être livré à la consommation ; il bénéficie à l'heure présente de la plus-value qu'il a su donner à la marchandise. La vogue de nos races de trait est indéniable. D'un côté ce sont les Américains qui enlèvent, au prix moyen de 10,000 francs, nos étalons percherons de tête ; de l'autre il est prouvé aujourd'hui que la France possède les meilleurs chevaux de l'Europe pour le service des omnibus et des tramways, qu'il n'en existe nulle part de moins longs des reins, de plus solidement charpentés, de mieux musclés, et la preuve c'est que toutes les Compagnies de tramways du nord de l'Allemagne, et même de la Hollande, viennent se remonter chez nous.

Cette situation privilégiée, au milieu de la crise agricole que nous traversons, est bien faite pour encourager ceux qui peuvent se livrer à cette branche de l'industrie rurale ; de toutes les productions animales, la production chevaline du trait semble tenir le haut pas, depuis surtout que l'élève du gros bétail a occasionné tant de mécomptes à la suite des importations étrangères et de la concurrence des viandes, beurres, etc., de provenance exotique, qui encombrent nos marchés.

L'élevage toutefois exige pour réussir certaines conditions primordiales qui garantissent son succès.

La première de ces conditions est d'examiner, quand on

veut se livrer à l'élevage du cheval, si le pays où l'on est placé convient à son plus heureux développement et à sa plus saine organisation; car c'est en vain que l'on essaierait de produire de bons chevaux, des chevaux de valeur dans des contrées qui semblent leur être réfractaires. De même qu'on ne fait pas de bon vin partout, on ne fait pas de bons chevaux partout, et principalement des chevaux de vente. Il y a des pays qui sont privilégiés sous ce rapport, et c'est perdre son temps et son argent que de vouloir lutter contre les lois immuables de la nature. Depuis qu'on a voulu faire des chevaux partout, on a éprouvé des déceptions qui ont dégoûté beaucoup de personnes de l'élevage. Nous ne parlons ici que de la naissance et des premiers soins du poulain.

Car, pour l'élevage proprement dit, il peut se faire partout avec de bons soins et une bonne nourriture.

Si tout agriculteur ne peut être producteur, il est loisible à tous d'être éleveur.

La production du cheval en France se fait rarement sur une large échelle et comme industrie unique. Les haras domestiques un peu considérables sont fort rares. L'herbager et le cultivateur se partagent en général l'élevage du cheval en y associant fréquemment celui de l'espèce bovine. Souvent même l'élevage complet ne s'achèvera pas sur une même exploitation.

Le pays d'herbage ordinairement fait naître et revend les poulains tantôt à la première, tantôt à la deuxième année, au cultivateur de la plaine, qui le livre à un travail léger, mais suffisant pour payer son entretien. A trois ans, le poulain part quelquefois dans une ferme nouvelle où des travaux plus rudes, mais accompagnés d'une nourriture plus riche, les préparent à ceux auxquels on les livre à quatre et cinq ans. Dans les contrées dépourvues d'herbage, l'élevage se fait tout entier dans la ferme.

La division de l'industrie chevaline a toujours compté en France de nombreux partisans, parmi les hommes les plus compétents, en tête desquels il y a lieu de citer M. Magne, qui dans son dernier ouvrage : l'*Amélioration des races chevalines*, publié en 1875, a consacré tout un chapitre à cette question. Partant de ce principe que la division de l'industrie équestre est trop générale pour s'être établie sans cause, il indique la nature des contrées qui lui semblent le mieux convenir soit à la production, soit à l'élevage. Nous citons :

« Les contrées qui ont pour lot les terrains primitifs et les terrains de transition, dans lesquels les sources sont nombreuses, les ruisseaux rapprochés, où l'on trouve de larges pelouses, des prairies naturelles, entretiennent économiquement des juments poulinières et font naître beaucoup de poulains. Les larges vallées, riches en alluvions, humides, arrosées par de grands cours d'eau, ainsi que les montagnes où l'hiver est long, la culture difficile et les produits du sol peu variés, sont dans le même cas.

» Tandis que les plateaux des terrains secondaires et des terrains tertiaires, où les sources sont rares, qui n'ont pas de rivières, mais où les céréales donnent de riches produits et où les fourrages artificiels réussissent bien et remplacent, pour nourrir le gros bétail, le foin naturel et le gazon, achètent les poulains qui sont nés dans d'autres contrées et les élèvent en les faisant travailler et en les nourrissant abondamment à l'écurie. La Bretagne, une partie de la Normandie, les plaines du Nord, la vallée de l'Aisne, de l'Oise, de la Meuse, les montagnes du Jura, sont des pays de production ; les plateaux de la Beauce, du Berry, de la Bourgogne, de la Champagne, de l'Ile de France, sont des pays d'élevage. En subordonnant ainsi leur industrie aux influences hygiéniques, les producteurs obtiennent de bons résultats ; ils jouissent d'abord des avantages qui résultent de la division du travail, en produisant en outre un plus grand nombre de chevaux et de meilleurs chevaux que si chaque ferme élevait ceux qu'elle fait naître.

» La division de l'industrie chevaline, dit encore l'ancien directeur de l'École d'Alfort, permet aux producteurs et aux éleveurs de devenir plus habiles ; ils évitent les inconvénients qui résultent du mélange des sexes, en vendant leurs poulains pour donner tous leurs soins aux poulinières ; de leur côté ceux qui achètent les jeunes animaux, étant débarrassés du souci de faire naître, peuvent s'occuper exclusivement de les élever. Les uns et les autres obtiennent de bons résultats et s'évitent de grands embarras. Car obliger les éleveurs du Poitou, de la Bretagne, de la Normandie, à élever leurs poulains, à posséder à la fois juments et étalons, c'est les ruiner, les empêcher de continuer leur industrie si avantageuse. D'un autre côté si les éleveurs de Caen, de la Beauce, des environs de Bourges, sont tenus d'avoir des juments poulinières, ils ne peuvent plus livrer au commerce autant de leurs excellents chevaux. Le grand avantage pour les producteurs et pour les éleveurs de cette division de l'industrie chevaline, est donc de tirer parti des ressources de chaque localité. Bien employer les herbages à la nourriture des juments poulinières et des jeunes poulains ; utiliser les grains à l'élevage des jeunes chevaux payant leur nourriture par leur travail. C'est donc par l'habitude d'utiliser les ressources dont elles disposent, que nos provinces font de si excellents chevaux. Le changement de pays est en outre avantageux, il produit souvent les effets d'un changement de nourriture.

» Toutefois, termine M. Magne, cette division que nous préconisons et dont nous sommes un partisan convaincu, n'est pas sans inconvénient. « Les cultivateurs ne s'occupant que d'élevage, prennent des habitudes de marchands, courent les foires, deviennent maquignons : tandis que les producteurs, assurés de vendre leurs poulains à six ou huit mois, avant que les qualités ou les défauts se soient montrés, avant même l'apparition des maladies héréditaires, attachent bien moins d'importance au choix des producteurs, que s'ils suivaient leurs produits dans leur développement successif jusqu'à quatre et cinq ans. »

Ce sont là des considérations fort justes auxquelles nous adhérons.

Nous y ajouterons quelques corollaires dont il est également nécessaire que l'agriculteur se pénètre, dans une question aussi complexe que celle qui nous occupe.

Une fois placé dans un pays de production, l'éleveur intelligent, qui veut tout à la fois satisfaire ses goûts et faire un commerce lucratif, doit s'attacher à produire l'espèce la plus générale, celle qui réussit le mieux dans la contrée, et qui répond le mieux aux besoins du commerce habituel. Nous avons dit, au début de cette étude, que les races répondaient à des besoins et différaient d'une époque à l'autre; l'éleveur doit donc se conformer aux besoins et aux caprices de son époque autant que le climat et le sol de son pays le permettent. L'éleveur peuplera ses écuries de juments indigènes, espèces du plus beau choix, car c'est du choix des juments que dépend en majeure partie le succès de l'élevage. On n'attache pas assez, en France, d'importance à l'indigénat; c'est pourtant la base de toute amélioration. Depuis quarante ans que l'on fait courir en France, les turfistes ne font que de s'apercevoir que les juments de P. S., nées sur le sol, valaient mieux pour la production que les juments importées.

Cependant il est des circonstances où il est avantageux de modifier complètement la race; on s'attachera dans ce cas à former sa jumenterie de mères dont la provenance se rattachera le plus possible de celles du pays, ou du moins de celle qui vient d'un pays plus chaud; car c'est une loi générale, comme nous l'avons dit dans une autre circonstance, que les races d'un climat plus méridional s'accommodent facilement d'un climat plus humide et plus froid, tandis que les races occidentales ne donnent en général dans un pays chaud que des produits manqués et dégénérés.

Une fois la jument trouvée, il faut choisir l'étalon. C'est le second point important de la production.

L'accouplement de l'étalon et de la jument se fait de deux façons principales : par sélection ou par croisement.

L'amélioration par sélection consiste dans l'accouplement des plus beaux animaux de même espèce et de même race, les plus parfaits, ou plutôt de ceux qui sont doués, au plus haut degré, des qualités que l'on veut perpétuer. Le principe de sélection, écrit le baron Houël, offre de grands avantages sous certains rapports; le cheval le mieux acclimaté de père et de mère est meilleur et plus robuste, sa santé est plus solide; il est moins sujet aux tares, aux déviations des membres; enfin son aptitude au travail est plus grande et son homogénéité plus parfaite. En un mot, c'est la sélection qui fait en partie le mérite de tant de races spéciales vantées pour leurs qualités comme espèces de tirage. On ne peut même arriver à la perfection, en aucun genre, sans adopter en principe le système de sélection. Ainsi les sauteurs irlandais, les trotteurs de la race Orlow, les meilleures races de chevaux de trait, ne doivent leur réputation qu'à la fixité de race produite par l'accouplement *in and in*, ou de la race par elle-même.

Mais c'est précisément, ajouterons-nous, parce que certaines qualités s'implantent au plus haut degré dans la famille, que la sélection trop longtemps prolongée finit par devenir nuisible à l'espèce en général. A côté des qualités inhérentes à l'espèce, qui se prononceront de plus en plus au moyen de la sélection, il se trouve des défauts qui, à la longue, finissent par nuire à la constitution de l'animal lui-même. C'est ainsi que l'on a cru longtemps que les défauts les plus monstrueux de conformation devaient caractériser impérieusement le cheval de trait et que, pour tirer un poids pesant, il fallait avoir du poil aux jambes, le pied plat, la hanche cornue, l'épaule droite et la taille énorme. Ce préjugé est heureusement disparu.

La sélection peut se prolonger de nombreuses années dans certaines races ; le Percheron, par exemple, dans les condition de fixité où il se trouve par suite de la création d'un Stud-Book spécial qui assure sa plus complète homogénéité, peut se reproduire très longtemps encore par l'accouplement *in and in*. En général, la sélection convient jusqu'au moment où la race commence à perdre les qualités réclamées pour les besoins de l'époque, la recherche du commerce et celles qui constituent la saine et régulière organisation plastique. La sélection ne peut donc convenir à l'amélioration absolue du cheval, ni même complètement à la continuité d'une race européenne, puisque l'action du climat tend toujours à la descendre de plus en plus à un degré qui la rendrait impropre aux divers usages auxquels elle est destinée. Il est en conséquence regrettable que l'usage du croisement alternatif pratiqué en Angleterre depuis des siècles, soit encore peu en usage en France. On se livre encore trop souvent à des accouplements et à des croisements de races diverses sans système défini. Ce mélange de sang porte dans une race les défauts d'une autre race sans lui apporter ses qualités. Il en résulte un tohu-bohu de principes divers qui amènent quelquefois les plus déplorables conséquences ; puis, lorsque la race pure vient à croiser ces races indécises et bâtardes, elle ne produit que des individus trop légers et manqués dans les principales parties de leur organisation.

En principe, le *pur sang* ne *réussit* qu'avec des *races homogènes*.

Obtenir un produit beau à sa naissance n'est pas le seul but que doit se proposer le propriétaire d'une jument poulinière ; il doit de plus s'efforcer de conserver au poulain, à partir de l'époque du sevrage, les qualités qui lui ont été communiquées par ses procréateurs. Pour cela il faut qu'il soit en mesure de lui distribuer de la nourriture, non pas seulement en quantité suffisante, il faut encore que les aliments soient propres à lui faire acquérir un bon tempérament, à lui conserver ses belles formes extérieures, à l'empêcher enfin de contracter, dès son jeune âge, des affections qui déprécient sa valeur et nuiront plus tard aux services qu'il comptait en tirer. Quiconque ne se trouve pas dans de bonnes conditions, fait fausse route, s'il se livre à la production et à l'élevage du cheval.

Ce n'est pas le mérite des poulains, âgés seulement de quelques mois, que nous voudrions voir apprécier dans les concours, mais bien celui qu'ils ont à l'époque où on les soumet au travail.

Qu'on ne l'oublie pas, c'est la qualité de la nourriture prise dans le jeune âge qui décide de la valeur future d'un animal.

L'influence de l'atmosphère, comme celle de la qualité des pâturages, se traduit ostensiblement sur les jeunes chevaux. Il y a des différences notables entre les poulains élevés sur des prairies humides à l'excès et ceux entretenus sur des pâturages secs.

Il est toutefois constant que, pour l'éleveur qui se livre à la production des races de gros trait, les terrains bas, voisins de la mer, couverts d'exhalations aquatiques, sont éminemment favorables, la nature vient en aide à l'homme sans qu'il ait presque rien à faire. Partout où le sol est gras et fertile, les animaux y acquièrent dans tous les sens un développement excessif. Dans ce cas là, l'humidité est un don précieux pour ce pays, à la condition cependant que le pays ne soit pas marécageux, car les marais sont un fléau, surtout pour les chevaux.

Nous dirons donc aux cultivateurs : vous ne pouvez vous livrer à la production et à l'élevage du cheval qu'autant que

vous vous trouverez placés dans des conditions économiques
favorables à ce genre de spéculation.

Nous ne saurions trop insister sur cette déplorable habitude
qu'ont bon nombre de cultivateurs de livrer à la reproduction des juments usées portant des tares transmissibles. En
règle générale, le poulain tient à la fois, dans des proportions
différentes, de ses deux procréateurs. Il vient au monde avec
une conformation qui a emprunté aussi bien les beautés que
les défectuosités au père et à la mère dont il est issu, de telle
sorte qu'il a du bon et du mauvais, si ses parents ne sont pas
bien appareillés; en un mot, c'est un poulain *décousu*, qui
sera peut-être un bon travailleur, mais qui n'aura jamais une
grande valeur commerciale. Cette pratique vicieuse de livrer à
la reproduction des juments qui n'y sont point aptes existe
chez les petits cultivateurs, dont le but est de faire faire un
poulain à la jument qui leur a rendu de longs services. Pour
eux, telle est là mère, tel sera le rejeton, ce qui revient à dire
que le mâle est tout. L'homme véritablement convaincu agit
tout autrement. Nous avons vu, en effet, dans certaines communes, de très bonnes juments poulinières appartenant à des
propriétaires qui comprenaient qu'une riche semence confiée à
un terrain pauvre ne saurait donner une bonne récolte, aussi,
mères et poulains étaient-ils de bon aloi. C'est avec de telles
femelles, rapprochées d'étalons de mérite, qu'on obtient de
bons produits qui placés, ne l'oublions pas, sur des pâturages
plantureux, donnent plus tard de bons chevaux.

Mais nous avons rencontré aussi bon nombre de juments
usées, portant des tares résultant de longs et laborieux travaux. Ce n'est pas dans un haras privé ni dans un dépôt
d'étalons de l'État que ces mères auraient dû être conduites;
leur place eut été plutôt dans un établissement d'invalides, si
la Société protectrice des animaux avait songé à en créer.
Donc, pour obtenir de beaux produits, il ne faut pas seulement de bons procréateurs, il faut de plus que les jeunes

animaux reçoivent une nourriture favorable au développement de leur tempérament et à la conservation de leurs formes. Il est aussi nécessaire de posséder certaines connaissances spéciales en hippologie, que les propriétaires de juments, ou du moins le plus grand nombre d'entre eux, n'ont point été à même d'acquérir.

L'élevage du cheval de trait offre ce grand avantage, c'est qu'il n'entraîne pas à des frais coûteux d'exploitation.

D'ailleurs il est toujours bon, dans cette industrie comme dans toute autre présentant des aléas, d'être circonspect dans ses premières tentatives. Voici à ce sujet quelques conseils :

Il ne faut engager en innovations qu'une somme assez légère pour être perdue sans regret. Si on achète une propriété dans un pays où l'élevage est en honneur, ne changez rien aux précédents que par une lente amélioration, consistant surtout dans un choix des animaux les plus racés, sans aucune idée de bouleversement. Si au contraire vous avez une vaste propriété où l'on n'ait jamais élevé, commencez par une ou deux poulinières, essayez, en leur faisant consommer quelques produits de vos récoltes, de faire naître le cheval d'agriculture dont vous avez besoin et quelques chevaux pour votre usage et pour une vente éventuelle et sur laquelle vous ne comptez pas. Ce sera là une entreprise raisonnable. Tirer race d'une jument appartenant à un type homogène et caractérisé qui vous plaît, lui donner les invalides et la remplacer par un de ses produits est encore un parti sage, si toutefois vous évitez deux inconvénients : s'engouer pour un mauvais poulain et vous décourager quand vous aurez réussi sans le savoir.

Pour ces premiers essais, il n'est pas besoin de grandes installations, quelques séparations dans les écuries suffisent; pour l'hivernage des animaux, plus de soins et d'attention sont indispensables.

Le jour où l'on est décidé à se livrer à un élevage plus considérable, il faut installer une espèce de haras.

Certains éleveurs préfèrent isoler les animaux dans des boxes placées au milieu d'enclos ou paddoks séparés ; ces boxes sont des espèces de petites écuries fort simples dont le sol est une terre battue mêlée de cendres ; un râtelier est posé sur l'un des côtés.

D'autres réunissent tous les animaux dans un grand hangar ou bâtiment, avec diverses dispositions pour les étalons, les juments et les poulains.

Le personnel de l'élevage est proportionné à son importance et à l'espèce d'animaux qu'on élève. Dans l'élevage de la ferme, c'est le cultivateur lui-même qui surveille le palefrenier ou garçon d'herbage chargé du soin des animaux. Mais quel que soit l'homme préposé à ce soin, il doit réunir à l'attention et à l'exactitude, l'amour du cheval.

Un mot, pour terminer, à l'intention du simple consommateur. Que de fois nous avons entendu discuter à perte de vue sur la valeur réelle du cheval que l'on achète ou que l'on vend ! En thèse générale, chaque cheval doit être vendu en moyenne un peu plus cher que le prix de revient à l'époque où il commence à entrer en service. Depuis cette époque, l'animal doit augmenter de valeur jusqu'à l'apogée de sa force ; alors il doit décroître d'année en année en raison de ce qu'il peut encore donner et du temps qu'il lui reste encore à vivre utile.

S'agit-il de l'achat, tout cheval doit être payé en moyenne un prix combiné sur la nature des services qu'il peut rendre et sur la durée de ces services et de ce que vaudra l'animal au moment de la réforme. Par exemple, un petit cultivateur peut n'employer que les dernières années d'un cheval et par conséquent l'acheter au moment de sa moindre valeur. Si ses terres sont douces, faciles à cultiver, si tout son avoir est groupé autour de son habitation, n'ayant pas à demander au cheval de trait ni grande force, ni grande énergie, jeunesse et vigueur lui sont inutiles; donc l ne peut à bon droit payer ces qualités. Le cheval d'omnibus ruiné — avant l'introduction du maïs débilitant — le vieux carrossier, ou même l'ancien cheval de selle réformé mènera une charrue toute la journée à bonne allure, fera les charrois, et les frais annuels de consommation ne dépasseront pas 50 francs par tête, c'est-à-dire qu'un cheval acheté 200 francs pourra servir 4 ans au moins, ou acheté 150 francs être revendu 50 francs après 2 ans de service.

Mais combien peu savent acheter?

Le propre de l'acheteur inexpérimenté est de passer sans transition d'une confiance folle à une défiance qui lui fait tout refuser. Le marchand, d'ailleurs, quelque consciencieux qu'il soit, ne peut garantir qu'un cheval qu'il sait bon réussira dans une écurie où le maître ne sait rien, ne monte ni ne mène et où le domestique ne peut et ne veut traiter convenablement la bête.

Les connaissances que doit posséder un propriétaire de chevaux ne sont ni longues ni difficiles; point n'est besoin d'études préalables, il faut seulement deux choses, disait Curnieu : un peu d'expérience pratique et l'esprit d'observation.

En fait de chevaux : l'Anglais regarde, l'Allemand médite, le Français... rêve à autre chose!

FIN.

TABLE DES MATIÈRES

Fontainebleau. — E. Bourges, imp. breveté.